Sol María Muñoz
Dagoberto Perez
Quirino Argueta

Cromatografía aplicada a suelos con agricultura orgánica en transición

Sol María Muñoz
Dagoberto Perez
Quirino Argueta

Cromatografía aplicada a suelos con agricultura orgánica en transición

Alternativa para analizar fertilidad de suelos

Editorial Académica Española

Imprint

Any brand names and product names mentioned in this book are subject to trademark, brand or patent protection and are trademarks or registered trademarks of their respective holders. The use of brand names, product names, common names, trade names, product descriptions etc. even without a particular marking in this work is in no way to be construed to mean that such names may be regarded as unrestricted in respect of trademark and brand protection legislation and could thus be used by anyone.

Cover image: www.ingimage.com

Publisher:
Editorial Académica Española
is a trademark of
International Book Market Service Ltd., member of OmniScriptum Publishing Group
17 Meldrum Street, Beau Bassin 71504, Mauritius

Printed at: see last page
ISBN: 978-620-2-25395-6

COMPARACIÓN DEL ANÁLISIS QUÍMICO CONVENCIONAL DE SUELOS CON LA TÉCNICA DE CROMATOGRAFÍA PARA AGRICULTURA ORGANICA EN TRANSICIÓN

RESUMEN

La investigación se realizó en el periodo comprendido del mes de febrero a octubre del año 2010, en 13 comunidades pertenecientes a los municipios de San Ildefonso, Santa Clara, San Esteban Catarina y Apastepeque; del departamento de San Vicente a una altitud en metros sobre el nivel del mar que oscilo entre 318 y 640.

El trabajo consistió en hacer un estudio comparativo del análisis químico convencional de suelos que es de tipo cuantitativo con el análisis cromatográfico, que es cualitativo, con el fin de monitorear la fertilidad de los suelos. Para su desarrollo de dividió en dos partes; la primera que consistió en realizar un diagnostico de la situación socio productiva de 28 productores con sus respectivas parcelas las cuales se encuentran en proceso de transición de agricultura convencional a agricultura orgánica. La segunda parte consistió en la elaboración de una guía para el entendimiento del análisis químico convencional de suelos en relación con el cromatográfico.

Respecto a la primera parte del estudio se determinó que el 57% de las parcelas en estudio poseen pendientes que oscilan entre cero a 15% y que el resto corresponde a pendientes mayores con un máximo del 60%; respecto a la pedregosidad se encontró que un 50% de las parcelas se catalogaron entre muy pedregosas (31 a 60%) y altamente pedregosa (mas de 60%); estos resultados muestran las dificultades en las cuales trabajan dichos productores. También se determinó que el 64.3% de los casos presentaron un pH entre fuertemente ácido y muy fuertemente ácido, lo cual presenta una situación bastante difícil ya que tales condiciones son limitantes para el crecimiento de la mayoría de los cultivos, además que es necesario realizar acciones de enmiendas para iniciar el proceso de recuperación de las parcelas. Respecto a la fertilidad se encontró que existen marcados desbalances nutricionales presentándose casos de minerales desde la categoría muy alta hasta muy bajo, sin embargo los niveles de materia orgánica se mantiene en los niveles de medio a alto en el 89.3% de los casos, lo cual es muy positivo y se ve favorecido por las tres aplicaciones de bocashi que se realizan para fertilizar maíz durante su ciclo de desarrollo. El cultivo de frijol no lo fertilizan en el 57.14% de los casos, donde además de utilizar bocashi, aplican productos químicos sintéticos. Otro aspecto considerado son los costos de los análisis de suelos utilizados y se encontró que el análisis cromatográfico de suelos tiene un costo promedio de $0.64 a diferencia del análisis químico convencional cuyos costos son variables dependiendo del paquete requerido oscilando desde $3.43 hasta $22.00, pero lo más complicado es la dificultad para accesar a dicho análisis a diferencia del cromatográfico que es factible realizarlo incluso en las comunidades.

La segunda parte de la investigación permitió realizar la comparación entre las dos modalidades de análisis de suelos, encontrándose que los resultados del análisis químico generalmente se ven reflejados en el cromatograma al considerar los aspectos textura, pH, contenido de materia orgánica y fertilidad.

Índice de Cuadros

Índice de figuras

Índice de anexos

I. INTRODUCCION

El suelo es considerado como uno de los recursos naturales más importantes, de ahí la necesidad de mantener su productividad, para que a través de él y las prácticas agrícolas adecuadas se establezca un equilibrio entre la producción de alimentos y el acelerado incremento del índice demográfico.

El suelo es esencial para la vida, como es el aire y el agua, y cuando es utilizado de manera prudente puede ser considerado como un recurso renovable. Es un elemento de enlace entre los factores bióticos y abióticos y se le considera un hábitat para el desarrollo de las plantas.

En la actualidad nuestro modelo productivo es a base de la "matriz química" de la agricultura industrializada, y ésta con su comodidad sigue dejando profundas huellas y múltiples víctimas en el medio rural, entre los campesinos y asalariados del campo, por cada logro o éxito agroindustrial, hay cinco o más personas empobrecidas, marginadas o excluidas.

El modelo de agricultura de nuestros ancestros fue suplantado por la matriz química y su comodidad; ahora, en este nuevo proceso de dominación tecnológica, el precio que se ha pagado es elevado y no tenemos la mínima base cultural para ejercitar la nueva matriz de la biotecnología.

El problema que se está encontrando en la frontera del cambio de matriz tecnológica a biotecnológica es que, durante su transición hay; ansiedad, aventurerismo, desarrollismo, desconocimiento, codicia y oportunismo entre técnicos y asesores, fruto de una erosión cultural, enseñanza de formación estrecha y ausencia de investigación legitima para la nueva matriz. Esto queda claro cuando vemos técnicos, investigadores y estudiantes desesperados, buscando cualquier receta que se pueda aplicar a una determinada situación en el campo pues, si bien nadie quiere quedar ultrapasado, el cambio de matriz está dejando un gran contingente técnico fuera del mercado.

La transición de la matriz química a la biotecnología necesita una base sólida de formación universal con conocimientos básicos, donde; se reconozca y se valore la sabiduría cultural de los ancestros y se permitan estrategias para el cambio hacia una cultura más humana e incluyente y que se base en la soberanía alimentaria

De esta forma se deben buscar estrategias que promuevan dicho cambio de paradigmas por lo que el presente estudio permitió elaborar una guía metodológica sencilla y accesible para cualquier productor, que convine análisis químicos con análisis cromatográfico. Conociendo esto no es necesario realizarle al suelo análisis químicos, ya que en estos análisis muestran mediante las formas y colores los diferentes elementos presentes en el suelo.

II. MARCO TEORICO

2.1 El suelo

Es un sistema muy complejo que sirve como soporte de las plantas, además de servir de despensa de agua y de otros elementos necesarios para el desarrollo de los vegetales. Es conocido como un ente vivo en el que habitan gran cantidad de seres vivos como pequeños animales, insectos, microorganismos (hongos y bacterias) que influyen en la vida y desarrollo de las plantas de una forma u otra. El suelo es un sistema abierto, dinámico, constituido por tres fases. La fase sólida está formada por los componentes inorgánicos y los orgánicos, que dejan espacios (poros, cámaras, galerías, grietas y otros) en el que se hallan las fases líquida y gaseosa (principalmente oxígeno y dióxido de carbono), (INFOAGRO, 2008).

Al considerar el suelo, es fundamental recordar que este es uno de los componentes de un sistema de producción agrícola. No el único ni el mas ni el menos importante, los otros son la planta y el clima. Lo que determina la producción es la mejor interacción que se logre entre los tres a través del manejo, y no las características aisladas de uno u otro, (Bertsch, 1998).

El termino suelo, que deriva del latín *solum,* y significa piso, puede definirse como la capa superior de la tierra que se distingue de la roca sólida y en donde las plantas crecen. Con este enfoque, los suelos deben considerarse como formaciones geológicas naturales desarrolladas bajo condiciones muy diversas de clima y materiales de origen, lo cual justifica su continua evolución y, en consecuencia, su gran variedad, (Navarro, *et al*, 2003).

Dentro de una visión general, el suelo tiene una importante función en el reciclaje de recursos necesarios para el crecimiento de la planta. En una visión detallada, una planta individual depende del suelo para que le suministre cuatro necesidades: anclaje, agua, nutrientes y oxigeno para las raíces, (Plaster, 2000).

El suelo es el medio en el cual las plantas crecen para alimentar y vestir al mundo. El entender la fertilidad del suelo es entender una necesidad básica de la producción de cultivos. La fertilidad es vital para que un suelo sea productivo, al mismo tiempo, un suelo fértil no es necesariamente un suelo productivo. Factores como: mal drenaje, insectos, sequias, y otros. Pueden limitar la producción, aun cuando la fertilidad del suelo sea adecuada, (PPI, 1997).

2.1.1 Muestreo de suelos

El muestreo de suelos consiste en extraer pequeñas porciones de suelo, uniformes, representativas del terreno donde se desarrollaran cultivos o de terrenos que ya se están explotando, tales muestras de suelo se enviarán a un laboratorio especializado en determinar las cantidades de nutrientes que poseen los suelos, así como, proporcionar información referente a las características propias del suelo. El muestreo debe ser representativo del área muestreada. La mayor fuente de error proviene del muestreo de suelos, por lo tanto, se debe deducir la gran responsabilidad que recae sobre la persona que realiza esta actividad. Lógicamente un mal muestreo repercutirá negativamente en los resultados del análisis químico, el cual es realizado en el laboratorio de suelos que se limita a efectuar los análisis de las muestras, sin conocer si esta fue bien tomada o no, (Torres, *et al*, 2006).

Debido a la gran variabilidad que existe en cuanto a las características de suelo, es difícil establecer reglas rígidas para llevar a cabo el muestreo de los mismos. Lo cierto es que el objetivo final de todo muestreo es obtener datos a partir de individuos que representan a una población determinada. Esta etapa es de vital importancia pues si la muestra no fue tomada adecuadamente, los datos obtenidos posteriormente no representaran correctamente el área muestreada. Un muestreo mal realizado puede introducir entre un 75% y un 100% de error en los datos obtenidos posteriormente, (Henríquez, *et al* ,1999).

Es una actividad que se realiza sobre áreas homogéneas en el interior de las propiedades agropecuarias, las siguientes tendrán que seleccionarse al azar; teniendo el cuidado de ubicarlos a una distancia aproximada de 15 a 20 m de los linderos (cercos), calles, bordas, quebradas, canales, casas y otras construcciones, (Orellana, 2005).

2.1.2 Toma de muestras y submuestras

Existen diferentes maneras de recorrer un lote con el objetivo de obtener una muestra representativa. La más sencilla consiste en recorrer un lote al azar, recolectando submuestras que luego son mezcladas para formar una muestra compuesta que es enviada al laboratorio. El inconveniente de este tipo de muestreo es que frecuentemente no se tiene en cuenta la variabilidad existente en cabeceras y sectores no homogéneos del lote. Otro plan de muestreo consiste en dividir el campo en subunidades homogéneas (por ej. loma y bajío), dentro de las cuales se toman muestras compuestas al azar, evitando cabeceras y cualquier des-uniformidad que pueda aparecer en el lote como sectores engramonados o rodeos de suelo de menor calidad. Este tipo de muestreo es conocido como muestreo al azar estratificado, (Ferraris, 2006).

La muestra de suelos es una porción de una mezcla formada por varias submuestras de suelo, la cual se toma como representativa de una unidad de muestreo, (Torres, *et al,* 2006).

Una muestra representativa de cada una de las parcelas se debe componer de 10 a 20 submuestras, distribuidas al azar o siguiendo una trayectoria de zig-zag, de manera que toda el área quede abarcada. Deben evitarse aquellos puntos que representen condiciones particulares del terreno y antes de tomar la muestra del sitio debe limpiarse superficialmente. (Bertsch, 1998); al respecto Orellana, (2005) seña que el muestreo es una actividad que se realiza sobre áreas homogéneas en el interior de las propiedades agropecuarias, las siguientes tendrán que seleccionarse al azar; teniendo el cuidado de ubicarlos a una distancia aproximada de 15 a 20 m de los linderos (cercos), calles, bordas, quebradas, canales, casas y otras construcciones. Al tomar la primera submuestra, iniciar el recorrido y continuar las perforaciones en el interior de la parcela, caminando en zig - zag y repitiendo la misma operación de ahoyado de la forma anterior, procurando que todas las submuestras tomadas sean iguales; es decir, se tomen uniformemente desde la superficie hasta la profundidad de la capa arable, procurando obtener el mismo volumen y sección del suelo.

El número de submuestras estará en función de la extensión del área que se muestreará; sin embargo, debe tomar en cuenta que a mayor cantidad de submuestras extraídas, mejor representatividad se tendrá de la superficie del terreno a cultivar o a fertilizar. Como criterio general se recomienda tomar de tres a cuatro submuestras por manzana; de cuatro a seis, cuando la propiedad tenga dos manzanas; y de seis a ocho, cuando su extensión sea mayor de dos. El total de submuestras que debe tomarse depende de la extensión del terreno, pero nunca deberá ser menor de tres. (Orellana, 2005); mientras USAID, S. f. seña que cada muestra debe estar compuesta de 15 a 20 submuestras tomadas en distintos lugares del área, siguiendo una ruta de zigzag. Las submuestras se deben mezclar en una cubeta de plástico limpia y de esta mezcla se enviará al laboratorio aproximadamente una libra de suelo por muestra.

Todas las submuestras deben tener el mismo volumen, esto garantiza que cada submuestra tenga la misma probabilidad de aparecer en la muestra final; para esto los barrenos y los muestreadores son las herramientas más indicadas. El número de submuestras que se tomen deben garantizar la representatividad del terreno muestreado. Antes de tomarse la submuestra el lugar debe limpiarse superficialmente, eliminando hojarascas u otro material extraño que altere la muestra. El número total de submuestras por unidad de muestreo, no debe ser menor de cinco por manzana, (Torres, *et al,* 2006).

Tomar submuestras al azar es asumir que los valores de una propiedad del suelo tienen una distribución "normal". Es decir, que la variación de la propiedad (pH, fosforo disponible, etc.) en el terreno es al azar y dicha variación no tiene una tendencia espacial (horizontal).

Esto no es completamente cierto en todos los casos ya que algunas propiedades pueden variar en el terreno siguiendo, por ejemplo, cambios en la pendiente (materia orgánica) o en función de la distancia de un río (textura). Variaciones temporales pueden también ser observadas (verano vrs. invierno) o cambios en propiedades debidas al continuo manejo durante varios años Estos puntos pueden llegar a ser críticos si el muestreo de suelos necesita cierto grado de precisión y exactitud como el requerido en algunos proyectos de investigación. Estos puntos deben ser considerados al momento de hacer el muestreo, (Jaramillo, 1997, citado por Osorio S.f).

Para realizar la toma de la muestra de suelos: Recorra los lotes al azar en forma de zigzag y, cada 15 o 30 pasos, tome una submuestra, (Torres, *et al*, 2007).

2.1.3 Tipos de muestras y submuestras

La muestra de suelo puede proceder de un muestreo puntual o del cuarteo y mezcla de sub-muestras tomadas en varios puntos del terreno (muestra compuesta), (Gristo, *et al*, 2002).

El área a ser muestreada debe corresponder a cada sección o parcela de la finca aproximadamente cada 5 – 30 manzanas en cultivos extensivos y en hortalizas cada manzana, (USAID, S. f.).

2.1.4 Objetivo e importancia del muestreo de suelos

El muestreo de suelos para fertilidad, tiene el objetivo básico de evaluar el contenido natural de nutrimentos de los suelos, predecir si habrá respuesta a la aplicación de ellos y establecer las beses para la recomendación adecuada y económica de fertilizantes, (Salazar, 1979).

La importancia de hacer un muestreo de suelo radica en la necesidad de desarrollar un cultivo que no tenga restricciones durante su desarrollo, es decir;

que este pueda crecer sin problemas y que nos de todo su potencial a la hora de producir, (USAID, S. f.).

El objetivo del muestreo define la metodología a emplear. Por ejemplo, el muestreo que se realiza para clasificar taxonómicamente un suelo es diferente del muestreo que se hace para evaluar su fertilidad, propiedades físicas, condiciones hídricas, etc. (Schoeneberger *et al.*, 1998, citado por Osorio, S. f.).

Es de vital importancia antes de comenzar el muestreo de suelos, haber definido con anticipación las unidades de muestreo, las cuales deben representar zonas o áreas con características homogéneas o similares en cuanto al tipo de suelo (Textura, Color, Profundidad, etc.), vegetación, topografía (Plano, Ondulado, Pendiente), grado de erosión, uso o manejo de fertilizaciones y enmiendas realizadas anteriormente, (Henríquez, *et al.*, 1999).

2.1.5 Profundidad del muestreo

La profundidad del suelo a la cual se toma la submuestra es también variable. En general se recomienda una profundidad de 20 cm para la gran mayoría de cultivos agrícolas. Esto coincide con la mayor concentración de raíces en el suelo. Para pasturas la profundidad es un poco menor, 10-15 cm parecen ser suficientes, (Osorio, S. f.).

La profundidad debe adaptarse a las características del sistema radical de la planta que se esta muestreando, y sobre todo, debe mantenerse constante en todas las submuestras, (Bertsch, 1998).

Para campos cultivados mediante un laboreo convencional se deben retirar muestras de los quince a veinticinco centímetros (seis a nueve pulgadas) superiores del suelo. Para los sistemas sin cultivos se debe retirar una muestra especial de pH de los cinco centímetros (dos pulgadas) superiores para probar la capa ácida que se forma en la superficie del suelo, (Plaster, 2000).

La profundidad del muestreo generalmente es de 0 – 20 cm, pero depende de la profundidad donde se concentra el mayor volumen radical del cultivo en estudio: en pastos permanentes de 7.5 a 10 cm es suficiente. En frutales, arboles permanentes, caña de azúcar y café, se pueden realizar muestreos a dos profundidades: de 0 - 20 cm y de 20 – 40 cm. (Henríquez, *et al* ,1999).

La submuestra se debe tomar uniformemente desde la superficie hasta la profundidad de máxima absorción radicular que generalmente es de 20 cm. Submuestra superficial (0-20 cm) y profundas (21- 40 cm), (Torres, *et al,* 2006).

El muestreo para especies frutales, plantaciones forestales y agrícolas (café, cacao, aguacate, etc.) se recomienda tomar dos tipos de submuestras, una de 0-20 cm y otra de 20-40 cm en la mitad de la gotera del árbol (la sombra proyectada por el árbol al mediodía). Tomar dos submuestras parece ser lógico debido a la mayor profundidad de raíces de estas especies vegetales. Sin embargo, luego la interpretación de los resultados y las recomendaciones de manejo son basadas en la muestra superficial y poco en la muestra profunda, lo que requiere más investigación, (Comité Departamental de cafeteros de Antioquia, citado por Osorio, S. f.).

2.1.6 Cuidados al tomar muestras del suelo

Es importante tener en mente que lo que se quiere es tener una muestra lo más representativa posible del suelo en cuestión. Durante el muestreo evite: fumar, comer, o manipular otros productos (cal, fertilizantes, cemento, etc.) para evitar la contaminación de la muestra y obtener resultados falsos. No tome muestras cerca de los caminos, canales, viviendas, linderos, establos, saladeros, estiércol, estanques o lugares donde se almacenen productos químicos, materiales orgánicos, o en lugares donde hubo quemas recientes. Lávese bien las manos antes de hacer el muestreo. No utilice bolsas o costales donde se hayan empacado productos químicos, fertilizantes, cal o plaguicidas. No tome muestras de un solo sitio del terreno, (Osorio S. f.).

Las muestras se deben tomar meses antes de la siembra, para que los resultados del análisis estén listos para decidir las clases y cantidades de abonos o enmiendas que sean necesarias comprar y aplicar; también se recomienda dos meses después de la última abonada (se espera que ya no haya residuos) o después de la cosecha. Durante la época seca los nutrientes están estabilizados, no así en época lluviosa, (Torres, *et al,* 2006).

2.1.7 Procedimiento y herramientas requeridas para la toma de muestras de suelo

Para la toma de muestras se empleará barrenos o tubos de muestreo de suelo. También se puede utilizar una pala. Para ello se ha de realizar un hoyo en forma de "V", cortar una porción de 1,5 cm de la pared del hoyo y retirar la mayor parte de la muestra que contiene hojas. Cada muestra de suelo debe incluir suelo de toda la profundidad de muestreo. Una vez terminada la toma de muestras, se recomienda mezclar todas las muestras para obtener una mezcla de suelo homogénea. Tomar aproximadamente un kilogramo de esta mezcla, dejarla secar al aire y enviarlo al laboratorio de análisis, especificando al máximo todos los datos de la parcela, (Ferraris, 2006).

Torres, *et al,* (2006) plantea que dentro del procedimiento de muestreo los pasos más importantes a seguir para la toma de muestras son los siguientes:
1) Alistar previamente las herramientas y materiales adecuados, éstas deben estar limpias, libres de toda sustancia contaminante: pala muestreadora o barrenos, baldes plásticos para colocar las submuestras, bolsas plásticas (5 libras de capacidad), cinta métrica, viñetas, lápiz graso, machete, plástico grueso (un metro cuadrado).

2) Observación y división del terreno en lotes uniformes. Si éste es uniforme se pueden muestrear hasta 10 manzanas en una sola muestra representativa (compuesta de 15-20 submuestras. Entre más submuestras se tomen existe más representatividad del área muestreada). Si existen variaciones en cuanto a topografía, color, drenaje, textura, pedregosidad, etc., se deben separar en

lotes o unidades de muestreo con características similares que reflejen condiciones análogas de fertilidad.

3) No se deben muestrear lugares que no sean representativos del área o que estén contaminados, Ej.: sesteaderos de ganado, veredas, alrededor de las casas, donde se haya amontonado o quemado basura, área de los cercos, etc. Es importante que el productor (a) tenga a la mano las herramientas apropiadas y los materiales, de modo que en el momento de hacer el muestreo de suelos de la parcela se facilite la operación y se aproveche mejor el tiempo durante la toma de muestras. Entre estos se pueden utilizar azadones, barrenos, palas, baldes, planos de campo, bolsas plásticas, plumones o bolígrafos y cartulina (tarjetas). (Orellana, 2005); al respecto Torres, *et al*, 2006 mencionan que pueden utilizarse corvo, barreno de espiral, barreno de tubo, navaja, cinta métrica, pala muestreadora, balde, bolsa de papel, plumón o marcador, bolsa plástica, viñetas y lona mezcladora.

2.1.8 Historial del suelo a muestrear

Para hacer una recomendación adecuada de uso de fertilizantes como producto de un análisis químico del suelo, es importante conocer la información relativa con el historial de la parcela como la siguiente: fertilizantes o enmiendas aplicadas con anterioridad, profundidad de aradura, drenaje del suelo (bueno, medio o pobre), cultivo previamente establecido (anterior), cultivo a establecer, producción anterior y esperada y cualquier otro factor que pudiera ser limitante para el desarrollo de las plantas, (Méndez, 2000).

La muestra compuesta debe acompañarse de toda la información requerida en los formularios que para ello tienen preparado los laboratorios de suelos. Ej.: nombre del propietario, nombre del lote, localización, cultivo a sembrar o cosechado, profundidad de muestreo, topografía, altura sobre el nivel del mar, sistema de siembra, fertilizantes empleados, cantidad, tipo de riego, producción, etc. (Torres, *et al*, 2006).

Antes de realizar el muestreo es necesario contar con una idea exacta del sitio objeto de evaluación. Se debe realizar un reconocimiento del sitio que incluya el registro de las actividades que se estén realizando o se hayan realizado y que puedan haber producido impactos significativos sobre la calidad del suelo. Se debe registrar además la información sobre los aspectos relevantes del lugar así como datos históricos disponibles que puedan ser útiles en el momento de analizar los resultados. Esto incluye la observación de las pendientes del terreno, cursos de agua próximos, edificaciones, existencia de residuos (su posible origen), y todo aquello que pueda proveer información importante sobre las limitaciones existentes para el muestreo y la eventual aplicación de medidas de intervención ambiental, (Gristo, *et al,* 2002).

2.1.9 Época y frecuencia de muestreo

En general se recomienda muestrear dos a tres meses antes de la siembra o trasplante. Esto da tiempo para obtener los resultados, interpretarlos, establecer las recomendaciones y adquirir los fertilizantes, cal o abonos orgánicos a aplicar si es que estos son necesarios. En cultivos perennes esto puede hacerse cada dos años, alrededor de uno a dos meses antes de la cosecha, en la época de floración. En pastos establecidos se puede muestrear cada dos años, luego de hacer un pastoreo. La frecuencia de muestreo puede ser más intensa para cultivos altamente tecnificados (flores, hortalizas, etc.). En pasturas se puede establecer un cronograma de muestreo de suelos para los diferentes lotes y así diferir el costo del muestreo y los análisis, (Osorio S.f).

Los muestreos deben de realizarse antes del establecimiento de los cultivos cada dos o tres años, pero en suelos bajo uso intensivo, el análisis de suelo debe realizarse cada año, las muestras deben tomarse en cualquier época del año siendo necesario que el suelo tenga cierta cantidad de humedad, (Méndez, 2000).

En el caso de cultivo de hortalizas se recomienda hacer análisis del mismo lote cada 6 meses después de un cultivo largo o por lo menos cada año y con 45 días de anticipación a la siembra o al trasplante, por que el laboratorio se tarda más o menos 10 días hábiles en dar los resultados y a esto hay que sumarle el tiempo que se tardan los productores en conseguir las enmiendas, aplicarlas y esperar a que estas reaccionen en el suelo, (USAID, S. f.).

En suelos no sembrados anteriormente, haga el muestreo de dos a tres meses antes de la siembra; en cultivos de ciclo corto como el fríjol, dos meses antes de la siembra, (Torres, *et al*, 2007).

2.1.10 Hoja de información del sitio de muestreo

La toma de la muestra es una tarea muy importante de la que depende el valor de los análisis y debe ser representativa de la zona en estudio. Por ello, debe efectuarse de acuerdo con un método normalizado teniendo en cuenta las características del terreno. En todos los casos debe realzarse una inspección previa del campo a muestrear para dibujar luego, un diagrama en que se señalen las distintas parcelas, cultivos, textura y color del suelo, pendientes, desarrollo relativo de los cultivos, tratamientos de fertilizantes o enmiendas (aplicación de cal o materia orgánica) zonas de condiciones anormales (terrenos situados en inmediaciones de edificios, caminos o carreteras, zonas marginales, etc.) y otras características que puedan diferenciar unos suelos de otros, (USAID,S. f.).

El diagnostico de las necesidades de la planta es comparable al de las enfermedades humanas. Los datos que se solicitan en la hoja de información que acompaña a cada muestra de suelo son tan importantes como los resultados del análisis de tierra para formular las recomendaciones de cal y de fertilizantes, (Garman, 1982).

2.2 Análisis químico de suelos

El análisis químico de suelos consiste en la estimación de la disponibilidad de nutrimentos a la planta durante su ciclo de desarrollo por medio de métodos químicos. Se extraen los elementos con determinadas soluciones y se asume que esas concentraciones (o proporciones semejantes a estas) son las que están a disposición de las plantas, (Bertsch, 1998).

Es el procedimiento seguido metodológicamente por los profesionales y técnicos de un laboratorio de suelos sobre una muestra representativa de una parcela de terreno, para elaborar recomendaciones de fertilizantes y enmiendas en función al estado de fertilidad del suelo, (Orellana, 2005).

Los análisis químicos, efectuados bajo condiciones controladas, pueden determinar exactamente las características de una muestra de suelo. Pero, si la muestra no es representativa de lo que hay en el campo, los resultados carecerán de significado. (Garman, 1982)

Los laboratorios de suelo/edafológico utilizan los métodos y herramientas de análisis mas modernos. Sin embargo, el material sobre el cual se va a realizar el análisis es la muestra que ha entregado el agricultor, esto significa que los resultados del análisis no pueden ser mejores que la misma muestra, (Plaster, 2000).

2.2.1 Importancia de los análisis químicos

El análisis químico de suelos es importante porque permite determinar el potencial nutricional del suelo y que es esencial para el desarrollo de los cultivos, constituyéndose en una herramienta de diagnóstico de la fertilidad de los suelos. Desde el punto de vista agronómico los principales motivos para realizar el análisis químico de suelos son: a) generar información para el manejo y mejoramiento de los suelos, b) evaluar el estado de la fertilidad para recomendar las prácticas de fertilización, c) determinar el impacto ecológico de algunas prácticas agronómicas o el efecto de la contaminación ambiental, (García, 2005).

El análisis de suelo es una herramienta importante en agricultura rentable en todo el mundo. El análisis de suelo utilizado conjuntamente con toda otra información disponible, es una guía para diseñar recomendaciones de fertilización y encalado que ayuden a producir rendimientos altos de elevada rentabilidad, (PPI, 1997).

El análisis del suelo es una herramienta muy importante para la elaboración de una recomendación de fertilización, ya que nos permite cuantificar la oferta de nutrientes del suelo. La diferencia entre esta oferta y la demanda del cultivo, a partir de la definición de un rendimiento objetivo, indica la cantidad de nutrientes que deberá agregarse por fertilización, (Ferraris, 2006).

Al hacer un análisis de suelo se puede determinar la necesidad de aplicar cal, o si el suelo necesita incorporación de materia orgánica. Además se puede saber cuales elementos están en mayor cantidad y cuales son deficientes; esto con el objetivo de suplir las necesidades de las plantas antes y durante el desarrollo del cultivo según sus necesidades, (USAID, S. f.).

El análisis químico de los suelos permite conocer el estado de fertilidad natural de los mismos, dando oportunidad de programar una fertilización económica y adecuada para cada cultivo; es esta la razón fundamental que justifica dicho análisis. El análisis de suelo refleja la disponibilidad de los nutrimentos para la alimentación de las plantas. Para llegar a obtener esta interpretación, es necesario correlacionar los resultados de análisis con experimentos de invernadero y campo. Es decir, que cuando se obtiene un valor que demuestra alta disponibilidad o solubilidad de un elemento, se puede estar seguro, que al aplicarlo como fertilizante no se obtendrá ningún incremento en los rendimientos. En cambio si el análisis indica que un elemento se encuentra con baja disponibilidad en el suelo, su aplicación como fertilizante es necesaria y son grandes las probabilidades de incrementar la producción al aplicarlo, (Salazar, 1979).

2.2.2 Tipos de análisis de suelo más comunes

El análisis debe contener resultados como: contenido de materia orgánica, el pH, la conductividad eléctrica, el contenido de fosforo, potasio, calcio, magnesio, zinc, manganeso, hierro, cobre, boro, sodio, aluminio, la capacidad de intercambio catiónico y la relación calcio/magnesio, magnesio/potasio, calcio + magnesio/potasio y calcio/potasio, (USAID, S. f.).

El principal objeto del análisis de suelo, es determinar los elementos químicos de interés para la nutrición de las plantas. El análisis de rutina se realiza en varios laboratorios de suelo, pero uno de los más completos para la interpretación de la fertilidad del suelo debe de contener lo siguiente: textura, pH, P, K, Ca, Mg, Al, acidez total y materia orgánica. En suelos donde se sospecha que pueda existir deficiencia de elementos menores, se agrega al análisis de rutina la determinación de Boro y Zinc u otro micronutriente, (Torres, *et al*, 2006).

2.2.3 Interpretación de resultados del análisis de suelos

Según sean las características de detalle y especificidad de los estudios de calibración y correlación de los que surgen de las Tablas de Niveles Críticos, así será la precisión con que se pueda interpretar los análisis de suelos. Los niveles críticos varían según la solución extractora, según el tipo de suelo y según el cultivo, por lo tanto antes de realizar una interpretación hay que tomar en cuenta con que solución se hizo el análisis, y con que tabla de niveles críticos se cuenta. Por Nivel Critico de suelo se entiende aquella concentración extraída del suelo por encima del cual, las posibilidades de encontrar respuestas a la fertilización son muy bajas y por debajo de la cual, muy probablemente los rendimientos serán pobres, (Bertsch, 1998).

La persona a cargo del diseño de las recomendaciones debe tener buen entrenamiento y experiencia en interpretar los resultados de los análisis. Esta persona necesita tener a su alcance toda la información disponible del lote, de la finca y del manejo del agricultor, (PPI, 1997).

2.3 Cromatografía

2.3.1 Historia de la Cromatografía

La cromatografía de suelos, es la técnica de análisis físico, químico y biológico utilizada para separar sustancias puras de mezclas complejas. Esta técnica depende del principio de adsorción selectiva (no confundir con absorción). La cromatografía fue descubierta por el botánico ruso, de origen italiano, Mijaíl Tswett en 1906, pero su uso no se generalizó hasta la década de 1930. Tswett separó los pigmentos de las plantas (clorofila) vertiendo extracto de hojas verdes en éter de petróleo sobre una columna de carbonato de calcio en polvo en el interior de una probeta. A medida que la disolución va filtrándose por la columna, cada componente de la mezcla precipita a diferente velocidad, quedando la columna marcada por bandas horizontales de colores, denominadas cromatogramas. Cada banda corresponde a un pigmento diferente, (García, 2005).

Aunque procesos parecidos ocurren en la naturaleza cuando disoluciones pasan a través de arcilla, roca, etc. La cromatografía como tal adquiere importancia cuando en 1850 el químico F. F. Runge, que trabajaba con tintas, descubrió que los cationes orgánicos se separaban por migración cuando se depositaba una disolución que los contenía sobre un material poroso, como papel. En 1906 el botánico ruso Tswett utilizó la cromatografía en columna para separar extractos vegetales coloreados, y a este proceso se le dio el nombre de cromatografía pero el mayor desarrollo se produce en 1930 con Lederer cuando consigue separar los colorantes de la yema de huevo. Posteriormente los químicos Khun, Kamer y Ruzucca desarrollan la cromatografía en el campo de la química orgánica e inorgánica, y obtienen el premio Nobel por sus trabajos en 1937, 1938, 1939 respectivamente, (Wikipedia, 2008).

2.3.2 Definición de cromatografía

La Cromatografía es un método utilizado para hacer análisis cualitativos de suelos y compostas, que puede ser realizado en cualquier lugar a bajo costo y de forma rápida. Permite conocer la salud de las tierras y la calidad que existe entre sus aspectos biológicos, físicos y químicos de manera inmediata y gráfica, (Restrepo, 2009).

La cromatografía es una técnica que se emplea para separar entre si los componentes de una sustancia, (Chicharro, S. f.).

La Cromatografía es un método en el cual los componentes de una mezcla son separados en una columna adsorbente dentro de un sistema fluyente, (Wikipedia, 2008).

En la cromatografía se separan los componentes de las mezclas a medida que son transportadas por un fase fluida móvil a través de una fase estacionaria sólida o líquida, la separación de las moléculas se logra porque la movilidad de cada soluto depende de un equilibrio en la distribución entre la fase móvil y la estacionaria, y esta separación se puede realizar en función de sus cargas, masas, tamaños moleculares, la polaridad de sus enlaces y sus potenciales redox, (Chicharro, S. f.).

2.3.3 Clasificación de las técnicas y métodos cromatográficos

Las técnicas cromatográficas son muy variadas, pero en todas ellas hay una fase móvil que consiste en un fluido (gas, líquido o fluido supercrítico) que arrastra a la muestra a través de una fase estacionaria que se trata de un sólido o un líquido fijado en un sólido. Los componentes de la mezcla interaccionan en distinta forma con la fase estacionaria. De este modo, los componentes atraviesan la fase estacionaria a distintas velocidades y se van separando. Después de que los componentes hayan pasado por la fase estacionaria, separándose, pasan por un detector que genera una señal que puede depender de la concentración y del tipo de compuesto, (Wikipedia, 2008).

La cromatografía líquida se diferencia en cuatro grupos: cromatografía de reparto; separa los solutos basándose en la solubilidad; cromatografía de adsorción; se basa en la afinidad de adsorción; cromatografía de exclusión; separa solutos según el peso molecular y cromatografía de intercambio iónico: separa solutos según la carga iónica.

La cromatografía de reparto: Está formada por la cromatografía Líquido-Líquido y la cromatografía unida químicamente. Estas técnicas se diferencian en la forma en que se retiene la fase estacionaria sobre las partículas del soporte relleno. En el segundo caso, como su nombre lo indica, la fase estacionaria se une químicamente a la superficie del soporte. Esta técnica actualmente es más usada debido a que la cromatografía líquido-líquido necesita de un recubrimiento periódico de las partículas del soporte debido a la pérdida de la fase estacionaria por disolución en la fase móvil, (Chicharro, S. f.).

2.3.4 Cromatografía en papel

La cromatografía en papel es un proceso muy utilizado en los laboratorios para realizar análisis cualitativos ya que pese a no ser una técnica muy potente no requiere de ningún tipo de equipamiento. La fase estacionaria está constituida simplemente por una tira de papel de filtro. La muestra se deposita en un extremo colocando pequeñas gotas de la solución y evaporando el disolvente. Luego el disolvente empleado como fase móvil se hace ascender por capilaridad. Esto es, se coloca la tira de papel verticalmente y con la muestra del lado de abajo dentro de un recipiente que contiene fase móvil en el fondo.

Después de unos minutos cuando el disolvente deja de ascender o ha llegado al extremo se retira el papel y seca. Si el disolvente elegido fue adecuado y las sustancias tienen color propio se verán las manchas de distinto color separadas. Cuando los componentes no tienen color propio el papel se somete a procesos de revelado. Hay varios factores de los cuales depende una cromatografía eficaz: la elección del disolvente y la del papel de filtro, (Wikipedia, 2008).

Es una forma combinada de cromatografías de partición y adsorción en la que la fase estacionaria es el agua absorbida presente en el papel, y el soporte es el papel mismo. La fase móvil es una solución que consiste de un solvente o de una mezcla de varios líquidos, incluyendo el agua. Se deja secar sobre el papel unas gotas del extracto de la muestra y se forma una mancha.

Para impedir la evaporación, el papel se cuelga dentro de una cámara de tal forma que la mancha pueda ser irrigada con la fase móvil ya sea hacia abajo por efecto de la gravedad, hacia arriba u horizontalmente por efecto de la capilaridad. Cuando la fase móvil ha saturado el papel hasta una distancia predeterminada en la que se logre la separación cromatográfica, se saca el papel de la cámara y se desarrolla el cromatograma rociando agentes reveladores, (Chicharro, S. f.).

La cromatografía es un método físico de separación para la caracterización de mezclas complejas, la cual tiene aplicación en todas las ramas de la ciencia y la física. Es un conjunto de técnicas basadas en el principio de retención selectiva, cuyo objetivo es separar los distintos componentes de una mezcla, permitiendo identificar y determinar las cantidades de dichos componentes, (Wikipedia, 2007).

Tiene como soporte un papel de celulosa. Adquirió una gran extensión por su sencillez y presenta la ventaja de poder utilizar miligramos y microgramos, además presenta la opción de utilizar tanto la técnica descendente (en columna) como la técnica ascendente, (Wikipedia, 2008).

2.3.5 Objetivo de la cromatografía en papel

El uso de Cromatografía en papel pretende elaborar Análisis Cualitativos de suelos, compostas y biofertilizantes para que el campesino, el productor ó el horticultor sepan juzgar correctamente y evaluar la calidad biológica tanto de sus tierras como de sus abonos, biofertilizantes y vermicompostas en relación a la interacción entre el contenido de microorganismos, materia orgánica y minerales, de tal manera que ellos puedan seleccionar el manejo apropiado y la cantidad a aplicar con un resultado óptimo al menor precio. Las prácticas, (incluyendo las de laboratorio), se pueden llevar a cabo directamente en el campo utilizando muestras reales de tierras, abonos, biofertilizantes y humus, (Wikipedia, 2008).

2.3.6 Partes de un cromatograma

El papel filtro comúnmente utilizado para realizar el cromatograma es el No. 4 de 150 mm de diámetro marca Whataman® ó Schleicher & Schull; en él se identifican cuatro zonas principales como lo muestra la figura siguiente (Restrepo, 2008).

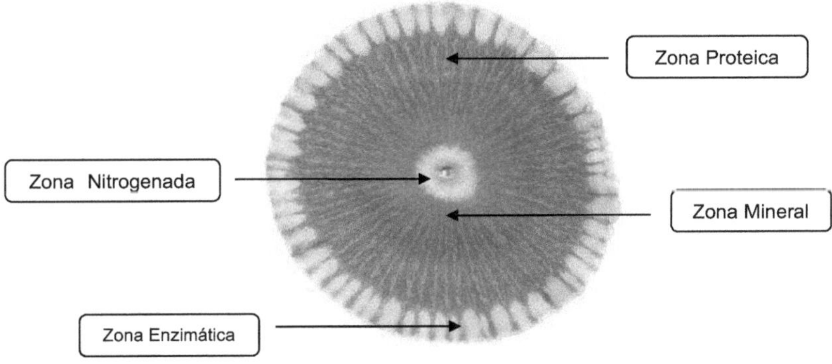

2.3.6.1 Zona nitrogenada

La zona nitrogenada corresponde a la parte que se ubica en el área mas próxima al centro del papel filtro y que generalmente presenta una coloración que oscila entre blanco a blanco difuso ó grisaceo, dicha intensidad de colores expresa que, si a partir del centro del papel se presenta un color blanco difuso puede significar que es nitrógeno proveniente de microorganismos asociado a una buena aireación del suelo; cuando se presenta un color blanco bien definido (color plata) es un indicador de nitrogenado proveniente de fuentes nitrogenadas sintéticas como urea, sulfato de amonio u otro, (Restrepo, 2008).

2.3.6.2 Zona mineral

Es la zona concéntrica subsiguiente de la nitrogenada, se identifica principalmente porque en ella se manifiestan diferentes coloraciones que pueden ser muy oscuras, amarillento, marrón, café claro u otros afines que generalmente son indicadores de la presencia o ausencia de minerales en el suelo. Esta zona se extiende generalmente hasta la marca de los cuatro centímetros aunque puede ser muy variable, (Restrepo, 2008).

2.3.6.3 Zona proteica

Después de la zona mineral se manifiesta la zona proteica, la cual suele presentar diferentes tonalidades de colores similares a los señalados para la zona mineral, de igual forma puede expresar presencia o ausencia de interacción con otras zonas (Restrepo, 2008).

2.3.6.4 Zona enzimática

La zona enzimática es la última zona concéntrica, identificada en el cromatograma y que la separa de la zona anterior (proteica) con la parte externa; esta generalmente es característica de un buen suelo y se presenta como unas manchas en forma de nubes, que muy sutilmente bordean el cromatograma.

Otro aspecto a considerar en el cromatograma es la existencia o no de interacción entre cada una de las zonas que lo conforman, que consiste en ciertas figuras parecidas a pequeñas estrías que se desarrollan uniendo transversalmente a cada una de las zonas según sea el nivel de interacción generada por estas figuras, (Restrepo, 2008).

2.3.7 Lectura de los Cromatogramas

En la lectura de un cromatograma se considera desde la zona nitrogenada donde puede verse el efecto de fertilizantes nitrogenados de origen químico sintético hasta nitrógeno de procedencia orgánica; el resto puede diferenciarse por las tonalidades de coloraciones que presentan así como las estructuras que suelen plasmarse, cada una de estas da lugar a identificar la presencia o ausencia de minerales que el suelo posee.

Un cromatograma con fertilidad equilibrada presenta un color blanco difuso en la zona nitrogenada que significa nitrógeno proveniente de los microorganismos asociados a una buena aireación del suelo, en la siguiente zona se presenta una diferencia de color bien marcada como un color café claro y así en las siguientes zonas se observa la diversidad de tonalidades que representan situaciones diferentes en el suelo. Existen colores que se consideran indicadores de suelos con buena fertilidad como: amarillentos, naranja y café claro por el contrario los colores con apariencia oscura, grisáceos, negros, café oscuros indican suelos pobres nutricionalmente (Restrepo, 2008).

2.4. Propiedades del suelo que inciden en la productividad agrícola

2.4.1 La Pedregosidad

Se refiere a la presencia en la superficie de piedras o afloramientos rocosos que además de tener influencia significativa en la infiltración y crecimiento de raíces pueden interferir en las labores de labranza y limitar el uso de maquinaria agrícola, (Tablas, 1986)

Según FAO, (2005) la pedregosidad superficial es desde el punto de vista de la utilización del suelo importante para el cultivo por su acción sobre los aperos de labranza, llegando a impedir la misma cuando su contenido es muy elevado. En las tierras vírgenes es un factor negativo porque disminuye la superficie útil para el crecimiento vegetal. Las zonas pedregosas, desde el punto de vista de la conservación del suelo, pueden llegar a ser eficaces porque cuando la vegetación es escasa el golpeo de las gotas de agua sobre las piedras protege al suelo de la dispersión y arrastre de partículas para su clasificación se establecen las siguientes categorías:

1. No o muy poco pedregoso

   – No interfiere la labranza.

   – Las piedras cubren < 0.01%.

2. Moderadamente pedregoso

- Interfiere en la labranza.
- No impide las labores.
- Las piedras cubren hasta un 0.1%.
- Piedras y pedregones separados de 10 a 30 m.

3. Pedregoso

- Dificulta las labores y solo permite algunas.
- Las piedras cubren hasta un 3%.
- Piedras y pedregones separados de 1.6 a 10 m.

4. Muy pedregoso

- Impide el uso de maquinaria pesada.
- Solo maquinaria ligera o a mano.
- Las piedras cubren hasta un 15%.
- Piedras y pedregones separados de 0.75 a 1.6 m.

5. Excesivamente pedregoso

- Impide el uso de todo tipo de maquinaria.
- Las piedras cubren hasta un 90%.
- Piedras y pedregones separados < 0.75 m.

6. Ripioso

- Pavimentado con piedras.
- Las piedras cubren > 90%.

2.4.1.1 Características de la pedregosidad

FAO, (2005) establece una clasificación de pedregosidad y es la siguiente:

Abundancia: Indica la magnitud del efecto diluyente. Además, en los horizontes superficiales, marca las posibles dificultades para la labranza del suelo. Cuando en un determinado horizonte su abundancia es netamente mayor que la de los horizontes supra y subyacentes, es un signo evidente de la presencia de una discontinuidad litológica.

Tamaño: La principal importancia radica en la posible interferencia con la labranza pues solo las superiores a 5-7 cm ejercen ese efecto. Se expresa el tamaño medio de las encontradas.

Forma: Se indica con términos coloquiales. Atendiendo a su origen, las redondeadas han sufrido un largo transporte por medio del agua, mientras que las más angulosas suelen proceder de movimientos de masas de suelo o barro rico en materiales finos.

Naturaleza: Se expresa el material de que están constituidas. Es importante para determinar su origen. Cuando coincide con el material original del suelo suelen incrementar su abundancia a medida que se desciende en el perfil.

Nivel de alteración: Marca el tiempo de residencia en el horizonte si su naturaleza es diferente de la del material original del suelo. Se distinguen varias categorías: no alteradas, meteorizadas, fuertemente meteorizadas.

2.4.2 Pendiente del suelo

La topografía del terreno determina mayormente la cantidad de escorrentía superficial y erosión. Este factor también determina los métodos de riego y drenaje, las medidas de conservación y las prácticas de manejo necesarias para la preservación de suelo y agua, a medida que el terreno presenta más pendiente, requiere de más manejo, incrementando los costos de mano de obra y equipo. A cierta pendiente el suelo ya no reúne las condiciones para la producción de cultivos en surcos. Un factor determinante en el potencial productivo del suelo es la facilidad con que este se erosiona, junto con el porcentaje de pendiente que posee el campo, (PPI, 1997).

2.4.3 El color del suelo

El color del suelo refleja la composición así como las condiciones pasadas y presentes de oxido- reducción del suelo. Está determinado generalmente por el revestimiento de partículas muy finas de materia orgánica humificada (oscuro), óxidos de hierro (amarillo, pardo, anaranjado y rojo), óxidos de manganeso (negro) y otros, o puede ser debido al color de la roca parental, (Vargas, 2009).

El color de suelo, aunque no es una propiedad definitiva, resulta un buen indicador especialmente de las condiciones de aireación de los suelos por la susceptibilidad del Fe a los cambios REDOX. Condiciones anaeróbicas de mal drenaje, que por lo general afectan negativamente a los cultivos, dan coloraciones grisáceas por que el Fe presente se reduce. Condiciones de buena aireación, si hay Fe presente dan colores rojizos, y si el suelo permanece hidratado sin excesos, las tonalidades de Fe son amarillentas. El moteado gris/rojo en un horizonte del perfil es una señal clara del nivel en que fluctúa el nivel freático en esas condiciones, por que implica oxidaciones y reducciones alternas. También las tonalidades rojizas en general se asocian a suelos viejos, muy desarrollados y por lo tanto ácidos y pobres aunque esto no es estricto como sucede con algunos alfisoles. La materia orgánica casi siempre da coloraciones oscuras y es muy claro observar la profundidad a que llega esta en el perfil, sin embargo la usencia de color no implica ausencia de materia orgánica ni se puede generalizar que a mas oscuro mas materia orgánica. Hay excepciones, por ejemplo, los vertisoles que en general son oscuros, y sus contenidos de materia orgánica son muy reducidos, (Bertsch, 1998).

Aunque es difícil tomar nota del color del suelo, no le afecta mucho. Sin embargo es un indicador de las condiciones del mismo, de forma que los agricultores pueden aprender acerca del suelo a partir de su color. Los principales colorantes de suelo son el óxido de hierro y la materia orgánica. El color del suelo puede ser una guía útil de la conveniencia del suelo para varios usos, (Plaster, 2000).

2.4.3.1 Determinación del color del suelo

La determinación del color del suelo, se realiza por la comparación de éste con los diferentes patrones de color establecidos en las tablas Munsell. Las tablas Munsell son un sistema de notación de color basado en una serie de parámetros que permiten obtener una gama de colores que varían en función del matiz, brillo y croma. Rojo, Marrón, negro o gris, son algunos de los colores más característicos y descriptivos del suelo, pero no son exactos. Debido a esto, la comunidad científica decidió establecer como patrón de medición del color del suelo el sistema de notaciones de Color Munsell, el cual permite a los científicos comparar suelos en cualquier lugar del mundo, (Moreno, *et al,* 2008)

El color es un claro indicador de la naturaleza del material que conforma los horizontes del suelo, (Orellana, 2005).

El color de la matriz del suelo de cada horizonte se debe registrar en condiciones de humedad (o en ambas condiciones seco y húmedo cuando fuera posible) usando las notaciones para matiz, valor y croma como se da en Carta o en Tabla de Colores de Suelo Munsell. El matiz es el color espectral dominante (rojo, amarillo, verde, azul o violeta); el valor es la claridad u oscuridad de los rangos de color de uno (oscuro) a 8 (claro); y el croma es la pureza o fuerza del rango de color desde uno (pálido) a 8 (brillante). Cuando haya un color de suelo matriz dominante, el horizonte se describe como moteado y se dan dos o mas colores. En adición a las notaciones de color, se pueden dar los nombres de colores estándar Munsell. Cuando sea posible, el color del suelo se debe determinar bajo condiciones uniformes. Las lecturas realizadas temprano en la mañana y al anochecer no son exactas, (Vargas, 2009).

Moreno, *et al,* (2008), afirma que existen tres parámetros diferentes para determinar el color de suelo:
1. **Matiz**: Representa al color espectral puro correspondiente a una determinada longitud de onda, es decir, expresa la longitud de onda dominante en la radiación reflejada. Así pues se consideran cinco colores principales (R, P, B, G, Y) y cinco complementarios o intermedios (RP, PB, BG, GY, YR) que se representan por las iniciales de su nombre en inglés, excepto el naranja que se representa por YR (yellow-red), para evitar confusiones. Cada color se le asigna una graduación de cero (0) a 10, que corresponde a la banda del arcoíris. El valor cinco, significa que nos encontramos en el punto central de la banda. Al bajar nos aproximamos al

color de longitud de onda más baja y al subir lo hacemos al que la tiene inmediatamente más alta. Así el 0YR coincide con el 10R y el 10YR lo hace con el 0Y.

2. Croma o pureza: Expresa la pureza relativa del color del matiz de que se trate. La pureza cero (0) correspondería al color gris, de modo que si la pureza se anula el matiz carece de importancia porque no existe. En este caso se utiliza la letra N de neutro sin asignar valor de pureza.

3. Intensidad o brillo: Expresa la proporción de la luz reflejada y representa la amplitud de la radiación midiendo al fin y al cabo el grado de claridad u oscuridad. Para un matiz N, la pureza cero (0) representa al negro y la 10 al blanco.

R = Rojo   RP = Rojo púrpura

P = Púrpura   PB = Negro Púrpura

B = Negro   BG = Negro verde

G = Verde   GY = Verde amarillo

Y = Amarillo   YR = Amarillo rojizo

2.4.4 Textura del suelo

La textura del suelo se refiere a la proporción de arena, limo y arcilla en el suelo. Esta característica es una de las más estables en el suelo, ya que solo puede ser cambiado sutilmente por la actividad agrícola y otras prácticas que ocasionan la mezcla de varias capas de suelo. Es una característica importante ya que influye en la fertilidad del suelo y determina cuanta agua entra al suelo y cuanto tiempo se mantiene disponible para la planta, la facilidad de laboreo y la cantidad de aire que pueda contener, (USAID, S. f.).

Indica la cantidad de partículas individuales de arena, limo y arcilla presentes en el suelo. Cuando mas pequeña es la partícula se acerca a la arcilla; cuando más grande es la partícula mas se acerca a arena, de esta manera: Cuando un suelo tiene un alto contenido de arena, se clasifica texturalmente como "arena".

Cuando están presente pequeñas cantidades de limo y arcilla el suelo es "franco arenoso" o "arena franca". Los suelos compuestos principalmente por arcilla se denominan "arcillosos". Cuando la arena, limo y arcilla están presentes en cantidades iguales, el suelo se denomina "franco", (PPI, 1997).

La textura del suelo puede ser arcillosa, limosa, arenosa y sus combinaciones, y tiene mucha relación con la fertilidad potencial de los suelos, o sea, con su capacidad para retener nutrimentos, y con el movimiento y retención de agua. En términos generales entre más fina sea la textura, más pequeños serán los poros y mas superficie cargada existirá, por lo tanto, ocurrirá una retención de agua y nutrimentos mayor. Sin embargo, no todas las arcillas son iguales, y por ejemplo, las 1:1(caolinitas) que están presentes en los suelos rojos, se agrupan y forman partículas grandes (pseudoarenas) que drenan como arenas y tienen una capacidad de intercambio muy baja. Por otro lado no todos los suelos arenosos son pobres en nutrimentos. Si son rejuvenecidos frecuentemente por los desbordamientos de los ríos y la tabla de agua es suficientemente alta que impide un lavado muy severo, los suelos aluviales arenosos y limosos pueden ser muy fértiles, (Bertsch, 1998).

La propiedad de la tierra más fundamental, la que mas influencia tiene sobre otros rasgos del suelo, es la textura. La textura del suelo determina la proporción de tres tamaños de partículas de suelo (arena (grande), limo (medio) y arcilla (pequeño)). El tamaño de las partículas de suelo, a su vez, afecta tanto a los rasgos del suelo como a la capacidad de retención de agua y a la aireación, (Plaster, 2000).

Los suelos de textura fina presentaran, debido a la gran superficie de sus partículas constituyentes, mayores posibilidades de contacto con los pelos absorbentes que los de textura gruesa. En otro aspecto y también por el mismo motivo, una mayor facilidad de actuación de los agentes de alteración con liberación de nutrientes asimilables a la disolución del suelo o al complejo adsorbente coloidal, (Navarro, *et al*, 2003).

La textura del suelo es determinada por la cantidad de arena, limo y arcilla contenidos en el suelo, cuando más pequeñas sean las partículas, más la textura será del tipo arcilloso y cuanto mas grande mas se aproximara al tipo arenoso, (PPI, 1988).

2.4.5 El pH del suelo

El pH del suelo expresa la actividad de los iones hidrogeno en la solución del suelo. Este afecta la disponibilidad de nutrientes minerales para las plantas, así como a muchos procesos del suelo, (Vargas, 2009).

La reacción del suelo o pH es una propiedad química del suelo muy importante de conocer, especialmente por su carácter orientador sobre el comportamiento del suelo. Ejerce influencia directa sobre las características químicas, físicas y biológicas de un suelo. Su determinación es análoga a tomar la temperatura a un animal. Suministra información básica útil para un diagnostico general. Consiste en expresar las condiciones del suelo en términos de acidez o alcalinidad (cuadro 1), e indica lo que domina en el suelo: H^+ u OH^- Hay que recordar que, químicamente un acido es una sustancia que cede protones al agua (H^+) y en forma equivalente, una base es una sustancia que al disociar recibe protones del agua, produciendo iones OH^-, (Bertsch, 1998).

El pH del suelo es la medida de la acidez o alcalinidad del suelo, que afecta la disponibilidad de los nutrientes para las plantas, así como también la actividad de los microorganismos y la solubilidad de los minerales del suelo. La mayoría de los elementos son mas solubles en suelos ácidos (pH debajo de 7), que en suelos neutros (pH = 7) o ligeramente básicos (pH arriba de 7) la mayor disponibilidad de nutrientes se encuentra entre el pH 6 y 7, (USAID, S. f. y Torres, *et al,* 2006).

El termino pH define la relativa condición básica o ácida de una sustancia. La escala del pH cubre un rango de cero (0) a 14. Un valor de pH de 7.0 es neutro. Los valores por debajo de 7.0 son ácidos, aquellos que están sobre 7 son básicos. La mayoría de los suelos productivos fluctúan entre un pH de 4.0 a 9.0, (PPI, 1997).

La reacción del suelo describe la acidez o alcalinidad de un suelo. Los usuarios del mismo se preocupan de su reacción por que afecta mucho al crecimiento de la planta. La reacción se mide con ayuda de la escala de pH, (Plaster, 2000).

Cuadro 1: Categorías del pH del suelo (acidez – alcalinidad) en agua con una relación de 1:2.5

Categorías de pH	Siglas	Valores de pH
Extremadamente ácido	EA	4.1 – 4.4
Muy fuertemente ácido	MFA	4.5 – 5.0
Fuertemente ácido	FA	5.1 – 5.5
Moderadamente ácido	MA	5.6 – 6.0
Ligeramente ácido	LA	6.1 – 6.5
Neutro	N	6.6 – 7.3
Medianamente alcalino	MAL	7.4 – 8.0
Fuertemente alcalino	FAL	8.1 – 9.0

2.4.5.1 Influencia del pH sobre el aprovechamiento de los nutrientes para la planta

El pH del suelo ejerce la influencia individual más importante sobre el aprovechamiento de los elementos alimentarios que hacen crecer los cultivos y del mismo modo, sobre la eficiencia con la cual el cultivo hace uso del fertilizante, (Garman, 1982).

La acidez del suelo afecta el crecimiento de las plantas en diferentes formas. Cada vez que el pH es bajo (acidez alta), uno o más efectos detrimentales pueden reducir el crecimiento del cultivo: la concentración de elementos tales como Al y Mn puede alcanzar niveles tóxicos debido a que su solubilidad aumenta en los suelos ácidos, (PPI, 1988).

Cada cosecha crece mejor en un rango de pH específico. La mayoría de las plantas que crecen en suelos minerales se desarrollan bien en un pH con rango entre 6.0 y 7.0. Para suelos orgánicos, la mayoría de los cultivos prefieren un pH de 5.5 a 6.0 una excepción es el grupo de las plantas a las que les gusta la acidez como: sandia y camote entre otras, (Plaster, 2000).

La reacción del suelo afecta generalmente a la absorción por su influencia en el estado de asimilación del nutriente, o en la cantidad del mismo disponible. Los casos mas representativos de esta influencia son: bloqueo o inhibición, precipitación reciproca y volatilización. El bloqueo se produce a determinados valores de pH, en los que el elemento, debido a sus características físico-químicas se transforma en inasimilable (cuadro. 2) al pasar a formar parte de un compuesto insoluble, este es el caso, por ejemplo, del hierro, manganeso y cobre, los cuales a pH básico precipitan, originando hidróxidos insolubles, (Navarro, *et al*, 2003).

En el pH del suelo tienen influencia varios factores, entre los que se incluyen: material de origen y profundidad del suelo, precipitación, inundación, vegetación natural, cultivos sembrados y fertilización nitrogenada, (PPI, 1997).

2.4.6 Encalado
El factor de mayor importancia en la actividad del encalado es su colocación. El material para que tenga máximo contacto con el suelo en la capa arable es esencial. Se debe mencionar que en general, la mayoría de los materiales para encalado son muy poco solubles en agua, de modo que una buena distribución en el suelo es esencial para su reacción. Aun cuando se mezcle bien con el suelo, la cal no ejercerá efecto en el pH si el suelo esta seco. La humedad es esencial para que la reacción cal-suelo se produzca, (PPI, 1988).

El encalado constituye el manejo más convencional para contrarrestar el efecto de la acidez; representa una enmienda para este sistema y consiste en la aplicación masiva de sales básicas comúnmente Calcio (Ca), y en forma preferencial, Carbonato de Calcio ($CaCO_3$). La acción que se consigue con este producto es la neutralización de la acidez intercambiable, o sea del Aluminio (Al) (principalmente) y del Hidrogeno (H^+) intercambiable. El hecho que el ácido carbónico se descomponga en dióxido de carbono que se volatiliza y agua, es lo que permite que ocurra la neutralización, (Bertsch, 1998).

Cuadro 2. Estimación de la variación porcentual de asimilación de los principales nutrientes de las plantas en función del pH del suelo.

Nutrientes (%)	pH					
	4.5	**5.0**	**5.5**	**6.0**	**6.5**	**7.0**
Nitrógeno	20	50	75	100	100	100
Fósforo	30	32	40	50	100	100
Potasio	30	35	70	90	100	100
Azufre	40	80	100	100	100	100
Calcio	20	40	50	50	83	100
Magnesio	20	40	50	50	80	100

El encalado de suelos ácidos ha sido, durante mucho tiempo una práctica agrícola muy importante. Sin embargo muchos agricultores continúan descuidando su práctica. Una razón es que, al contrario de su respuesta a los fertilizantes, las cosechas no responden inmediatamente al encalado. El encalado hace posible producir el mejor rendimiento de la cosecha a los dólares invertidos en fertilizantes. Por ejemplo se gastara mucha cantidad de fertilizante de fósforo aplicado a suelos ácidos debido a que esta atrapado en el suelo. Al encalar los suelos ácidos también se elimina la toxicidad del aluminio y se promueve la actividad de organismos tan deseables como la bacteria *Rhizobium* que fija el nitrógeno a las leguminosas, (Plaster, 2000).

El requerimiento de cal de un suelo no solo se relaciona con el pH de ese suelo, sino también con su capacidad tampón. La cantidad total y el tipo de arcilla y el contenido de materia orgánica del suelo determinan que tan fuerte es la capacidad tampón del suelo, es decir con que fuerza el suelo resiste el cambio de pH. La capacidad tampón se incrementa con el incremento en la cantidad de arcilla y materia orgánica. Los suelos con alta capacidad tampón requieren mas cal para incrementar el pH que los suelos de menor poder tampón. Los suelos arenosos con bajas cantidades de arcilla y materia orgánica tienen bajo poder tampón y por lo tanto requieren menor cantidad de cal para cambiar el pH, (PPI, 1997).

2.4.7 Materia orgánica en el suelo

La materia orgánica del suelo esta constituida por residuos de plantas y animales en varios estados de descomposición. Un nivel adecuado de materia orgánica beneficia al suelo de varias formas: mejora las condiciones físicas, incrementa la infiltración de agua, facilita la labranza del suelo, reduce las pérdidas por erosión y proporciona nutrientes a las plantas. La mayoría de estos beneficios se derivan de la acumulación en el suelo de los productos resultantes de la descomposición de los residuos orgánicos, (PPI, 1997).

La materia orgánica se refiere a todo el material de origen animal o vegetal que este descompuesto, parcialmente descompuesto y sin descomposición. Generalmente es sinónimo con el humus, aunque este termino es mas usado cuando nos referimos a la materia orgánica bien descompuesta llamada sustancias húmicas, (Vargas, 2009).

2.4.8 Descripción de algunas de las series según clasificación de grupos localizadas en los cuadrantes de suelos de El Salvador para el departamento de San Vicente.

> **Descripción de la serie Tng** (Tonacatepeque-Majahual Muy Accidentado en Terrenos Elevados)

Fisiografía: indica que son áreas muy diseccionadas por quebradas profundas y pendientes, fluctuando de 40 a 80% y aun más. El relieve es moderado a alto. Se caracteriza por tener grandes afloramientos de tobas, conglomerados y en menor escala de intrusiones de lavas duras, el drenaje externo es rápido debido a las fuertes pendientes; el interno se ve limitado por la presencia de capas duras a poca profundidad. Son áreas bastante secas en el verano.

Suelos: Pertenecen al gran grupo Litosol. Comprende en su mayor parte una combinación de suelos poco desarrollados, de pachos a moderadamente profundos sobre rocas duras poco fracturadas. Los horizontes superficiales son francos, café muy oscuro, de pedregosidad variable. Cuando los suelos son más profundos y hay subsuelo, éste es de igual textura, pero de un color más claro o un poco rojizo. Se encuentran muchos afloramientos de conglomerados y a veces de lavas.

Uso actual: se encuentra en su mayor parte vegetación natural y algunos cultivos de maíz y maicillo (Campos, *et al,* 1964).

> **Descripción de la serie Esd.** (Estanzuelas-Tonacatepeque Alomado a Accidentado en Terrenos elevado)

Fisiografía: Se encuentra representada en su mayoría por altiplanos fuertemente diseccionados, consistiendo especialmente en lomas separadas por quebradas profundas. El relieve local es de moderado a alto. Las pendientes varían desde el 20 al 60%. La erosión es moderada y fuerte en otras. Las capas inferiores las constituyen conglomerados, tobas, gravillas y piedras volcánicas cementadas. El drenaje externo es rápido, el interno lento.

Suelos: Pertenecen a los Latosoles Arcillo Rojizo. Superficialmente los primeros son franco arcillosos, color café oscuro, granulares con subsuelos arcillosos, color café rojizo, con estructuras en bloques. Las capas inferiores consisten en tobas, conglomerados, gravas, cenizas y piedras volcánicas cementadas. Los litosoles son suelos poco profundos, arcillosos desarrollados sobre lavas o tobas. A veces hay afloramientos de las capas inferiores siendo entonces las áreas muy pedregosas.

Uso actual: Aunque hay áreas pequeñas dedicadas a cultivos de maíz, la mayoría de esta unidad esta dedicada a pastos y vegetación natural (Campos, *et al,* 1964).

> **Descripción de la serie Tnm** (Tonacatepeque – Pasaquina Alomado en Terrenos Elevados)

Fisiografía: Se encuentra representada por depresiones extensas de los terrenos elevados y en las faldas de los altiplanos ligeramente diseccionados con relieve variable de bajo a mediano. Las pendientes predominantes varían del 4 al 15%. La erosión en general es moderada, las capas inferiores las constituyen tobas cementadas.

El drenaje externo es rápido, el interno está restringido por las capas duras, en términos generales se puede decir que es moderadamente bueno.

Suelos: Pertenecen a los grandes grupos Litosol y Grumosoles. Los del primer grupo, tienen variaciones desde los afloramientos de la toba blanca dura, hasta los suelos francos, friables de menos de 50 cm de espesor sobre la toba. Muchas veces son pedregosos. Los del segundo grupo presentan suelos arcillosos de color gris muy oscuro a negro y de consistencia muy plástica y pegajosa. En la estación seca se endurecen y se forman grietas grandes. Presentan también intrusiones de suelos arcillo rojizos. Hay áreas pedregosas que impiden el uso de la maquinaria agrícola.

Uso actual: La mayoría de esta unidad esta ocupada por pastos arbustos y malezas, pero hay áreas estrechas dedicadas a cultivos de maíz, maicillo y arroz (Campos, *et al,* 1964).

➤ **Descripción de la serie Esc** (Estanzuelas-Pasaquina Ondulado en planicies).

Fisiografía: Se encuentra en planicies o en terrenos altos, moderadamente diseccionados. La topografía es ondulada, las pendientes predominantes son menores del 10%. Las capas inferiores están formadas por cenizas, tobas, gravillas y rocas volcánicas fuertemente cementadas. El drenaje externo es moderado, el interno es lento. Durante la época no lluviosa son áreas bastante secas.

Suelos: Pertenecen a los grandes grupos de Latosoles Arcillo Rojizo y a los Grumosoles. Los primeros son semejantes a los Estanzuelas-Tonacatepeque Accidentado en planicies (Esb). Los segundos están en menor porcentaje en el paisaje; se encuentran en las partes más planas. Son suelos arcillosos, de color grisáceo muy oscura, plásticos, pegajoso, poco permeables, al secarse se agrietan en bloques grandes y son muy duros, las capas duras e inferiores se encuentran a no más de 150 cm de profundidad. Hay áreas bastante pedregosas. La capacidad de producción de estos suelos se puede promediar como algo bajas.

Uso actual: Las tierras mejores se ocupan con cultivos como: maíz, maicillo, caña de azúcar. El resto esta ocupado con pastos, malezas y restos del bosque caducifolio original (Campos, *et al,* 1964).

➤ **Descripción de la serie Asa** (Apastepeque ligeramente inclinado en planicies).

Fisiografía: En esta unidad predominan los abanicos y planicies aluviales, ligeramente inclinadas, de relieve muy bajo casi sin disección en la cuenca de la laguna de Apastepeque. Las pendientes varían del 1 al 3%. La erosión es suave. Las capas inferiores están constituidas por cenizas volcánicas, con espesores que varían desde 50 hasta 150 centímetros; estratificadas sobre capas aluviales de texturas variables, pero principalmente francas. El drenaje en algunas zonas es restringido, pero por lo general es de moderado a bueno.

Suelos: Pertenecen al gran grupo Regosol Aluvial. Los Horizontes superiores son francos, franco arcillosos y franco arenosos, friables y granulares, el color varía de café grisáceo muy oscuro a café grisáceo. Las capas inferiores las constituyen cenizas volcánicas, francas a franco arenosas finas, porosas, friables y de color café grisáceo claro, a veces moteado con café y rojo. En ciertas zonas a mayor profundidad se encuentran capas de arcilla café rojizo a café oscuro, masiva, plástica y pegajosa.

En resumen son suelos profundos, friables, permeables con buena capacidad de retención de agua y alta productividad.

Uso actual: Se dedican a cultivos de caña de azúcar, arroz, maíz, frijoles y hortalizas (Campos, *et al,* 1964).

> ➢ **Descripción de la serie Yac** (Yayantique- Siguatepeque muy accidentado en montañas).

Fisiografía: Se encuentra influenciada por extensas aéreas montañosas redondeadas y fuertemente diseccionadas, con relieve alto en la zona intermedia y baja interior. Las pendientes varían de 20% predominando las superiores de 50%. La red de drenaje esta formada por quebradas abruptas. Son pocas las extensiones de terreno con pendientes suaves. Las capas inferiores están compuestas de basaltos y andesitas plegadas, fracturadas y falladas del período terciario.

Suelos: Pertenecen a los grupos Latosoles Arcillo Rojizos y Litosoles. Suelos arcillosos, rojizos y pedregosos de superficiales a moderadamente profundos, parecidos a los "Yab" pero con una mayor proporción de suelos que son muy superficiales sobre roca dura y poco intemperizada. También se encuentran afloramientos de roca.

El drenaje superficial es excesivo y el interno es moderado. Durante la época no lluviosa son áreas bastante secas.

Uso actual: se encuentran principalmente vegetación natural de arbustos, pastos y bosques. Hay áreas cultivadas de maíz y maicillo (Campos, *et al,* 1964).

➢ **Descripción de la serie Yaa** (Yayantique alomado en terrenos elevados).

Fisiografía: se encuentra en terrenos elevados y diseccionados. El relieve local es bajo (menor de 15 metros). Las pendientes predominantes son menores del 25%. Las capas inferiores están compuestas por lavas basálticas y andesíticas, plegadas, fracturadas y falladas. La fisiografía es lo que distingue esta unidad de los "Yac" y "Yab"

Suelos: Pertenecen a los grandes grupos de los Latosoles Arcillo Rojizos y Litosoles. Los primeros tienen suelos superficiales franco arcillosos, de color café rojizo oscuro, de estructura granular. Los subsuelos son arcillosos de color café rojizo, de estructura de bloques fuertes, con partículas de arcilla. Las capas inferiores de lavas se encuentran a una profundidad variable de 50 a 100 centímetros; la intemperización es variable y puede alcanzar varios metros. Los Litosoles están representados por los suelos muy superficiales y por los afloramientos de las capas duras inferiores. En resumen, son suelos algo pedregosos, arcillosos de fuerte estructura, plásticos, pegajosos y de poco a moderadamente profundos. La capacidad de producción varia con la profundidad, pedregosidad y posición de los suelos, pero se puede promediar como algo baja.

Uso actual: las tierras están ocupadas principalmente por pastos y malezas; pero hay un buen porcentaje con cultivos de avituallamiento (principalmente maíz y maicillo) (Campos, *et al,* 1964).

➢ **Descripción de la serie Yab** (Yayantique accidentado en montañas).

Fisiografía: En su mayoría predominan terrenos diseccionados e inclinados en faldas de montañas en las zonas intermedia y baja interior. El relieve local se mide en cientos de metros, las pendientes predominantes fluctúan entre 10 y 40%, pero se encuentran quebradas con pendientes más abruptas. La roca madre esta compuesta de lavas basálticas y andesíticas, plegadas, fracturadas, falladas e intemperizadas. Es la fisiografía la que distingue esta unidad de los "Yac"

Suelos: Corresponden a las clasificaciones de Latosoles Arcillo Rojizos y Litosoles. Predominan los suelos, rojizos, arcillosos, fuertemente desarrollados y poco pedregosos. Tiene suelos superficiales no muy profundos, franco arcillosos, friables, café rojizos oscuros y de estructura granular. Los subsuelos son arcillosos, plásticos, café rojizos o rojizos y de estructura de bloques fuertes con películas de arcilla, empezando a una profundidad de 50 a 100 centímetros. Se encuentran capas de lavas oscuras fracturadas y de intemperización variable hasta varios metros. Tienen moderada permeabilidad y alta capacidad de retención de agua. La fertilidad es de regular a baja. Se encuentran también en las quebradas y cimas abruptas, afloramientos de roca o suelos muy pedregosos y de poca profundidad sobre roca dura.

El drenaje superficial varía de moderado a rápido. El interno es moderado. Son suelos secos en la estación no lluviosa.

Uso actual: principalmente bosques, pastos y malezas. En las partes de menor pendiente y menos pedregoso se encuentran parcelas con cultivos de avituallamiento (Campos, *et al,* 1964).

2.4.9 Recomendaciones de fertilizantes para algunos cultivos de acuerdo con sus necesidades

Según FAO (1992), cultivos diferentes necesitan cantidades específicas de nutrientes. Además, la cantidad de nutrientes necesaria depende en gran parte del rendimiento obtenido (o esperado) del cultivo. Las diferentes cantidades de nutrientes extraídas por algunos cultivos mundiales con rendimientos buenos y medios se muestran en el cuadro 3.

Las diferentes variedades de un cultivo también diferirán en sus requerimientos de nutrientes y su respuesta a los fertilizantes. Una variedad local no responderá tan bien a los fertilizantes como una variedad mejorada; por ejemplo, el maíz híbrido dará a menudo una mejor respuesta a los fertilizantes y producirá rendimientos más altos que las variedades locales. Aunque las cifras dadas en el cuadro 3, son una primera buena indicación de las necesidades de nutrientes de las plantas al respectivo nivel de rendimiento, otros factores han sido tomados en cuenta para determinar el requerimiento real del fertilizante, por ejemplo las reservas de nutrientes del suelo, así como una posible indisponibilidad de los nutrientes aplicados a las raíces de las plantas por fijación, lixiviación y otras pérdidas. De allí que, los requerimientos de nutrientes son en general más elevados que la extracción de nutrientes por los cultivos.

2.4.10 Interpretación de resultados de análisis de suelos

La interpretación de los análisis para fines de fertilidad, se basa en dos criterios: El primero se conoce como Nivel Crítico; el cual se fundamenta en la existencia de un nivel adecuado de un determinado nutrimento para obtener una máxima producción. Los nutrimentos manejados mediante dicho criterio son: Nitrógeno (N), Fósforo (P), Azufre (S), Boro (B), Zinc (Zn), Manganeso (Mn), Hierro (Fe) y Cobre (Cu). La cantidad de nutrimento aplicado es determinado mediante una simple diferencia de valores así: a la cantidad de nutrimento considerado como adecuado según la producción, se le resta el valor encontrado como disponible en el suelo a través del análisis químico. El segundo criterio es el de saturación de bases, en el cual la máxima producción es obtenida a través de relaciones ideales en porcentaje entre el Calcio (Ca), Magnesio (Mg) y Potasio (K). Requerimiento en porcentaje para cumplir lo óptimo mediante este criterio: Calcio 65%, Magnesio 18% y potasio 8%, dentro de la capacidad de intercambio catiónico total del suelo (CICT), (Torres *et al,* 2006).

2.4.11 Absorción de elementos a nivel del suelo

La mayoría de los elementos son absorbidos por el sistema radicular y trasladados a todas la partes de la planta por los conductos conocidos como Xilema, que son tejidos conductores formados por un sistema de tubos continuos a través del tallo, por el cual los elementos son movilizados a todas las partes de la planta. El agua con los nutrientes disueltos, llamado la solución del suelo, se mueve del suelo a las raíces; en esta forma los nutrientes son absorbidos por las raíces de la planta por diferentes mecanismos que son:

Flujo de masa: Es la forma por la cual los elementos se mueven a través del suelo con el agua en movimiento; los elementos que presentan mayormente

Difusión: Mecanismo por medio del cual los nutrientes disueltos se mueven hacia las raíces, de áreas de mayor concentración de nutrientes a áreas de concentraciones más bajas; creando un gradiente de concentración en la solución del suelo, próximo a la superficie de las raíces, ocasionando el movimiento por difusión de los nutrientes. Los elementos que mayormente se mueven por este fenómeno son: Fósforo (P) y Potasio (k) (Torres *et al,* 2006).

2.4.12 Esencialidad de los elementos nutricionales para las plantas

De los 16 elementos químicos conocidos hasta ahora como necesarios para el desarrollo de las plantas, 13 son los nutrimentos derivados de la tierra, debido a que normalmente entran a la planta a través de las raíces. Sin embargo la mayoría de las plantas pueden utilizar pequeñas cantidades de estos nutrimentos cuando se los asperja sobre las hojas, (Garman, 1982).

Se consideran esenciales para la planta los siguientes elementos: C, O_2, H, N, P, K, Ca, Mg, S, Fe, Mn, Zn, Cu, Mo, B, Cl. Todos ellos son igualmente necesarios, variando únicamente en las cantidades que se utilizan. El Carbono, Hidrógeno y Oxigeno los toman las plantas del aire y del agua, los restantes deben ser suministrados por el suelo. Se acostumbra agrupar estos elementos según las cantidades que de ellos necesitan las plantas y su importancia práctica. Los elementos que las plantas consumen en grandes cantidades se llaman Macroelementos y los otros que son necesarios pero los consumen en cantidades muy pequeñas se llaman Microelementos.

• **Macroelementos primarios:** son aquellos que las plantas necesitan en cantidades relativamente grandes y que con frecuencia son escasos en el suelo: N; P; K.

• **Macroelementos secundarios:** son aquellos que las plantas consumen en cantidades relativamente grandes, pero cuya escasez en el suelo no es frecuente: Ca, Mg, S.

• **Microelementos:** son necesarios para la planta pero en cantidades pequeñas: Fe, Mn, Zn, Cu, B, Mo y Cl (Torres *et al,* 2006).

Cuadro 3. Extracción de nutrientes por cultivos[1] (kg/ha)

Cultivo	Rendimiento (Kg/ha)	Nitrógeno (N)	Fósforo (P₂O₅)	P	Potasio (K₂O)	K	Ca	Mg	S
Arroz	3000	50	26	11	80	66	-	-	-
(No descascarado)	6000	100	50	22	160	133	19	12	10
Trigo	3000	72	27	12	65	54	-	-	-
	5000	140	60	26	130	108	24	14	21
Maíz	3000	72	36	16	54	45	-	-	-
	3000	50	26	11	80	66	-	-	-
Papas	20000	140	39	17	190	158	2	4	6
	40000	175	80	35	310	257	-	23	16
Batatas	15000	70	20	9	110	91	-	-	-
	40000	190	75	33	390	324	28	9	-
Mandioca	25000	161	39	17	136	113	44	16	-
	40000	210	70	31	350	291	57	-	-
Caña de azúcar	50000	60	50	22	150	125	-	-	-
	100000	110	90	39	340	282	-	50	38
Cebollas	35000	120	50	22	160	133	-	-	21
Tomates	40000	110	30	13	150	125	-	17	54
Pepino	35000	60	45	20	100	83	-	36	-
Alfalfa (heno)	7000	215²	60	26	130	108	164	19	19
Soja	1000	160²	35	15	80	66	-	-	-
	2400	224²	44	19	97	81	-	18	-
Frijoles	2400	155²	50	22	120	100	-	-	-
Maní	1500	105²	15	7	42	35	19	11	12
Algodón	1700	73	28	12	56	46	6	4	5
(semillas+ fibras)	5000	180	63	27	126	105	-	35	30
Tabaco (hojas secas)	1700	90	22	10	129	107	48	6	4

- Datos no disponibles

1. Nutrientes contenidos en la parte cosechada de la planta (ya sea aérea
   o subterránea) para el rendimiento del cultivo indicado. Téngase en
   cuenta que no coinciden con las necesidades de fertilizantes.
2. Los cultivos leguminosos pueden obtener la mayoría de su nitrógeno del
   aire.

2.4.13 Descripción de los nutrientes esenciales para la planta
2.4.13.1 Fosforo (P)

El fosforo estimula pronto y rápido el crecimiento de la raíz y ayuda a la joven
planta a desarrollar sus raíces, además ayuda a las plantas a usar agua mas
eficientemente, mejorando el agua absorbida por las raíces. El fosforo mejora
la eficacia de la captura del nitrógeno por las plantas, haciendo mejor el empleo
de fertilizante y reduciendo el riesgo de contaminación del agua de la tierra
debido a la lixiviación del nitrato (Plaster, 2000).

La disponibilidad del P disminuye a pH inferior de 6.5, debido a que el hierro y
el aluminio se encuentran tanto mas solubilizados cuanto menor es el pH, y
provocan la precipitación del fosforo como fosfatos insoluble (Navarro, *et al*,
2003).

2.4.13.2 Potasio (K)

Según Plaster (2000), el potasio se mueve con más rapidez por el suelo que el
fosforo, pero con menos rapidez que el nitrógeno. Debido a que el potasio es
retenido en la arcilla u otros coloides, es móvil en suelos de textura fina y se
lixivia con más facilidad en suelos arenosos.

El potasio es uno de los elementos esenciales en la nutrición de la planta y uno
de los tres que se encuentra en pequeñas cantidades en los suelos, limitando
el rendimiento de los cultivos. En la nutrición de las plantas las formas
aprovechables son la intercambiable y la soluble en agua (rápidamente
asimilable), el potasio no-intercambiable actúa como una reserva del elemento.
El potasio no intercambiable, comprende entre el 90 - 98% del potasio total del
suelo y se encuentra bajo la forma de feldespatos y micas, esta fracción

constituye las reservas de potasio del suelo. El potasio rápidamente asimilable, forma del 1 - 2% del potasio total y el potasio lentamente asimilable o no cambiable constituye el 1 a 10% del total del suelo; este último es el potasio adsorbido y fijado por ciertos coloides del suelo (Bornemisza, 1982).

2.4.13.3 Zinc (Zn)

El catión de zinc se meteoriza fuera de los minerales del suelo (donde puede ser adsorbido), forma un quelato o forma compuestos de zinc ligeramente solubles. Algunas reacciones biológicas usan zinc, incluyendo la producción de clorofila. Muchos cultivos son poco exigentes en zinc como: El maíz y arroz.

El zinc esta disponible en el suelo ácido y menos disponible en los alcalinos además en los recientemente encalados. Los suelos que han perdido su capa superior por un nivelado, un terraplenado o por la erosión son pobres en contenidos de zinc. Pueden aparecer bajos niveles también en suelos muy toscos por que los materiales madre carecían de zinc y los suelos tienden a tener un bajo porcentaje de materia orgánica (Plaster, 2000).

Los compuestos nitrogenados y los de Fósforo y Azufre, son altamente móviles pues pasan a los órganos poco activos de los tejidos jóvenes en desarrollo; el Potasio es un elemento extremadamente móvil, mientras que el Magnesio, Cloro y Sodio se clasifican como móviles; los elementos Hierro, Manganeso, Zinc, Cobre y Molibdeno su movilidad es intermedia (poco móviles) en la planta, por lo que se requiere un suministro constante para la formación de nuevos tejidos (Torres, *et al,* 2006).

2.4.13.4 Manganeso (Mn)

Plaster (2000), afirma que el manganeso se parece al hierro en que la meteorización libera un catión que es capturado en el suelo no ácido. El manganeso actúa como el hierro en la formación de la clorofila; además aumenta la velocidad de germinación de la semilla y la madurez de la cosecha y ayuda a las plantas a capturar otros nutrientes diversos.

El contenido de las diferentes fracciones de Mn en los suelos, es muy variable. Se encuentra en forma de distintos óxidos y óxidos hidratados, como parte de silicatos y carbonatos (Bornemisza, 1982).

2.4.13.5 Hierro (Fe)

El hierro forma parte de muchas enzimas necesarias en formación de varias sustancias químicas, especialmente de las clorofilas. Los minerales de hierro están difundidos por el suelo. Son meteorizados para desprender el hierro en formas iónicas. La mayoría de los suelos tiene suficiente hierro pero, mucha cantidad del mismo se encuentra en forma de compuestos insolubles tales como el hidróxido férrico, $Fe(OH)_3$. La materia orgánica forma quelatos con una pequeña cantidad de hierro del suelo. Algunos microbios del suelo que viven en la rizosfera emiten compuestos que forman quelatos de hierro, probablemente mejorando la captura de hierro para las plantas (Plaster, 2000).

El hierro en el suelo existe en forma divalente y trivalente. Muchos suelos cultivados tienen un bajo contenido de hierro disuelto en la solución del suelo y adsorbido en forma intercambiable. Altas concentraciones de hierro disuelto se encuentran en suelos forestales podzólicos. El hierro en la forma ferrosa (Fe^{2+}) entra en el complejo de intercambio iónico de los suelos (Bornemisza, 1982).

El alterar el pH del suelo en una banda angosta en la zona radicular puede corregir las deficiencias de Fe. El azufre elemental (S) al oxidarse baja el pH del suelo y convierte el Fe no soluble en formas que las plantas pueden usar (PPI, 1997).

2.4.13.6 Cobre (Cu (mg kg^{-1}))

El cobre es retenido por el intercambio de catión y combina químicamente con la materia orgánica. Algunos complejos de cobre orgánico son tan estables que el cobre no esta disponible para las plantas. El cobre forma parte de varias enzimas importantes especialmente para la formación de clorofila.

El cobre afecta la resistencia de una planta a la enfermedad y a los controles de humedad, su escasez es común pero presenta una gran variedad de signos incluyendo el crecimiento reducido (Plaster, 2000).

Los suelos orgánicos son los más propensos a ser deficientes en Cu. Estos suelos generalmente contienen niveles adecuados de cobre, pero lo retienen tan fuertemente que solo una pequeña cantidad es disponible para el cultivo. Los suelos arenosos bajos en materia orgánica, también pueden llegar a ser deficientes en Cu, debido a perdidas por lixiviación. Los suelos pesados (arcillosos) son los que tienen menos probabilidad de desarrollar deficiencias de Cu (PPI, 1997).

2.4.13.7 Calcio intercambiable (Ca interc. (cm (+) L^{-1}))

Generalmente es el catión dominante en el suelo, aun a valores de pH bajos y ocupa normalmente el 70% o más de los sitios en el complejo de intercambio. Al igual que otros cationes, el Ca también esta presente en la solución de suelo. El Ca es parte de la estructura de varios minerales del suelo como la dolomita, calcita, apatita y feldespatos. En realidad estos minerales son las fuentes principales de Ca en el suelo (PPI, 1997).

El calcio es conocido como uno de los macroelementos secundarios, es uno de los elementos que las plantas consumen en cantidades relativamente grandes, pero cuya escasez en el suelo no es frecuente (Torres *et al*, 2006).

2.4.13.8 Magnesio intercambiable (Mg interc. (cm (+) L^{-1}))

El magnesio se encuentra en la solución de suelo y se adsorbe en las superficies de las arcillas y materia orgánica. Los suelos generalmente contienen menos Magnesio (Mg) que Calcio (Ca) debido a que el Mg no es adsorbido tan fuertemente como el Ca por los coloides del suelo y puede perderse más fácilmente por lixiviación. Además la mayoría de materiales parentales contiene menos Mg que Ca. Muchos suelos contienen suficiente Mg para soportar el crecimiento vegetativo, sin embargo las deficiencias de Mg ocurren con mas frecuencia en suelos ácidos sujetos a alta precipitación y en suelos arenosos (PPI, 1997).

El magnesio ayuda a la captura de otros elementos, especialmente del fósforo. Además activa un número importante de sistemas de enzimas está implicado en la síntesis de proteína, carbohidratos y grasas, así como en un amplio rango de otros compuestos. Las plantas con deficiencias de Mg ofrecen menor resistencia a la sequedad, al frío y a la enfermedad (Plaster, 2000).

2.4.13.9 Acidez intercambiable (cm (+) L⁻¹)

Torres *et al*, (2006) manifiesta que la acidez intercambiable se caracteriza por estar débilmente adherida a las cargas negativas de las paredes de las arcillas y de la materia orgánica; dicha acidez es la que ocasiona mayor daño a los frutales, por la presencia del Aluminio (Al^{3+}), ya que dicho elemento ocasiona daño al sistema radicular, principalmente a las raíces "*comelonas*".

2.4.13.10 Capacidad de Intercambio Catiónico Efectiva (CICE (cm (+) L⁻¹))

La capacidad de Intercambio Catiónico Efectiva CICE se define como la sumatoria de elementos básicos (Ca^{2+} + Mg^{2+} + K^+) cambiables más acidez intercambiable (H^+ + Al^{3+}). Se caracteriza por estar débilmente atrapada a las cargas negativas de las arcillas del suelo, con los aumentos en los valores de pH mejora sus niveles, caracterizando el suelo con una mayor productividad.
Para la interpretación de la CICE, se manejan los siguientes parámetros. CICE = <5 meq/100g = Baja capacidad productiva, pocas reservas de cargas, se incrementa la lixiviación. CICE = 5 a 15 meq/100g = De mediana capacidad productiva, buenas reservas de cargas y menos lixiviación. CICE = > 15 meq/100g = De alta capacidad productiva necesitándose gran cantidad de enmiendas para corregir problemas de acidez. El cálculo de la CICE se realiza de la siguiente manera: CICE = Ca^{2+} + Mg^{2+} + K^+ + Al^{3+} intercambiable (Torres *et al*, 2006).

2.4.13.11 Relación Calcio /Magnesio (Ca/ Mg)

Un desbalance entre Ca y Mg en los suelos de baja CIC puede acentuar la deficiencia de Mg. Cuando la relación Ca:Mg es muy alta en estos suelos las plantas absorben menos Mg, esto puede ocurrir cuando se encala solamente con calcita, por varios años consecutivos, suelos relativamente bajos en Mg. La aplicación de Mg también puede acentuarse con la aplicación de altas dosis de K o por una alta disponibilidad de amonio (NH^+_4) en suelos con bajos niveles de Mg (PPI, 1997).

2.4.13.12 Relación Magnesio/ Potasio (Mg/ K)

La aplicación de altas proporciones de fertilizantes potásicos puede provocar una relación potasio cambiable/magnesio cambiable muy alta, debido al desplazamiento del poco Mg absorbido en el complejo coloidal por el K. las plantas que vegeten en estos suelos tendrán una fuerte tendencia fisiológica a absorber más potasio que Mg (antagonismo K/Mg), y en ellos suelen aparecer síntomas claros de deficiencia de Mg. (Navarro, *et al*, 2003).

La relación entre Mg y K puede ser un factor importante bajo ciertas condiciones. Por ejemplo, el fertilizar con K reduce la absorción de magnesio. Además la deficiencia de magnesio puede acentuarse con la aplicación de altas dosis de K o por una alta disponibilidad de amonio (NH_4^+), (PPI, 1997).

2.4.13.13 Calcio + Magnesio / Potasio (Ca+Mg/K)

Específicamente para estos elementos, este fenómeno, que puede ser de carácter antagónico (uno se opone a otro) o sinergístico (uno estimula al otro), está claramente establecido a nivel foliar. Altas concentraciones foliares de Ca y /o Mg corresponden con bajas concentraciones foliares de K y viceversa. (Narwal, *et al*, 1985, citado por Bertsch, 1998). Entre el Ca y Mg según sea la magnitud del desequilibrio, la interacción puede ser antagónica o sinergística. Un caso típico de inducción de desequilibrio entre Ca y Mg se presenta con el encalado con productos exclusivamente calcáreos (Bertsch, 1998).

La aplicación de Potasio disminuye el contenido de Calcio y Magnesio (Torres, *et al*, 2006).

2.4.13.14 Relación Calcio/ Potasio (Ca/K)

El efecto del pH sobre la fijación, adsorción y liberación del potasio del suelo, es en cierto modo contradictorio. Bajo las condiciones de encalado pudiera ser más beneficioso que perjudicial, debido a la conservación del K que queda afectado, puesto que no queda tan propenso a la lixiviación como en los suelos ácidos. Como el calcio es mas fácilmente reemplazado que el hidrogeno, al añadir un fertilizante potásico soluble los K^+ sustituirán parte de los Ca^{+2} en el coloide. Por tanto, cuanto mayor sea el grado de saturación de calcio, mayor será la adsorción al coloide del potasio de la disolución de suelo (Navarro, *et al*, 2003).

2.4.13.15 Niveles críticos de elementos en el suelo

El nivel crítico obtenido dependerá del extractante utilizado, del tipo de suelo y de la clase de cultivo; por lo que los niveles críticos (cuadro. 4) de un mismo nutrimento deberán ser obtenidos para los diferentes grupos de suelo y dentro de cada grupo para los diferentes cultivos, (Torres, *et al*, 2006).

Cuadro 4. Tabla de niveles críticos para interpretación de análisis de suelo.

Característica	Categorías de disponibilidad				
	Muy bajo	**Bajo**	**Alto**	**Muy alto**	**Medio**
P (ppm)	0 – 8	9 - 12	13 - 30	> 30	
K (ppm)	-	0 - 59	60 - 200	> 200	
Ca (meq/100 g)	0 – 2.2	2.3 – 4.0	4.1 - 36	> 36	
Mg (meq/100 g)	0 – 0.8	0.9 – 2.0	2.1 - 18	> 18	
Zn (ppm)	0 – 0.4	0.5 – 3.0	3.1 – 6.0	6.1 – 36	
Cu (ppm)	0 – 0.1	0.2 – 1.0	1.1 – 3.0	3.1 – 20	
Fe (ppm)	0 – 1	2 – 10	11 – 20	21 – 80	
Mn (ppm)	0 – 0.7	0.8 – 5	5.1 – 10	11 – 100	
B (ppm)	0 – 0.03	0.04 – 0.2	0.3 – 0.5	0.6 – 8	
S (ppm)	0 - 2	3 - 12	13 - 20	21 – 80	
M. O. (%)		< 2	> 4		2 – 4
Relación Ca/Mg		< 2	> 5		2.1 – 5
Relación Mg/K		< 2.5	> 15		2.5 – 15
Relación Ca/K		< 5	> 25		5 – 25
Relación (Ca+Mg)/K		< 10	> 40		10 – 40
CIC (meq/100g)*	< 4	8.1 - 12	> 20		

*Moderadamente Bajo 4 a 8; Moderadamente Alto de 12 a 20.

<h1 align="center">III. MATERIALES Y METODOS</h1>

3.1 Localización de la investigación

La investigación se realizó durante los meses de febrero a octubre del año 2010, en los municipios de: Apastepeque, San Esteban Catarina, Santa Clara y San Ildefonso del Departamento de San Vicente a una altura que oscila entre los 318 msnm y 640 msnm.

San Vicente Pertenece a la zona central de la república. Es limitado por los siguientes departamentos: al norte por Cabañas, al este por San Miguel y por Usulután, La Paz y el océano Pacífico; al Oeste por La Paz y Cuscatlán. Se localiza entre las coordenadas geográficas siguientes: 13° 48' 04° LN (extremo oriental) y 88°54' 0"LWD" (extremo occidental).

3.2 Características climáticas de la zona

Esta zona se clasifica en el sistema de vida como bosque húmedo sub-tropical con transición a tropical, con un cambio de temperatura mayor de 24°C.

Las condiciones climáticas de la zona son las siguientes: temperatura promedio de 30°C, humedad relativa promedio de 60%, y precipitación promedio anual de 2032 mm.

3.3 Aspectos biofísicos

Las zonas donde se realizó el estudio se clasificaron con el apoyo de los cuadrantes de suelos de El Salvador, de acuerdo a cada uno de las comunidades consideradas en una parte del estudio, para tal identificación se contó con el apoyo de los de mapas de clasificación de suelos de El Salvador (figura 1).

3.4 Aspectos generales del estudio

El estudio cuenta de dos partes: la primera, consistió en la elaboración de un diagnóstico de la situación de manejo que realizan los productores en la parcela en los cuatro municipios de San Vicente que apoya INTERVIDA. De igual forma se realizó un muestreo de suelos para determinar el grado de fertilidad natural partiendo de un análisis químico convencional, así como el corrido de un cromatograma de dicho suelo; la segunda parte radicó en la elaboración de una guía estandarizada para determinar la fertilidad de suelos teniendo análisis químicos convencionales y cromatográfico como indicadores de referencia.

3.4.1 Parte I: Diagnóstico de la situación productiva y nutricional del suelo

Consistió en realizar un estudio socioproductivo y fitosanitario que realizan los productores en sus parcelas, en proceso de transición de agricultura convencional a orgánica, que son apoyados por INTERVIDA; a quienes se les solicitó información como: tipo de cultivos y su manejo, dosis de fertilizantes utilizados, tipo de laboreo que practican, insumos utilizados para el control de los problemas fitosanitarios y otros. Luego de obtener la información de consulta y visual, se procedió a tomar una muestra de suelo de aproximadamente una libra (figura 2), a la cual se le realizó un análisis químico convencional, así como el tiraje de su respectivo cromatograma.

El análisis químico convencional de suelos se realizó en el Laboratorio de Suelos del Centro Nacional de Tecnología Agropecuaria y Forestal, Enrique Álvarez Córdova (CENTA), ubicado en San Andrés, Municipio de Ciudad Arce, La Libertad; mientras que el tiraje de los cromatogramas de las muestras de suelo se hizo en el Laboratorio ubicado en las oficinas de INTERVIDA, que se localizan en la ciudad de San Vicente.

3.4.1.1 Instrumento de entrevista

Se utilizó un formulario de entrevista, (anexo 1), el cual permitió obtener información por parte de los productores; dicho instrumento fue validado previamente entre los productores lo cual permitió adecuarlo para que fuera administrado definitivamente.

Figura 1. Identificación de suelos mediante mapas topográficos de El Salvador.

Figura 2. Obtención de la muestra de suelo de aproximadamente una libra.

3.4.1.2 Planificación de visitas

Los técnicos de INTERVIDA fueron el nexo con los productores de los cuatro municipios ya que son ellos quienes constantemente están apoyando con asesoría técnica para el establecimiento de cultivos y las tecnologías empleadas para la producción.

3.4.1.3 Visita a productores y recopilación de información

Se realizaron visitas a las diferentes comunidades donde residen los productores que están en proceso de transición hacia agricultura orgánica ubicadas en los municipios San Esteban Catarina, Apastepeque, San Ildefonso y Santa Clara del departamento de San Vicente donde se realizó el estudio (anexo 2).

La entrevista inició con la presentación y saludo personal con los productores a quienes se les explicó el objetivo y requerimientos del estudio (figura 3). Luego del saludo y con el aval del productor, se procedió a la entrevista realizando las preguntas planteadas en el instrumento y haciendo las anotaciones pertinentes en función de lo planteado en el formulario; para el llenado del instrumento se requirió un tiempo aproximado de 30 a 40 minutos. Es de hacer notar que algunos productores fue imposible localizarlos en la parcela por lo que fue necesario contactarles en otras actividades que estuviesen realizando como reuniones de asociados o capacitaciones.

Luego del llenado del instrumento se procedió a recolectar la información de campo (figura 4) como pedregosidad, pendiente, tipo de vegetación en la zona.

Figura 3. Entrevista con el productor.   **Figura 4.** Toma de información visual de campo.

La pendiente del terreno se determinó tomado cinco lecturas en las zonas más representativas del terreno (figura 5), utilizando una cuerda de nylon de un metro de largo, un nivel de albañil, una cinta métrica, libreta para anotaciones y un lápiz.

Figura 5. Toma de pendiente de la parcela.

Para determinar el porcentaje de pedregosidad existente fue necesaria una cuerda (pita) 15 metros de largo a la cual se le colocaron divisiones (marcas) cada 50 centímetros. Ya en el campo se realizaron entre cinco y ocho tomas de datos procediendo a colocar la cuerda en cierta dirección conveniente en el terreno amarrando ambos extremos de la pita a estacas, luego se procedió al conteo de las piedras que correspondían con cada una de las marcas en la pita; de esta manera, hasta obtener el total de lecturas deseado, con dicha información se encontró el porcentaje de pedregosidad correspondiente (figura 6).

El color se determino con la ayuda del sistema de notación de tablas Munsell (figura 7) y luego se contrasto la información con los cuadrantes de suelos de El Salvador.

3.4.1.4 Procedimiento para la obtención de las muestras de suelo en el campo

Luego de obtener toda la información verbal, se procedió a la toma de la muestra generalmente con el acompañamiento del productor iniciando con un recorrido por la parcela. Esta actividad que se realizó sobre áreas seleccionadas al azar; teniendo el cuidado de ubicarlos a una distancia aproximada de 15 a 20 m de los linderos (cercos), calles, bordas, quebradas, canales, casas y otras construcciones. Luego se procedió a realizar un recorrido en diferentes direcciones de acuerdo a la forma de la parcela, por ejemplo en algunos terrenos el recorrido se realizó en forma de "X" en otros en "W" o en Zig Zag. La logística para la obtención de las submuestras implicó el uso de equipo básico como machete, palas, azadón, barreno, plástico, bolsas plásticas y viñetas.

Con ayuda de machete, piocha y/o azadón, se limpió un círculo de aproximadamente 40 – 50 cm y luego con azadón, corvo y otras veces con barreno se realizó un agujero de 20 cm de profundidad y similar diámetro (figura 8 y 9), se extrajo la submuestra, delimitándola debidamente, y eliminando cualquier material orgánico extraño (ejemplo palos o raíces grandes) que pudiera contener la sub muestra.

Figura 6. Pedregosidad del terreno.   **Figura 7**. Determinación del color del suelo con ayuda de tablas Munsell.

Al tomar la primera submuestra, se continuó el recorrido hasta obtener el número de submuestras requerido, procurando que todas las submuestras tomadas fueran iguales; es decir, se tomen uniformemente desde la superficie hasta la profundidad de la capa arable, procurando obtener el mismo volumen y sección del suelo,

Luego se homogenizó el material acumulado de las seis (6) submuestras, en una bolsa plástica de una arroba de capacidad, se tomó una cantidad de una libra de peso aproximadamente como la muestra representativa de la parcela, y se rotuló apropiadamente, anotando básicamente: fecha de muestreo, nombre de la finca y parcela muestreada, nombre del propietario, fertilizaciones realizadas, cultivo existente actualmente o anteriormente, cultivo a establecer, topografía del terreno y pedregosidad.

Figura 8. Extracción de muestra de suelo con piocha y corvo.   **Figura 9.** Extracción de la muestra de suelo utilizando barreno.

3.4.1.5 Procesamiento de las muestras de suelo

A las muestras de suelo se les realizaron dos tipos de análisis, uno químico convencional en el laboratorio de suelos de CENTA que proporcionó información cuantitativa (figura 10) del contenido de los diferentes minerales presentes en el suelo, en el que se examinaron las siguientes variables: textura, pH en agua, materia orgánica (%) y los elementos fósforo, potasio, zinc, manganeso, hierro, cobre todos en partes por millón (ppm); calcio intercambiable, magnesio intercambiable, potasio intercambiable, sodio intercambiable, suma de bases intercambiables, acidez intercambiable (H+Al) todos en mili equivalentes en 100 g (Meq/100 g), capacidad de intercambio catiónico efectiva (CICE), saturación de bases (%), relaciones calcio/magnesio (Ca/Mg), Magnesio/Potasio (Mg/K), Calcio mas Magnesio/Potasio (Ca+mg/K), Calcio/Potasio (Ca/K) además se proporcionaron recomendaciones de manejo correctivo de las deficiencias detectadas como recomendaciones de encalado; en cuanto a fertilidad del suelo se hicieron los cálculos necesarios para recomendar aplicaciones de fertilizantes en cantidades adecuadas según las necesidades y condiciones de cada parcela.

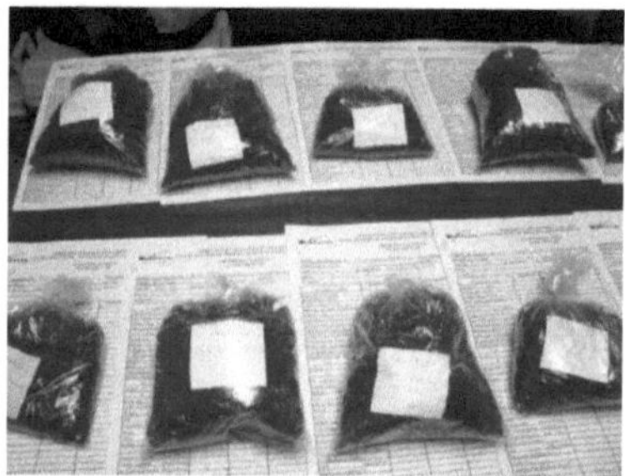

Figura 10. Recepción de la muestra en el laboratorio de suelos para realizarle el análisis químico convencional.

El otro tipo de análisis que se le realizó a la muestra de suelo fue el cromatográfico, que es un análisis cualitativo que manifiesta mediante papel las diferentes zonas en que es posible leer un cromatograma (figura 11), presentando así diferentes estructuras, intensidad de colores, presencia, ausencia, deficiencia o exceso de los minerales que se encuentran en el suelo. Se tomó una cantidad de suelo aproximadamente de 100 gramos para ser utilizado en el proceso de análisis cromatográfico, cada muestra fue rotulada para ser procesada en el tiraje de cromatogramas en el laboratorio de INTERVIDA San Vicente, para posteriormente realizar la interpretación de la situación de fertilidad del suelo; dichos análisis permitieron contrastar los resultados.

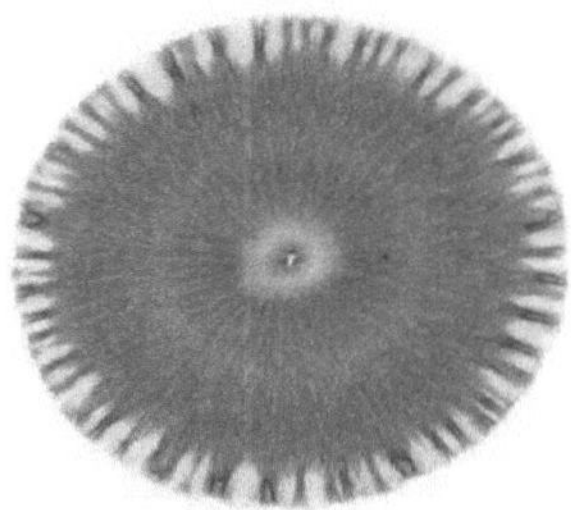

Figura 11. Cromatograma (Análisis cualitativo de suelos).

3.4.1.6 Ordenamiento de la información recopilada

La información obtenida en las encuestas fue introducida en una base de datos para su análisis e interpretación, para lo cual se utilizó el programa SPSS. Luego se procedió a ordenar y analizar la información proveniente de las hojas de resultados de los análisis proporcionados por los laboratorios de CENTA y los cromatogramas de suelos.

3.4.1.7 Codificación de las muestras

Para fines de evitar confusiones entre las diferentes muestras de suelo analizadas, se identificaron con un código para asegurar que a cada muestra se le realizaron tanto el análisis químico convencional como el cromatografico, lo cual posteriormente permitió contrastar ambos resultados y finalmente estandarizar lo cuantitativo en relación a lo cualitativo.

3.4.2 Parte II: Elaboración de una guía estandarizada de análisis de suelos

Para la investigación fue necesaria la obtención de 100 muestras de suelo, provenientes de áreas con diferentes niveles de fertilidad, con el fin de encontrar muestras que manifiesten altos y bajos niveles de fertilidad y de esta manera poder interpretar los cromatogramas en relación a los resultados del respectivo análisis químico de la muestra.

Para lograr la obtención de muestras de suelos con diferentes niveles de fertilidad que se utilizaron en la segunda parte del estudio, se gestionó con el laboratorio de suelos del CENTA para seleccionar algunos análisis (figura 12) que manifestaron los niveles de fertilidad deseados para el estudio, luego de identificar los análisis adecuados se procedió a la búsqueda de las muestras de suelo (figura 13) en el banco de suelos que tiene el laboratorio, para realizarle el análisis cromatográfico en el laboratorio de INTERVIDA.

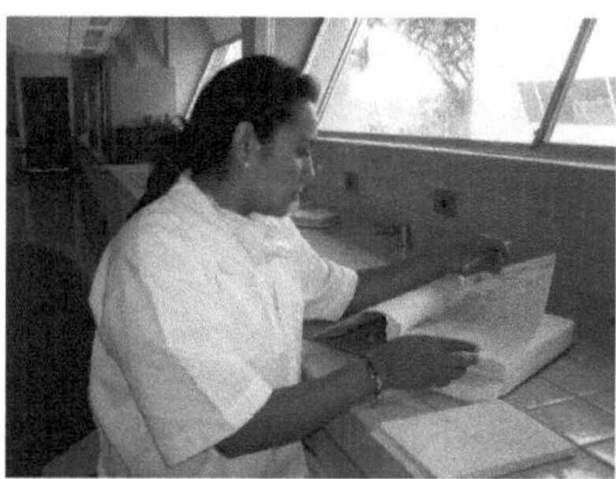

Figura12. Selección de 100 análisis de suelos para el estudio.

Figura 13. Selección de muestras de suelos para el estudio.

Teniendo los dos resultados o tipos de análisis por cada muestra se procedió a estandarizar los métodos respectivos para la elaboración de la guía práctica de interpretación de resultados de análisis de suelos.

3.5 Procedimiento para realizar el análisis químico convencional

El análisis químico de suelos se realiza en laboratorios especializados y por personal capacitado. Laboratorios de suelos existen en el país: privados, estatales y universitarios; todos utilizan métodos estandarizados (metodología de extracción) y procedimientos (determinaciones), (cuadro 5) por lo cual la diferencia que podría existir entre ellos se limita a la rapidez de entrega de los resultados y el costo económico del análisis.

3.6 Procedimiento para la realización del análisis cromatográfico

El análisis cromatográfico se realizó por triplicado para cada una de las muestras de suelo analizadas, a fin de seleccionar aquel cromatograma que presentó mayor representatividad en relación a problemas de procedimiento, descartando el resto de ellos.

Esto se realizó con las 28 muestras de las parcelas de los productores en transición hacia la agricultura orgánica considerada en la primera parte del trabajo, como a las 100 muestras de suelo proporcionadas por el laboratorio del CENTA que provienen de los diferentes suelos del país.

Cuadro 5. Metodología para el análisis del suelo en los laboratorios del MAG y FUSADES

Características	Unidad	Metodología de extracción	Determinación
pH H_2O-pH KCL		10:25 H_2O ó KCl 1N	Potenciométrica
Acidez extraíble	Meq/100 ml	2.5:25 KCl 1N	Titulación NaOH0.01N
Ca – Mg	Meq/100 ml	2.5: 25 KCl 1N	Espectrofotómetro de absorción atómica
K	Meq/100 ml	5:25 Carolina del norte	Espectrofotómetro de Emisión
P	Ug/ml	5:25 Carolina del norte	Colorimétrica azul de molibdeno o molibdovanadato
Zn – Mn – Fe – Cu	Ug/ml	5:25 Carolina del norte	Espectrofotómetro de absorción atómica
S	Ug/ml	2.5:25 $CaH_4(PO_4)_2$ $2H_2O$	Turbidimétrica $BaCl_2$-$2H_2O$ + PVP K_3O
B	Ug/ml	2.25:25 $CaH_4(PO_4)_2$ $2H_2O$	Colorimétrica Carmín
Materia Orgánica	%	$K_2 Cr_2 O_7$ 1N	Titulación Fe (SO_4) 7 H_2O

Para la realización del cromatograma de cada una las muestras se procedió de la siguiente manera:

+ Se colectó la muestra en campo y se codificó adecuadamente.

+ Es importante mencionar que al recoger la muestra fué necesario recolectar información relacionada con el manejo que se le estaba realizando a la parcela así como los principales aspectos biofísicos.

+ Secado de la muestra al sol, colocándola en páginas de papel bond limpias y secas (figura 14), y se tomaron las precauciones necesarias a fin de evitar posibles contaminaciones.

+ Luego de secada la muestra de suelo se procedió al macerado de la muestra (figura 15), con un mortero y un pistilo, hasta pulverizarla en forma de talco.

Figura 14. Secado de la muestra de suelo.

Figura 15. Macerado de la muestra de suelo.

+ Se coló la muestra en un colador fino para asegurar que las partículas fueran uniformes.
+ Se pesaron cinco gramos de la muestra de suelo (figura 16) previamente colada.

- Se preparó una solución de soda caustica al 1% en agua destilada (un gramo de soda caustica en 100 cc de agua destilada ó agua lluvia).

- En un vaso desechable transparente, se agregó los cinco gramos de suelo más 50 ml de la solución de soda caustica al 1% y se agitó en forma de círculo seis series de seis movimientos hacia la derecha y seis hacia la izquierda

- Luego de agitado, se dejó la solución de suelo en reposo durante 15 minutos.

- Transcurridos los 15 minutos, se agitó una segunda vez de la misma forma y se dejó en reposo durante una hora.

- Transcurrida la hora se procedió a repetir los ciclos de movimientos por tercera ocasión, para finalmente dejar en reposo durante seis horas.

- Aprovechando el tiempo de reposo de la muestra durante seis horas se preparó el papel filtro que sería utilizado para el tiraje de los cromatogramas así como los respectivos popotes; El papel filtro que se utilizó para el tiraje de los cromatogramas fué de marca Schleicher & Schuell, 589 – IH de 150 milímetros de diámetro; a este se le ubicó el centro y partiendo de ahí se midieron cuatro y seis centímetros hacia los bordes (figura 17) procediendo a colocarles una marca con una aguja o un lápiz lo más suave posible. Al centro de cada papel filtro se abrió un agujero pequeño (2 mm) con la punta de un clavo de acero que fue el que dio lugar a colocar el popote.
Luego se cuadriculó una hoja de papel filtro con rayas distanciadas a dos centímetros entre cada una y luego se realizaron cortes con una tijera para obtener cuadros de cuatro cm^2, los cuales se enrollaron en forma de

cigarrito (popote), (figura 18 y 19); estos fueron los popotes que ayudaron a absorber las diferentes soluciones hacia el papel filtro de 150 mm durante el impregnado con la soluciones de nitrato de plata, así como para el corrido del cromatograma con la solución de suelo.

Figura 16. Pesado de la muestra.

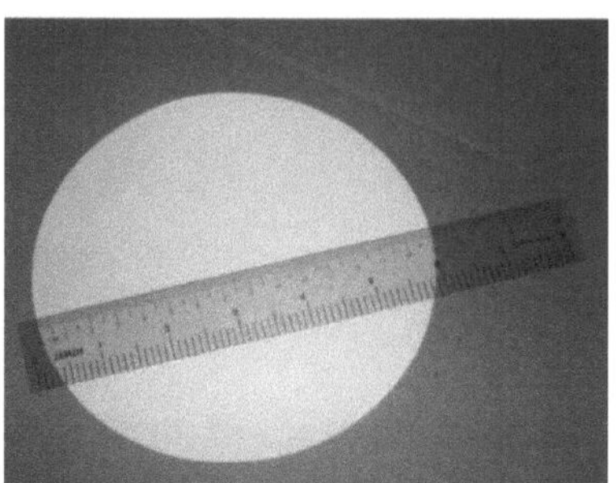

Figura 17. Marcado del papel en 4 y 6 cm desde el centro.

Figura 18. Marcado del papel para la elaboración de popotes.

Figura 19. Popotes elaborados.

↓ Luego se preparó una solución de nitrato de plata al 0.5% (0.5 gramos de nitrato de plata en 100 cc de agua destilada ó agua lluvia).

↓ En una caja de petri de 8.5 cm de diámetro, se introdujo otra caja de petri más pequeña de aproximadamente cinco centímetros de diámetro, luego se agregó a la caja de petri pequeña, de 5 a 10 cc de la solución de nitrato de plata.

+ Se tomó el papel filtro (ya preparado con las marcas de 4 y 6 cm) y se le colocó un popote en el agujero del centro, luego se situó sobre la caja de petri preparada en el paso anterior (se cuidó que el popote estuviera en contacto con la solución) y se dejó allí hasta que se observó que la solución de nitrato de plata se desplazó por el papel filtro mas o menos al nivel de la marca de cuatro cm (figura 20). Se retiró inmediatamente el papel filtro y procedió a retirarle el popote con gran cuidado halándolo hacia abajo (nunca hacia arriba), luego el papel filtro ya impregnado con la solución de nitrato de plata se colocó en el interior de una caja oscura, aproximadamente por tres a seis horas hasta que se secó completamente.

+ El papel filtro se conservó en dichas condiciones mientras no fue utilizado.

+ Transcurridas las seis horas de reposo de la solución del suelo y contando con el papel filtro ya impregnado con la solución de nitrato de plata debidamente seco, se procedió al corrido del cromatograma; En una caja de petri pequeña se agregaron aproximadamente 5 a 10 cc del liquido sobrenadante de la solución de suelo luego de las seis horas de reposo.

+ Se sacó de la caja oscura el papel filtro ya impregnado con la solución de nitrato de plata y se le colocó un popote en el agujero del centro, posteriormente se situó sobre la caja de petri preparada en el paso anterior (se verificó que el popote estuviera en contacto con la solución) y se dejó impregnar el liquido (figura 21) hasta el nivel de la segunda marca (seis centímetros desde el centro).

Figura 20. Papel en proceso de absorción del nitrato de plata.

Figura 21. Papel en proceso de absorción de la solución de suelo.

⬇ Finalmente se retiró el cromatograma de la solución de suelo y se descartó el popote; colocando este al sol hasta que quedó completamente seco (figura 22).

Figura 22. Secado de cromatogramas.

Nota:

- El papel conteniendo la solución de nitrato de plata se sacó de la caja oscura hasta que fue utilizado.

- El popote debe descartarse luego de ser utilizado.

3.7 Lectura básica de un cromatograma

Para la lectura del cromatograma se tomaron en cuenta los aspectos señalados por los especialistas del COAS (consejeros en agricultura sostenible y permacultura), haciendo notar el nivel de desarrollo de la zona nitrogenada y luego la coloración y la interacción existente entre cada una de las partes que lo conforman; tomando en cuenta que la predominancia de colores negros, oscuros, negro cenizo, púrpura, lila y tendientes a azul, son indicadores de suelos de mala calidad y que en dichos suelos los procesos de respuestas a la implementación de un programa de mejoras es un poco mas complicado a diferencia de la predominancia de colores tendientes a naranja, amarillentos, dorado y algunos café marrón, así como una buena interacción corresponden a suelos de mejores condiciones relacionadas con la fertilidad.

3.8 Ordenamiento de la información

Luego de disponer de ambos tipos de análisis para cada muestra de suelo y haber seleccionado el cromatograma más representativo de cada muestra se procedió a ordenar la información agrupando los análisis químicos de acuerdo a los niveles de cada uno de los minerales presentes en el suelo, buscando obtener el mayor rango de fertilidad posible donde se incluyan tanto suelos ricos en determinados nutrientes así como los adecuados o deficientes.

A cada hoja de resultado del análisis químico se le buscó su par (análisis cromatográfico).

3.9 Procesamiento de datos

Con el instrumento de entrevista completamente lleno se descargaron los datos con ayuda del programa SPSS, y como resultados se obtuvieron gráficos y cuadros resumen para luego ser interpretados, además, luego de tener las diferentes hojas de resultados tanto del análisis químico como cromatográfico debidamente ordenados para cada muestra, se procedió a interpretar la manifestación de colores y formas en el cromatograma y se relacionó con la presencia o ausencia de determinados nutrientes.

3.10 Metodología estadística

Para definir el tamaño de la muestra se tomaron en cuenta las 427 parcelas de los productores en proceso de transición a la agricultura orgánica a las que INTERVIDA les proporcionaba de una forma muy integral asesoría técnica. La cantidad de parcelas muestreadas fue de 28 y se determinó al aplicar la siguiente formula:

$$n = \frac{Z^2.P.\,QN}{(N-1)\,E^2 + Z^2\,P.Q}$$

$$n = \frac{(1.96)^2\,(0.02)\,(0.98)\,(427)}{(426)\,(0.05)^2 + (1.96)^2\,(0.02)\,(0.98)}$$

$$n = \frac{32.15}{1.142} \qquad n = 28$$

Donde:

N= tamaño de la población

Z= 1.96 (Nivel de confianza 95%)

P= 5%

E= 0.5

Q= 0.5

Variables evaluadas

- O Historial de manejo de las parcelas en estudio.
- O Tonalidades de colores manifiestas en el cromatograma en relación al nivel de fertilidad del análisis químico de cada muestra.
- O Contrastes de formas plasmadas en el cromatograma en relación al nivel de fertilidad.
- O Suelos con aceptables niveles de fertilidad.
- O Suelos con deficiencias nutricionales.

VI. RESULTADOS Y DISCUSION

4.1 Parte I: Diagnóstico de la situación productiva y nutricional del suelo

Los resultados fueron analizados y discutidos de acuerdo a un ordenamiento lógico luego del procesamiento de la información, aunque en general fueron agrupados de acuerdo al nivel de afinidad.

4.1.1 Información general de los productores entrevistados

En este apartado se consideraron solo elementos generales como localización, género, nivel de escolaridad y ubicación geográfica entre otros.

Las parcelas y residencias de los entrevistados se ubican en diferentes cantones de los municipios de Santa Clara, San Ildefonso, San Esteban Catarina y Apastepeque (Anexo 2).

4.1.1.1 Genero de los entrevistados

El 96.4% de las personas entrevistadas corresponden al sexo masculino; este comportamiento responde al hecho de que generalmente es el esposo o compañero de vida el encargado de realizar las labores agrícolas como siembra, aplicaciones de fertilizantes y productos fitosanitarios, así como manejo de las cultivos. Las mujeres desempeñan más que todo, actividades domésticas en el hogar; por otro lado cuando se recurre a la búsqueda de información en los hogares normalmente es el hombre el encargado de responder, lo contrario ocurre casi exclusivamente cuando las mujeres no son casadas o acompañadas y por ende son ellas las encargadas de responder a este tipo de consultas.

4.1.1.2 Edad de los entrevistados

La edad de los entrevistados osciló entre 20 y 64 años con una media muy próxima a los 41 años.

4.1.1.3 Nivel educativo de los entrevistados

Para el 57% de los entrevistados, su nivel educativo no supera el primer ciclo de educación básica, pero también es notable el hecho que el 18% no tienen ningún nivel de escolaridad en lo que corresponde a la educación formal, lo cual generalmente está asociado a niveles preocupantes de analfabetismo; esto demuestra que al plantear programas de capacitación para los productores es necesario diseñar estrategias que tomen en cuenta dicha situación de tal forma que estas sean compatibles con dicha situación.

En general el nivel de escolaridad no superó el grado de bachillerato correspondiente a un aproximado del 11% (cuadro 6).

Cuadro 6. Nivel de escolaridad de los productores entrevistados en la investigación "**Comparación del análisis químico convencional de suelos con la técnica de cromatografía para agricultura orgánica en transición**"

Nivel de escolaridad	Porcentaje	Porcentaje acumulado
Ninguno	17.9	17.9
Primer Ciclo	39.3	57.1
Segundo Ciclo	21.4	78.6
Tercer ciclo	10.7	89.3
Bachillerato	10.7	100.0

4.1.1.4 Tenencia de la tierra

La tenencia de la tierra debe considerarse como un aspecto a tomar en cuenta en el momento de verificar el tipo de manejo que el productor le proporciona al suelo, especialmente en lo concerniente al establecimiento de obras de conservación de suelos. En tal sentido se encontró que muy próximo al 68% son dueños de la parcela que trabajan, lo cual puede considerarse como una fortaleza a tomar en cuenta para el establecimiento de estrategias tendientes a mejoras en las parcelas ya que el restante 32% presentan niveles de tenencia entre arrendatario y familiar (figura 23).

4.1.2 Aspectos biofísicos

Se consideraron básicamente la pendiente la pedregosidad del terreno así como el color del suelo.

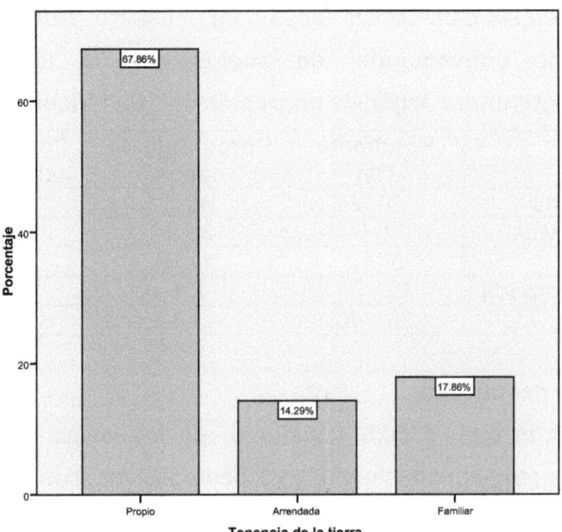

Figura 23. Tenencia de la tierra entre los productores y las productoras entrevistados en la investigación "**Comparación del análisis químico convencional de suelos con la técnica de cromatografía para agricultura orgánica en transición" San Vicente, 2010.**

4.1.2.1 Pendiente del terreno

Se determinó que casi el 36% de los casos poseen una pendiente plana o casi plana o sea entre cero y 2% de inclinación, así existe otro porcentaje igual de casos con pendientes suavemente inclinadas o sea 2 a 5% (cuadro 7), esto da como resultado que un poco más del 71% de los casos no superan el nivel de pendiente del 5%. Esto muestra una fortaleza ya que ello reduce significativamente los riesgos de problemas de erosión hídrica.

El restante 28.6% corresponden a pendientes que oscilan entre el 5 y 40% donde los problemas de erosión hídrica se agudizan cada vez más lo que hace necesario la implementación de acciones tendientes de conservación de suelos tendientes a reducir los riesgos de erosión.

Cuadro 7. Pendiente de las parcelas utilizadas para el estudio "**Comparación del análisis químico convencional de suelos con la técnica de cromatografía para agricultura orgánica en transición**" San Vicente, 2010.

Clasificación	Pendiente (%)	Porcentaje de casos	Porcentaje acumulado
Plana a casi plana	0 - 2	35,7	35,7
Suavemente inclinada	2- 5	35,7	71,4
Inclinada	5- 12	17,9	89,3
Moderadamente escarpada	12 - 25	7,1	96,4
Escarpada	25 - 40	3,6	100,0

4.1.2.2 Pedregosidad del terreno

Los resultados muestran que el 50% (cuadro 8) de los casos evaluados, predominan los suelos muy abundante y severa pedregosidad, convirtiéndose en muchos casos en fuertes limitante para el laboreo agrícola, restringiendo el uso de equipo de labranza mecanizado para la preparación de los suelos así como el manejo de los cultivos. Este criterio muestra la dificultad con que cultivan muchos productores sin embargo cuando existe cierto nivel de pendiente, también la pedregosidad se convierte en un mecanismo físico de control de los problemas de erosión.

Por otro lado existe un 32.1% de parcelas que no presentan mayores limitantes de pedregosidad, oscilando entre poca a moderada.

En relación a la pendiente y pedregosidad del suelo, se les consultó sobre la realización de obras de conservación de suelos; y el 46.4% dijo que sí; lo cual muestra la necesidad de promocionar dichas acciones, conociendo los niveles de pendiente que existen en muchas parcelas que no realizan éstas prácticas.

Cuadro 8. Pedregosidad de las parcelas consideradas en la investigación "**Comparación del análisis químico convencional de suelos con la técnica de cromatografía para agricultura orgánica en transición**" San Vicente, 2010.

Pedregosidad (%)	Clase	Porcentaje de casos	Porcentaje acumulado
0.01 - 1.0	Poca	32,1	32,1
1 – 5	Moderada	7,1	39,3
5 – 15	Abundante	10,7	50,0
15 – 40	Muy abundante	35,7	85,7
40 – 70	Severa	14,3	100,0

4.1.2.3 Color del suelo

La identificación de suelos se hizo con ayuda de la tabla Munsell y la práctica se realizó en húmedo como lo plantea Vargas (2009). Se identificaron colores entre los que destacan los suelos café oscuro rojizo y café rojizo, en menor cantidades se identificaron algunos grisáceos, esta información se fundamenta en los cuadrantes de suelo de El Salvador. Como puede verse existe cierta diversidad de colores; la materia orgánica casi siempre da coloraciones oscuras y las tonalidades rojizas en general se asocian a suelos viejos, muy desarrollados y por lo tanto ácidos y pobres aunque esto no es estricto como sucede con algunos alfisoles (Bertsch, 1998)

4.1.3 Descripción de las diferentes series según clasificación de grupos localizadas en los cuadrantes de suelos de El Salvador

Las diferentes series de suelos predominantes en la zona donde se realizó el estudio son: Tng, Esd, Tnm, Esc, Asa, Yac y Yaa (cuadro 9).

Cuadro 9. Series de suelos predominantes en la zona donde se realizo el estudio: "**Comparación del análisis químico convencional de suelos con la técnica de cromatografía para agricultura orgánica en transición**" San Vicente, 2010.

Comunidad	Serie
El Rincón y San Jacinto La Burrera	**Tng**: Tonacatepeque-Majahual Muy Accidentado en Terrenos Elevados
El Tortuguero	**Esd**: Estanzuelas-Tonacatepeque Alomado a Accidentado en Terrenos elevados
Amatitán Abajo y Amatitán arriba	**Tnm**: Tonacatepeque-Pasaquina Alomado en Terrenos Elevados
San Jacinto y San Pedro	**Esc**: Estanzuelas-Pasaquina Ondulado en planicies.
Calderitas y La Loma	**Asa**: Apastepeque ligeramente inclinado en planicies.
San Francisco La Cruz y Guachipilín	**Yac**: Yayantique-Siguatepeque muy accidentado en montañas.
El Saite	**Yaa**: Yayantique alomado en terrenos elevados.
San Lázaro	**Yab**: Yayantique accidentado en montañas.

4.1.4 Resultados de laboratorio en cuanto a la fertilidad y algunas propiedades físicas y químicas del suelo

4.1.4.1 Textura del suelo

Los resultados de propiedades físicas del suelo proporcionados por el laboratorio de suelos de CENTA reportan que el 35.7% de los suelos en estudio están clasificados como franco arcillo arenoso, seguido por los suelos franco arcilloso y franco arenoso con 20% y 10.7% respectivamente; ocupando un porcentaje bajo los suelos arcillosos con 3.6%, (cuadro 10) lo que indica que son suelos que en algunas épocas del año, especialmente durante la estación seca tienden a endurecerse y a tener problemas de aireación durante períodos prolongados de lluvias. La mayoría de productores dedican estas tierras al cultivo de granos básicos, así como para algunas especies frutales y

Los resultados de propiedades físicas del suelo proporcionados por el laboratorio de suelos de CENTA reportan que el 35.7% de los suelos en estudio están clasificados como franco arcillo arenoso, seguido por los suelos franco arcilloso y franco arenoso con 20% y 10.7% respectivamente; ocupando un porcentaje bajo los suelos arcillosos con 3.6%, (cuadro 10) lo que indica que son suelos que en algunas épocas del año, especialmente durante la estación seca tienden a endurecerse y a tener problemas de aireación durante períodos prolongados de lluvias. La mayoría de productores dedican estas tierras al cultivo de granos básicos, así como para algunas especies frutales y debido a que esta propiedad tiene influencia sobre otros rasgos del suelo como lo plantea Plaster (2000), estas condiciones inciden significativamente en el funcionamiento del suelo desde diferentes puntos de vista.

Cuadro 10. Texturas predominantes en la zona en estudio "**Comparación del análisis químico convencional de suelos con la técnica de cromatografía para agricultura orgánica en transición**" **San Vicente, 2010.**

TEXTURA	
CLASIFICACIÓN	**%**
Franco – Arcilloso	53.57
Franco – Arenoso	7.14
Franco -Arcillo -Arenoso	35.7
Arcilloso	3.7

4.1.4.2 pH del suelo

La reacción del suelo o pH es una propiedad química del suelo muy importante de conocer, especialmente por su carácter orientador sobre el comportamiento del suelo y ejerce influencia directa sobre las características químicas, físicas y biológicas de un suelo (Bertsch, 1998). por lo cual fue considerado en el estudio y se obtuvieron los siguientes resultados; el 35.7% de las parcelas muestreadas tienen un pH clasificado como Muy Fuertemente Acido (MFA), seguido muy de cerca por suelos Fuertemente Ácidos (FA) y Muy Ácidos (MA) con 28.57% y 25% respectivamente. Representando el 7.1% a los suelos Ligeramente Ácidos (LA) y en menor cantidad el 3.6% suelos Muy Alcalinos (MAL) (cuadro 11). El pH tiene un impacto directo sobre la disponibilidad de nutrientes minerales para las plantas, así como afecta muchos procesos del suelo (Vargas, 2009). La situación en general es bastante difícil y alrededor del 64% de los productores tienen suelos con un pH inferior a 5.5 que son limitantes para el desarrollo y crecimiento de la mayoría de cultivos, lo cual debe ser preocupante debido a que la mayoría se dedican al cultivo de granos básicos que es la base fundamental de sus dietas. La situación de acidez de los suelos hace en parte que obtengan bajos rendimientos. El problema fundamental es que la mayoría de los elementos son más solubles en suelos ácidos (pH debajo de 7), que en suelos neutros (pH de 7) o ligeramente básicos (pH arriba de 7) la mayor disponibilidad de nutrientes se encuentra entre el pH 6 y 7, (USAID, S. f. y Torres, *et al,* 2006).

Cuadro 11. Clasificación de la escala de pH presente en los suelos de las parcelas consideradas en la investigación. **"Comparación del análisis químico convencional de suelos con la técnica de cromatografía para agricultura orgánica en transición" San Vicente, 2010.**

pH (4.6 - 7.5)		
Clasificación	**Descripción**	**%**
MA	Muy Ácido	25
FA	Fuertemente Ácido	28.57
LA	Ligeramente Ácido	7.1
MFA	Muy Fuertemente Ácido	35.7
MAL	Muy Alcalino	3.6

4.1.4.3 Fósforo P (mg kg⁻ ¹)

El fósforo presente en los análisis realizados a las parcelas en estudio dieron como resultado suelos deficientes de este macro elemento ya que el 75% de los análisis se expresan entre bajo y muy bajo, pese a ello el 25% de los suelos presentan cantidades aceptables compartidos en un 17.9% catalogados como alto (A) y 7.1% como muy alto (MA), (cuadro 12), lo anterior implica la necesidad de proveer al suelo este elemento de acuerdo a los requerimientos del cultivo a establecer. Es importante mencionar que el fósforo estimula pronto y rápido el crecimiento de la raíz y ayuda a la joven planta a desarrollar sus raíces, además ayuda a las plantas a usar agua más eficientemente, mejorando el agua absorbida por las raíces.

El fósforo mejora la eficacia de la captura del nitrógeno por las plantas, haciendo mejor el empleo de fertilizante y reduciendo el riesgo de contaminación del agua de la tierra debido a la lixiviación del nitrato (Plaster, 2000).

4.1.4.4 Potasio K (mg kg⁻¹)

La zona en estudio, reveló que todos los suelos muestreados se ubican entre las categorías de muy alto y alto: esto contrasta con lo manifestado por Torres *el al* (2006) quien señala que con frecuencia es escaso en el suelo. Al respecto de este elemento Plaster (2000) manifiesta que se mueve con más rapidez por el suelo que el fósforo, pero con menos rapidez que el nitrógeno. Debido a que el potasio es retenido en la arcilla u otros coloides, es móvil en suelos de textura fina y se lixivia con más facilidad en suelos arenosos. Así puede concluirse que como se expresa en el cuadro 10, la mayoría poseen cantidades considerables de arcilla como es el caso de la zona donde se realizó el estudio.

4.1.4.5 Zinc Zn (mg kg⁻¹)

A pesar que el Zinc es un micro elemento de movilidad intermedia (Poco móvil) en la planta, no se encuentra presente en el suelo, por lo que se requiere un suministro constante para la formación de nuevos tejidos, teniendo en cuenta además que los altos niveles de fosforo en el suelo competirán con el Zinc en la asimilación (Torres *et al*, 2006), el estudio refleja que la mayoría de suelos en estudio poseen porcentajes bajos y muy bajos con 75% y 10.7% respectivamente, lo que suma un total de 85% de parcelas con carencias de

Zinc, por otra parte, es de hacer notar que un 15% de las parcelas clasifican la presencia del elemento en alto y muy alto lo anterior hace prever la necesidad de considerar este elemento en los programas de fertilización que puedan implementarse en los cultivos a establecer.

4.1.4.6 Manganeso Mn (mg kg⁻¹)

Plaster (2000), afirma que el manganeso en la meteorización libera un catión que es capturado en el suelo no ácido. Este actúa en la formación de la clorofila; además aumenta la velocidad de germinación de la semilla y la madurez de la cosecha y ayuda a las plantas a capturar otros nutrientes diversos. Esta afirmación muestra la importancia de dicho elemento sin embargo los resultados del estudio muestran que la mayoría de suelos presentan cantidades elevadas del micro elemento, tanto así que del total de parcelas muestreadas el 96.4% conservan la clasificación de muy alto y solo el 3.6% entran en la clasificación de alto, por otro lado se puede ver que los suelos no poseen niveles bajos ni muy bajos de dicho elemento.

4.1.4.7 Hierro Fe (mg kg⁻¹)

En cuanto al contenido de hierro en las parcelas muestreadas los resultados muestran un alto porcentaje con clasificación de niveles críticos de elementos como alto y muy alto con 42.9% y 39.3% respectivamente; un bajo porcentaje de parcelas 17.9 entra en la clasificación de bajo, según Plaster (2000), aunque las cantidades de este elemento sean buenas en la mayoría de suelos muchas veces éste se encuentra formando quelatos en el suelo, una forma insoluble para las plantas. También es un elemento que es influenciado por las altas cantidades de materia orgánica.

4.1.4.8 Cobre Cu (mg kg⁻¹)

Los resultados muestran que un 92.8% tienen entre alto y muy altos niveles de este elemento, contra un 7.2% de parcelas con clasificación de porcentaje bajo. Según PPI, (1997), los suelos pesados (arcillosos) son los que tienen menos probabilidad de desarrollar deficiencias de Cu. Esta afirmación coincide con el estudio ya que, como se muestra en el cuadro 10 la mayoría de suelos en estudio tienen cantidades considerables de arcilla.

Esto puede responder a que en la mayoría de las parcelas el año anterior al estudio se hicieron aplicaciones de un Biofertilizante foliar que contenía este y otros micro elementos esenciales para las plantas.

4.1.4.9 Materia Orgánica M. O. (%)

En cuanto al contenido de materia orgánica los resultados revelan la categoría medio es la que presenta el mayor porcentaje con 57.14, seguido de la categoría de alto con un 32,14% y finalmente un 10.7% la categoría bajo. Un nivel adecuado de materia orgánica beneficia al suelo de varias formas: mejora las condiciones físicas, incrementa la infiltración de agua, facilita la labranza del suelo, reduce las pérdidas por erosión y proporciona nutrientes a las plantas. La mayoría de estos beneficios se derivan de la acumulación en el suelo de los productos resultantes de la descomposición de los residuos orgánicos, (PPI, 1997).

4.1.4.10 Calcio intercambiable Ca interc. (cm (+) L$^-$ ^{1})

Según Torres *et al*, 2006, el calcio es conocido como uno de los macroelementos secundarios, es uno de los elementos que las plantas consumen en cantidades relativamente grandes, pero cuya escasez en el suelo no es frecuente. Lo anterior concuerda con los resultados ya que el 82.1% de los casos presentó altos niveles y sólo el 17.9% es bajo. Los resultados reflejan además la presencia de algunos minerales como dololmita, calcita, apatita y feldespato que son los mayores aportadores del calcio como lo señala PPI, (1997).

4.1.4.11 Magnesio intercambiable Mg interc. (cm (+) L$^-$ ^{1})

En cuanto al magnesio los resultados manifiestan que este macroelemento se encuentra poco en las parcelas muestreadas solo en el 46,8% es alto y 53.6% en la categoría de bajo. Según PPI (1997), las deficiencias de Mg ocurren con más frecuencia en suelos ácidos sujetos a alta precipitación y en suelos arenosos. En la zona muestreada generalmente predominan estas condiciones; por lo que es necesario considerarlo en los programas de fertilización de acuerdo a los requerimientos de los cultivos.

4.1.4.12 Acidez intercambiable (cm (+) L^{-1})

Los resultados de laboratorio expresan que de las parcelas en estudio los porcentajes de acidez intercambiable en el suelo están relacionados de la siguiente forma: medio con el 39.3%, alto con 3.6%,   bajo con 57.1%. Estos resultados están influenciados por las texturas arcillosas y la presencia de materia orgánica como lo plantea Torres *et al*, (2006), ya que manifiesta que la acidez intercambiable se caracteriza por estar fuertemente adherida a las arcillas y a la materia orgánica.

4.1.4.13 Capacidad de Intercambio Catiónico Efectiva CICE (cm (+) L^{-1})

La suma de bases o sea la capacidad de intercambio catiónico efectiva, en un 100% de los casos se cataloga como media, significa que los minerales en el suelo pueden ser absorbidos por las plantas; tomando en cuenta que Torres, *et al* (2006) señala que cuando la CICE = <5 meq/100g = Baja capacidad productiva, pocas reservas de cargas, se incrementa la lixiviación; CICE = 5 a 15 meq/100g = De mediana capacidad productiva, buenas reservas de cargas y menos lixiviación; CICE = > 15 meq/100g = De alta capacidad productiva necesitándose gran cantidad de enmiendas para corregir problemas de acidez.

4.1.4.14 Relación Calcio/Magnesio (Ca/Mg)

Los resultados muestran que el 67.9% de las parcelas muestreadas se ubican en la categoría de media, mientras que solo un 3.6% muestran cantidades altas de esta relación, frente a un 28.6% caracterizado como bajo. Según PPI, (1997) un desbalance entre Ca y Mg en los suelos de baja CIC puede acentuar la deficiencia de Mg. Cuando la relación Ca:Mg es muy alta en estos suelos las plantas absorben menos Mg, esto puede ocurrir cuando se encala solamente con calcita, por varios años consecutivos, suelos relativamente bajos en Mg.

4.1.4.15 Relación Magnesio/Potasio (Mg/K)

La relación Mg/K expresa resultados muy aceptables, debido a que el 89.3% de las parcelas en estudio tienen cantidades en la categoría de media, 7.1% en la categoría de alta y un 3.6% baja, (cuadro 12). Lo anterior muestra la necesidad de tener mucha precaución con el uso de fertilizantes potásicos tal como lo señala, Navarro, *et al*, (2003), que, la aplicación de altas proporciones de fertilizantes potásicos puede provocar una relación potasio cambiable/magnesio cambiable muy alta, debido al desplazamiento del poco Mg absorbido en el complejo coloidal por el K; las plantas que vegeten en estos suelos tendrán una fuerte tendencia fisiológica a absorber mas potasio que Mg (antagonismo K/Mg), y en ellos suelen aparecer síntomas claros de deficiencia de Mg.

4.1.4.16 Relación Calcio+Magnesio/Potasio (Ca+Mg/K)

En cuanto a la relación Ca+Mg/K los resultados manifiestan que el 85.7% y el 10.7% se presentan con la categoría de medio y alto respectivamente y solo un 3.6% de las parcelas muestreadas indican una baja relación. Lo que presupone la necesidad de considerar este aspecto en todo programa de fertilización para evitar antagonismos como lo plantea Bertsch, 1998 además que esta claramente establecido a nivel foliar que altas concentraciones foliares de Ca y/o Mg corresponden con bajas concentraciones foliares de K y viceversa. Al respecto Narwal *et, al* (1985), citado por Bertsch, (1998) ,menciona que Eentre el Ca y Mg según sea la magnitud del desequilibrio, la interacción puede ser antagónica o sinergística. Un caso típico de inducción de desequilibrio entre Ca y Mg se presenta con el encalado con productos exclusivamente calcáreos.

4.1.4.17 Relación Calcio/ Potasio (Ca/K)

En cuanto a la relación calcio/potasio, un 85.7% se cataloga como media, un 10.7% es alto y solo un 3.6% es bajo. Según algunos autores esto relación es buena, ya que solo pequeños porcentajes ocupan las categorías de alto y bajo,. Al respecto Navarro, *et al*, (2003). Menciona que, el efecto del pH sobre la fijación, adsorción y liberación del potasio del suelo, es en cierto modo contradictorio. Bajo las condiciones de encalado pudiera ser más beneficioso que perjudicial, debido a la conservación del K que queda afectado, puesto que no queda tan propenso a la lixiviación como en los suelos ácidos. Como el calcio es mas fácilmente reemplazado que el hidrogeno, al añadir un fertilizante potásico soluble, los K^+ sustituirán parte de los Ca^{+2} en el coloide.

4.1.5 Programas de fertilización para cultivo de maíz y frijol
4.1.5.1 Fertilización para maíz

El 100% de los productores cultivan maíz, sin embargo solo el 78.6% establecieron este cultivo en la parcela a la cual se le realizó el estudio de fertilidad. En general en la primera aplicación prevalece el uso de productos como Bocashi (90.1%), Sulfato de Amonio (23.8%), formula 16-20-0 (57.1%) y sólo el 4.8% aplica formula 15-15-15.

Es de aclarar que el 9.5% hacen uso unilateral de fertilizantes químicos sintéticos y el 19% aplican exclusivamente Bocashi; este aspecto es de resaltar debido a que son mas los productores que han adoptado el uso unilateral de un producto de origen orgánico a diferencia de los que siguen prefiriendo unilateralmente el uso de productos químicos sintéticos a pesar de que todos ellos en su momento aplicaban exclusivamente estos.

Como grupo en proceso de transición se detecta que el 76.2% hacen uso tanto de Bocashi mas un producto químico sintético. El 100% realizan al menos una fertilización, de los cuales aproximadamente el 90% utilizan Bocashi, 61.9% aplican algún tipo de formula química ya sea 15-15-15 ó 16-20-0 aunque solo el 4.8 utiliza 15-15-15.

Las cantidades utilizadas para fertilizar una manzana de maíz oscilan entre 3 y 40 quintales de bocashi, uno y cuatro quintales de Sultafo de Amonio y dos y ocho quintales de algún tipo de formula química.

Cuadro 12. Resumen de análisis de suelos según clasificación en porcentaje de presencia de elementos en el suelo de parcelas muestreadas para el estudio "**Comparación del análisis químico convencional de suelos con la técnica de cromatografía para agricultura orgánica en transición**" San Vicente, 2010.

Elemento analizado	Clasificación				
	MA (%)	A (%)	B (%)	MB (%)	M (%)
P (ppm)	7.1	17.9	17.9	57.1	
K (ppm)	32.1	67.9			
Zn (ppm)	3.6	10.7	75	10.7	
Mn (ppm)	96.4	3.6			
Fe(ppm)	39.3	42.9	17.9		
Cu (ppm)	21.4	71.4	7.2		
M.O. %		32.14	10.7		57.14
Ca Interc. (meq/100 g)		82.1	17.9		
Mg Interc (meq/100 g)		46.8	53.6		
K Interc					
Suma de bases					100
Acidez Interc		3.6	57.1		39.3
CICE					100
Ca/Mg		3.6	28.6		67.9
Mg/K		7.1	3.6		89.3
Ca+Mg/K		10.7	3.6		85.7
Ca/K		10.7	3.6		85.7

Categorías de clasificación para análisis de elementos presentes en el suelo.
MA: Muy Alto, A: Alto, B: Bajo, MB: Muy Bajo, M: Medio

En cuanto a la segunda aplicación el 90.5% de los productores utilizan Bocashi; el 52.38%, sulfato de amonio; el 61.90%, formula 16-20-0; y con urea el 4.76%. Las cantidades de producto que utilizan oscilan entre: 3 y 60 qq de Bocashi, 2 y 8 qq de sulfato de amonio, 2 y 3 qq de formula 16-20-0 y 8 qq de urea.

Solo el 14.29% de los productores realizan una tercera aplicación de fertilizante en la producción de maíz, 4.76% lo hacen con Bocashi, 9.52% con Sulfato de Amonio y 4.76% con formula 16 - 20 - 0; estas aplicaciones las realizan con dosis bastante reducidas en relación a las dos anteriores (cuadro A3).

4.1.5.2 Fertilización en frijol

Según el estudio casi el 100% de los productores cultivan frijol, sin embargo solo el 50% de las parcelas muestreadas fueron cultivadas con frijol la temporada anterior, y el 100% de ellos realizan al menos una aplicación, el 8.33% la segunda y tercera aplicación, predominando el uso de productos químico sintéticos como formulas 16-20-0 y 15-15-15 con un 91.67%, Bocashi con 33.3%, Sulfato de Amonio con 16.7%, biofermento con 8.33% y ceniza con 8.33%; en cuanto a dosis de fertilizantes las cantidades oscilan entre: 2 y12 qq/mz, 13 qq/mz, 0.1 y 9 qq/mz, 1 y 2 qq/mz y 11 L/mz de Bocashi, ceniza, formulas 16-20-0 y 15-15-15, sulfato de amonio y biofermento respectivamente (cuadro A4).

4.1.6 Tipo de insumos utilizados para el manejo de los problemas fitosanitarios en el cultivo de maíz

El 76.2% de los productores que cultivan maíz hacen uso de algún producto para el manejo de los problemas fitosanitarios, utilizando desde productos químicos sintéticos hasta otros como azúcar, Sulfocalcico e incluso un productor que señaló utilizar agua bendita a razón de tres litros por manzana para controlar gusano cogollero.

Los productos químicos sintéticos utilizados (cuadro A5). Son Metamidofos (Tamaron 60 SL), el 31.3%; Lambda Cihalotrina (Karate). El 25%: Metil Parathion (Folidol 48 EC), el 12.5%; y otros en menor proporción como Cipermetrina (Arribo RC), Malation (Malathion 4 DP), Foxim (Volatón GR); Rienda y Metomil (Lannate). Las dosis más utilizadas oscilan entre 25 a 50 cc por bomba de mochila de 20 L para la mayoría de productos utilizados y el mayor problema fitosanitario al cual aplican estos productos es para el control gusano cogollero (*Spodoptera frugiperda*) o gusanos en general.

4.2 Parte II: Elaboración de una guía para el entendimiento del análisis cromatográfico en relación al análisis químico convencional de suelos

Se elaboró un cuadro resumen para el entendimiento del estudio comparativo del análisis cromatográfico con el análisis químico convencional de suelos (cuadro A6), el cual permitió entender los procesos y rangos de valoración tomados en cuenta y aplicados en el desarrollo de la guía (anexo 7).

El uso de la guía puede hacerse de la siguiente manera: tomar el cromatograma que se desee interpretar y buscar entre los cromatogramas que aparecen en la guía, aquél que mas se aproxime (que sea mas parecido), luego la lectura que aparece en la parte inferior, le permitirá formarse una idea sobre las posibles características desde el punto de vista cualitativo de dicha muestra procesada; esto ayudará en parte a todo principiante (técnicos o productores) disponer de una herramienta básica en su entendimiento, así como disponer de una pequeña recomendación (genérica) sobre estrategias que pueden emplearse a fin de reducir los niveles de deterioro del recurso suelo y en el mejor de los casos iniciar un proceso de recuperación.

Es de hacer notar que es difícil encontrar cromatogramas que sean exactamente iguales por lo que será prudente tomar en cuenta que esta guía solo se utilice como una referencia básica que le permitirá iniciarse en el estudio de este tema, ya que este documento solo pretende ser punto de origen que oriente a productores y técnicos, para iniciar en la aplicación de esta tecnología y que a futuro puedan hacerse aportaciones con el fin de conjuntar conocimientos, para que a mediano o largo plazo se tenga la capacidad por si mismo de entender y poder ayudar a aquellos que tanto lo necesitan "nuestros hermanos agricultores".

4.2.1 Interpretación de un cromatograma en relación al análisis químico convencional de suelos

Para el entendimiento de un cromatograma se realizó una estimación aproximada en relación a los resultados de los análisis químicos de suelos y para su interpretación se tomaron en cuenta criterios como: el nivel de desarrollo de la zona nitrogenada, la coloración predominante en cada una de las zonas que lo conforman, así como la interacción manifiesta entre cada una de ellas; a manera de ejemplo se cita un caso donde se plantean algunas de las relaciones encontradas (cuadro A6). Es de hacer notar que estas observaciones podrían variar en parte dependiendo de cada caso, por lo que no es prudente considerarlo como algo definitivo pero que puede servir como punto de partida para iniciar en el entendimiento de la cromatografía aplicada a suelos.

Para la interpretación se observaron los cromatogramas y los análisis químicos de suelos de aproximadamente 130 muestras y se procuró identificar los criterios predominantes en ambos y que de alguna forma se relacionaron con el nivel de fertilidad manifiesto; así en el cuadro puede observarse cómo se relacionan cada una de las partes del cromatograma con los resultados de cada uno de los análisis químicos convencionales.

4.2.1.1 Nivel de desarrollo de la zona nitrogenada en relación al análisis químico convencional de suelos

Se encontró que en la mayoría de los casos, cuando la zona nitrogenada es no desarrollada (figura 24) o poco desarrollada (figura 25), estos suelos normalmente son pesados (texturas bastante arcillosas) y de bajo contenido de materia orgánica, a diferencia cuando esta zona está normalmente desarrollada (figura 26) o bastante desarrollada (figura 27), implica que son suelos de buena textura (para fines agrícolas) y presenta de aceptables a altos contenidos de materia orgánica.

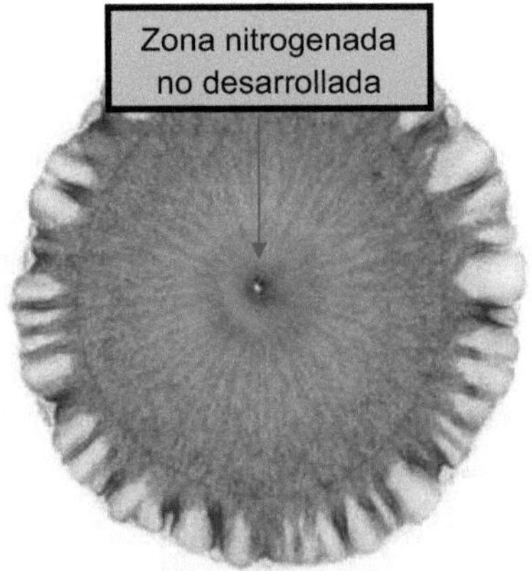

Figura 24. Cromatograma mostrando la zona nitrogenada no desarrollada.

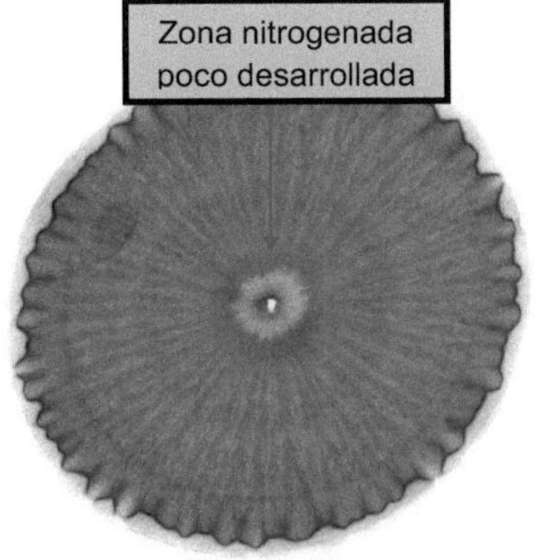

Figura 25. Cromatograma mostrando la zona nitrogenada poco desarrollada

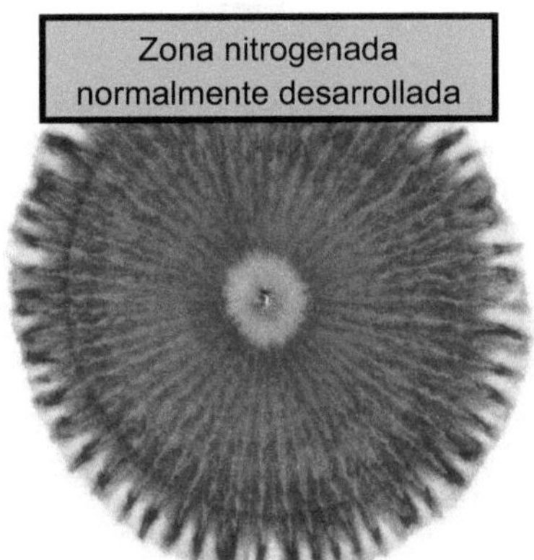

Figura 26. Cromatograma mostrando la zona nitrogenada normalmente desarrollada.

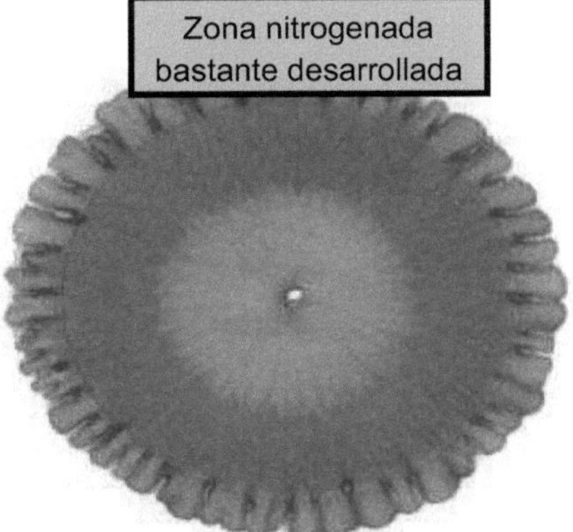

Figura 27. Cromatograma mostrando la zona nitrogenada bastante desarrollada.

4.2.1.2 Características de la zona mineral y proteica en relación al análisis químico convencional de suelos

Las características de las zonas mineral y proteica se analizaron tomando en cuenta dos criterios fundamentales, uno los colores predominantes y dos la interacción existente entre éstas y el resto de las zonas que conforman el cromatograma.

Para los colores se consideraron los criterios; presencia de colores deseables (CD) (figura 28) y presencia de colores no deseables (CN) (figura 29); con respecto a la interacción, los criterios fueron nula (N), poca (P) y buena (B) (figura 30).

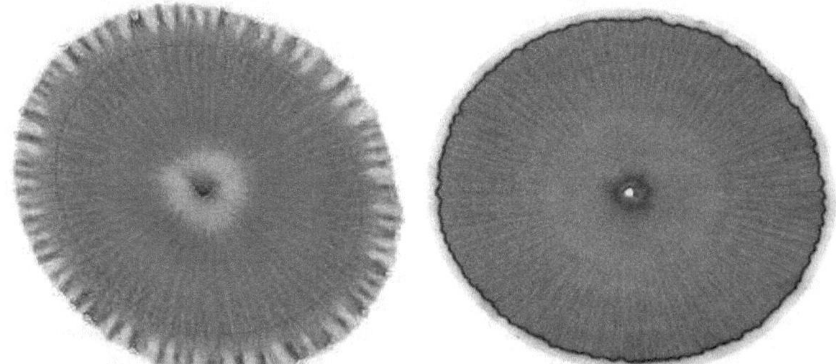

Figura 28. Cromatograma mostrando colores deseables.

Figura 29. Cromatograma mostrando colores no deseados.

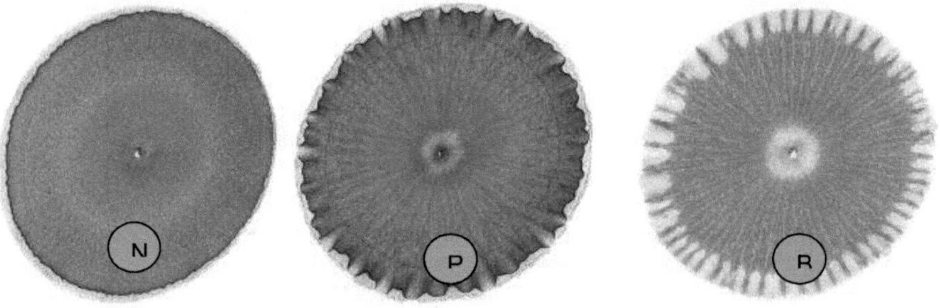

Figura 30. Diferentes niveles de interacción presentes en un cromatograma: N) nula interacción, P) poca interacción y B) buena interacción.

Si la predominancia de colores fueron los deseados (figura 28) y las zonas mostraron buen nivel de desarrollo así como buena interacción; éstos suelos al compararlos con el resultado cuantitativo del análisis químico convencional se pudo observar de una manera general que muestran las siguientes características: texturas intermedias o mayormente aceptables para fines agrícolas, pH acordes a las necesidades de la mayoría de los cultivos, contenidos de materia orgánica aceptables y niveles de fertilidad que oscilan entre normales a pocos desbalances nutricionales; lo contrario sucedió cuando los colores predominantes no fueron los deseables (figura 31 a) y la interacción fue nula (figura 31 b) donde los resultados del análisis químico de suelos mostraron texturas pesadas, pH no apto para el desarrollo de la mayoría de cultivos (de fuertemente ácido a extremadamente ácido); presentando además bajos niveles de materia orgánica así como una fertilidad relacionada con leves a fuertes desbalances nutricionales.

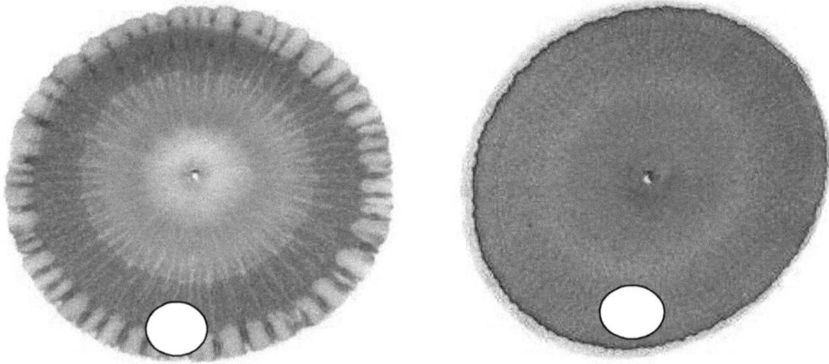

Figura 31. Cromatograma mostrando colores e interacción no deseados: a) contraste de colores no deseables y b) interacción nula entre sus partes.

4.2.1.3 Características de la zona enzimática en relación al análisis químico convencional de suelos

La zona enzimática se mostró entre poco desarrollada a desarrollada en el cromatograma, cuando en el análisis químico de suelos se observaron las siguientes características: texturas livianas, pH apto para el crecimiento de la mayoría de cultivos (moderadamente ácido a neutro), aceptables niveles de materia orgánica y presentó entre pocos desbalances nutricionales a buena fertilidad.

Lo contrario se observó cuando la zona enzimática no se manifestó o fue nula, esto en los análisis químicos convencionales de suelo e pudo observar la predominancia de texturas pesadas, pH no apto para el desarrollo de la mayoría de cultivos (problemas de acidez), contenidos de materia orgánica no aceptables y fuertes desbalances nutricionales.

4.2.2 Posible secuencia de mejora de los suelos visibles en los cromatogramas

Como se señaló anteriormente existen factores que deben ser considerados al analizar un cromatograma y se resumen en dos: los colores y la interacción entre cada una de las zonas que lo conforman.

Es de considerar que cuando un cromatograma muestra colores muy oscuros, café oscuro, morado, azulado, blanco ceniza u otro afín a estos y nula o limitada interacción, muestra que las condiciones del suelo tiene serios problemas de fertilidad y que generalmente son suelos sometidos a fuertes laboreos con maquinaria y aplicaciones de productos químicos sintéticos, presentan además limitados niveles de materia orgánica y generalmente con problemas de acidez.

En general una secuencia de mejora en los suelos luego de la implementación de un plan de recuperación en las parcelas y que puede ser perceptible en los cromatogramas podría ser muy variable (figura 32). Es de aclarar que las formas y colores son muy diversas pero lo importante es ir observado como las diferentes zonas del cromatograma van adquiriendo colores cada vez menos oscuros y tendientes a los deseables, así como mejorando los procesos de interacción. También la cromatografía no puede verse de una forma aislada dentro de un laboratorio sino también debe ir acompañado de visitas periódicas a las parcelas así como el registro de actividades, afín de ir realizando anotaciones que permitan analizar si las actividades implementadas han proporcionado los efectos deseados, de lo contrario hacer los ajustes necesarios hasta lograr buenos resultados, obteniendo suelos más productivos.

Figura 32. Alternativa de proceso de mejora al aplicar acciones de recuperación a un suelo.

Cuando el cromatograma de una parcela muestra trastornos en cuanto a su fertilidad, será necesario la realización de acciones tendientes a su recuperación y en todo caso que muchas de estas acciones puedan convertirse en parte del manejo cultural que periódicamente pueda estarse implementando a fin de mantener buenos niveles de productividad y sobre todo trabajar a favor de la naturaleza (trabajar pensando en el mañana como dicen algunos productores). La intensidad de estas actividades deberán ser dependiendo del nivel de respuesta que puedan observarse y de las experiencias propias de la zona con respecto al uso de determinadas estrategias. Entre las acciones que pueden implementarse tendientes a reducir los niveles de degradación del suelo, así como mantener buenos niveles de productividad, están:

4.2.3.1 Evitar el manejo de monocultivos

En este sentido se estarán evitando mayores desbalances nutricionales ya que cada especie vegetal tiene sus propios requerimientos, considerando además que el desarrollo radicular se da a diferentes profundidades y esto permite que exista un ciclaje de nutrientes entre las diferentes capas del suelo. En los asocios pueden manejarse especies que correspondan a diferentes familias como gramíneas (maíz, maicillo, arroz, etc), leguminosas (frijol de seda, frijol vigna o mono, chilipuca u otras especies comestibles así como frijoles que además sirven como abono), cucurbitáceas (pipian, ayote, suchini, etc), solanáceas (tomate, chile, etc.) y otras. Existen experiencias de productores que han establecido diferentes especies ubicadas estratégicamente por surcos o en cualquier otra modalidad; siempre debe tenerse el cuidado de no establecer especies que puedan ser antagónicas o que puedan presentar problemas de alelopatía.

4.2.3.2 Establecimiento de abonos verdes

Sirven para la fijación de nitrógeno atmosférico, mantener los niveles de materia orgánica, conservar la humedad en el suelo así como controlar malezas que compiten con los cultivos. Existen diferentes especies leguminosas que pueden utilizarse con este fin y que han proporcionado resultados bastante satisfactorios, así la canavalia (*Canavalia ensiformis*), mucuna (*Mucuna pruriens*), gandul (*Cajanus cajan*) y otras que puedan existir en la zona podrían establecerse, ya sea durante el desarrollo del cultivo, durante los períodos de barbecho o cuando los cultivos han sido cosechados. Por ejemplo la canavalia puede establecerse la misma fecha que se siembra el maíz pero para obtener mejores resultados será necesario ampliar un poco más el distanciamiento entre planta del maíz que podría ser hasta 50 cm, sin embargo si el área del terreno es limitada puede seguirse sembrando como hasta ahora y plantar la cannavalia cada 50 cm en el surco de maíz; existen casos donde el frijol abono se establece de 25 a 30 días después de establecido el maíz. La cantidad de semilla de frijol abono requerida es de 40 a 50 libras por manzana. La mucuna es otra especie bastante utilizada, sin embargo por su potencial de desarrollo es preferible darle tiempo al maíz para que se desarrolle, por lo que es recomendable sembrarla 45 días después del maíz. Debe tenerse el cuidado de evitar que el frijol abono pueda significar una limitante para el crecimiento del maíz y en algunos casos será necesario realizar podas o educado de guías en el frijol abono. Estas especies, es recomendable podarlas durante su período de floración ya que es en este momento cuando puede aprovecharse todo el potencial nutricional que éstas pueden dar al suelo. Cada año será necesario cosechar la cantidad de semilla requerida para establecer el siguiente año.

Cuando se manejan especies frutales, será prudente utilizar los espacios entre los surcos para establecer estas especies leguminosas.

4.2.3.3 Incorporar abonos naturales como composta, bocashi, gallinaza u otro

Es necesario que éstas prácticas se hagan de una forma controlada dependiendo del tipo de cultivo, de la fase de desarrollo, así como el estado de descomposición del material a aplicar. Esta práctica permitirá mejorar los niveles de materia orgánica, beneficiar la actividad biológica y la fertilidad del suelo en general. En el caso de las compostas puede utilizarse hasta 25 libras por hoyo de siembra para frutales, continuando con aplicaciones progresivas, realizando unas tres aplicaciones durante la época lluviosa; sin embargo para hortalizas pueden colocarse cantidades, dependiendo del tipo o especie vegetal así como su nivel de desarrollo; en maíz se han utilizado cantidades de 30 a 40 g por postura (una puñada) realizando de dos a tres aplicaciones durante el desarrollo del cultivo iniciando al momento de la siembra o cuando las plantas tengan ocho días de emergidas y así progresivamente cada veinte días, lo importante es que cada productor vaya haciendo aplicaciones y realizando observaciones para ver la respuesta en los rendimientos, a la vez ir monitoreando mediante cromatogramas si éstos van manifestando cambios positivos.

En hortalizas se han utilizado cantidades desde 10 hasta 30 g por postura, en el caso de aquellas que su producto son las hojas; pero cuando se cosechan bulbos se han realizado aplicaciones de hasta 80 g por postura. Cuando se trata de especies como tomate, chile, papa u otras afines se han utilizado hasta 100 ó 120 g. Pueden realizarse aplicaciones desde el momento de la siembra y posteriormente cada 15 ó 22 días especialmente en aquellos cultivos cuya cosecha se realiza en repetidas ocasiones como es el caso de tomate, chile dulce, pepino, etc. Es de tomar muy en cuenta que cualquiera de estos materiales a utilizar no entre en contacto con la base o la parte foliar de la planta por que podría causar daños e incluso matarla; también las dosis a utilizar debe hacerse en una forma progresiva, cuando las plantas están tiernas (pequeñas), será necesario ir incrementando la dosis hasta lograr las máximas señaladas en este documento como referencia.

Cuando se utiliza la gallinaza, ésta debe pasar por un período de maduración y de preferencia debe provenir de aves alimentadas y manejadas sin el uso de muchos ingredientes químicos y su aplicación limitarla al momento de la preparación el suelo o de la siembra en el caso de hortalizas y en frutales puede incorporarse en puntos estratégicos alrededor de cada árbol.

4.2.3.4 Aplicación de harina de rocas

El uso de harina de rocas es una práctica que ha venido generalizándose entre los productores que trabajan la permacultura, existiendo experiencias muy diversas y altamente exitosas. Es de aclarar que al elaborar las harinas de rocas es mejor, si esta proviene de diversidad de materiales rocosos, los cuales generalmente y a nivel del campo pueden identificarse por sus colores.

En cuanto a su uso son muchas las experiencias prácticas que han existido a nivel de campo, lo recomendable es que los productores que la utilicen, experimenten y observen las respuestas que se van obteniendo con el paso del tiempo. Es de recordar que el uso de harina de rocas es como apoyar a la naturaleza al ayudarle a desintegrar con mayor rapidez los materiales rocosos que normalmente tomaría cientos de años.

La harina de rocas puede aplicarse de diferentes formas:

- Al momento de la preparación del suelo para la siembra: muchos productores han tenido éxitos realizando aplicaciones según el cultivo desde una hasta tres toneladas por manzana sin embargo hay casos donde los productores han aplicado en la base de la planta del maíz 30 a 40 g por postura (una puñada). Lo importante es proveer al suelo progresivamente en el tiempo cada año determinada cantidad de harina de rocas de tal forma que luego de tres años podría dejarse de aplicar por un período según se vayan observado los resultados. Las dosis por manzana señaladas anteriormente pueden distribuirse equitativamente por postura según la densidad de plantas utilizadas.

- Durante el desarrollo de algunos cultivos: En frutales y cultivos permanentes pueden hacerse aplicaciones controladas todos los años aplicándola al boleo en la zona de goteo dependiendo del tamaño del árbol (de cobertura foliar).

- En el sustrato alimenticio de lombrices: aplicar la harina de rocas en los sustratos que se les proporciona a las lombrices como alimento, distribuyendo una capa de esta harina sobre el material que se coloca como alimento.

- Agregarla al bocashi o compostas: en su proceso de elaboración o cuando estos ya están elaborados. Han existido experiencias aplicando de 25 a 50 kg de harina de rocas por cada tonelada de bocashi o composta producido aunque estas cantidades pueden ser variables dependiendo de su disponibilidad.

4.2.3.5 Realizar obras de conservación de suelos

Especialmente cuando los suelos presentan pendientes que favorecen los procesos de erosión; dependiendo de cada lugar pueden establecerse obras como: zanjas de infiltración, terrazas individuales o continuas, barreras vivas o muertas, canales de drenaje, cajuelas de humificación u otras según la disponibilidad de recursos locales o las condiciones del lugar. Por ejemplo cuando la pendiente implica riesgo de favorecer los procesos erosivos y donde existe abundante pedregosidad pueden establecerse barreras de piedra, acompañado de la siembra de especies frutales en terrazas individuales.

Para evitar los procesos erosivos también pueden utilizarse especies vegetales como zacate Vetiver (*Vetiveria zizanioides*) u otras especies que se hayan observado que tengan buen potencial en cada lugar. Lo mejor será estudiar cada caso y determinar el tipo de acciones a implementar.

4.2.3.6 Rotación de cultivos

Es necesario considerar que cada cultivo tiene sus propios requerimientos nutricionales por lo que la rotación de cultivos evita que se puedan producir mayores desbalances nutricionales.

Debe establecerse de preferencia especies vegetales de diferentes familias procurando incluir en dicho proceso de rotación, especies leguminosas así como plantas con arquitectura radicular desde superficial hasta profundas para que haya un mejor ciclaje de nutrientes. Por ejemplo, después de sembrar maíz, pueden sembrarse otras especies como frijol, pepino, tomate, chile u otras; siempre será necesario considerar aquellas especies que se adapten a las condiciones agroclimáticas del lugar, por lo que es recomendable ver cuales especies muestran buen desarrollo en la región y así decidir sembrar aquellas que presenten mayor conveniencia tanto para el productor como para el suelo.

Todas las prácticas señaladas anteriormente y otras que puedan implementarse deben ir acompañadas de erradicar por completo las quemas de rastrojos.

4.3 Análisis económico

Se determinaron los costos de realización del análisis químico de suelos como del cromatográfico, a fin de demostrar cual de los dos resultó ser mas económico para fines de control de los procesos de mejora de la fertilidad de suelos así como la necesidad de uso de instalaciones en ambos casos y ver si es factible retomar dichas tecnologías en lugares lo más próximo posible al área de acción de los productores.

Para determinar el costo de los análisis químicos convencionales de suelos se monitoreo en el laboratorio de suelos del CENTA. Esta institución facilita algunos costos de elementos analizados individualmente además paquetes de acuerdo a cultivos específicos, en el cuadro 14 se detallan algunos costos.

En cuanto al análisis cromatográfico el costo aproximado de cada uno es de $0.64 (de los Estados Unidos de Norte América), contando con un laboratorio básico de cromatografía con materiales y reactivos que se presentan en el cuadro 15.

Cuadro 13. Costo de análisis por elemento en el laboratorio de suelos del Centro Nacional de Tecnología Agropecuaria y Forestal (CENTA)

Análisis	Costo + IVA $
pH en Agua, Textura al tacto, Fósforo y Potasio	3.43
Materia Orgánica	5.00
Textura por Bouyoucos	4.00
Conductividad Eléctrica	5.14
Calcio	2.29
Magnesio	2.29
Calcio y Magnesio	3.87
Zinc	2.29
Cobre	2.29
Hierro	2.29
Manganeso	2.29
Aluminio	2.29
Azufre	4.57
Arena gruesa	2.58
Capacidad Intercambio Catiónico	8.57
Curvas de fijación de Fósforo	8.00
Humedad	2.58
Textura al tacto, pH, Fósforo, Potasio, calcio, Magnesio y Materia Orgánica.	11.17
Textura al tacto, pH, Fósforo, Potasio, Calcio, Magnesio, Materia Orgánica, Hierro, Cobre, Manganeso y Zinc.	18.00
Textura al tacto, pH, Fósforo, Potasio, Calcio, Magnesio, Materia Orgánica, Hierro, Cobre, Manganeso, Zinc, Sodio, aluminio, Capacidad de Intercambio Catiónico Efectiva.	22.00

Cuadro 14. Materiales y equipo para el establecimiento de un laboratorio básico de cromatografía.

Materiales	Unidad	Cantidad	Precio($)	Total($)
Papel filtro No. 4 (whatman)	Paquetes (100 unidades)	2	50.85	101.70
Cajas petri de 9 centímetros de diámetro (desechables)	Docenas	2	7.00	14.00
Cajas petri de 5 cm de diámetro (desechables)	Docenas	2	3.00	6.00
Erlenmeyer 500 milímetros (vidrio)	Unidad	2	5.00	10.00
Vasos transparentes No. 8 (desechables)	Paquetes (15 unidades)	2	1.25	2.50
Probetas de 100 ml	Unidad	2	14.00	28.00
Beaker plástico de 1000 ml	Unidad	2	3.50	7.00
Morteros de porcelana de 14 cm de diámetro	Unidad	2	8.00	16.00
Balanza electrónica	Unidad	1	158.00	158.00
Jeringas	Unidad	2	0.25	0.50
Colador	Unidad	2	0.75	1.50
Bolsas capacidad 2 libras	Paquete (100 unidades)	2	0.75	1.50
Agua destilada	Galón	3	8.00	24.00
Nitrato de plata	gramos	20		80.50
Soda caustica	Frascos de 400 gramos	2	1.10	2.20
Regla	Unidad	2	0.35	0.70
Lápiz	Unidad	2	0.25	0.50
Libreta de apuntes	unidad	1	1.50	1.50
Tirro	Unidad	1	0.75	0.75
Papel bond	Resma	1	5.50	5.50
Cucharas plásticas	Paquete (25 unidades)	1	0.50	0.50
Huacales plásticos	Unidad	3	1.25	3.75
Guantes desechables	caja	1	5.00	5.00
Toallas de cocina	Paquetes (2 unidades)	2	1.50	3.00
Caja de cartón grande	caja (vacía)	1	0.50	0.50
Caja multi usos grande	Caja (vacía)	1	25.00	25.00
			Total	500.10

IV CONCLUSIONES

❖ En general, el estado de fertilidad de las parcelas consideradas en el estudio muestran fuertes desbalances nutricionales incluyendo problemas de acidez.

❖ Los programas de fertilización empleados en las parcelas no se hacen de acuerdo a los requerimientos del cultivo y a las deficiencias del suelo, debido a que generalmente no se realizan análisis químico de suelos, que indiquen los excesos y deficiencias de elementos.

❖ Los productores carecen de métodos prácticos y de bajo costo para la elaboración de análisis de suelos en sus parcelas, que les permita estar monitoreando las condiciones de fertilidad.

❖ Los principales motivos que conducen a la no realización de análisis químico de suelos por parte de los productores a sus parcelas son: falta de acceso a laboratorios y su limitada situación económica.

❖ La cromatografía aplicada a suelos es una metodología cualitativa y practica que permite disminuir costos con relación al análisis químico convencional de suelos.

❖ Al comparar las dos metodologías de análisis de suelos se logró observar mediante colores y formas en los cromatogramas, el reflejo de algunas de las propiedades físico químicas manifiestas en el análisis químico convencional.

❖ El análisis cromatográfico permite entender aspectos como la parte biológica del suelo, que tradicionalmente no se manifiestan en el análisis químico convencional de suelos.

V RECOMENDACIONES

- Capacitar a técnicos y productores en el uso de la cromatografía aplicada a suelos así como la interpretación de los Cromatogramas a fin que sea utilizada como herramienta que les permita dar seguimiento a los procesos de mejora en sus parcelas.

- Que las instituciones como ONG`s y asociaciones de productores apoyen para el establecimiento de laboratorios básicos de análisis cualitativos de suelos (cromatográfico) en las comunidades.

- Apoyar a los productores en el establecimiento de estrategias sostenibles que les permita mejorar las condiciones de fertilidad de sus suelos.

- Fomentar la utilización de prácticas y métodos que ayuden a la disminución del uso de productos químicos con el propósito de bajar los niveles de acidez en los suelos.

- Que los productores elaboren los cromatogramas de sus respectivas parcelas e inicien con el proceso de interpretación apoyándose con la guía formulada en el presente estudio.

- Realizar más estudios de investigación sobre el uso de esta tecnología con fines comparativos entre costos y tiempo de recuperación de las parcelas.

VI. BIBLIOGRAFÍA

Bertsch, F. 1998, La fertilidad de los suelos y su manejo, Asociación Costarricense de la Ciencia del suelo, San José, Costa Rica, Páginas 43, 44, 58, 111,115.

Bornemisza, E. 1982. Introducción a la Química de Suelos. O.E.A., Washington. 74 p, disponible en http:/www.forest.ula.ve/-rubenhg.

Campos, C. E. *et al,* 1964, Levantamiento General de Suelos, Cuadrante 2457-II, Río Titihuapa y Cuadrante 2456-I, Puente Cuscatlán, Primera Edición, República de El Salvador, SV, Litografía e Imprenta Lud Dreikorn, 1: 50,000.

Calderón, S. F. 1999, Metodologías para Análisis Químico de Suelos, disponible   en:http://www.drcalderonlabs.com/Metodos/Analisis_De_Suelos/ MetodosQuimicosSuelos.htm

Chicharro, M. S. F, Cromatografía, principios y aplicaciones, análisis químico, en línea, http://www.monografias.com/trabajos13/sepal/sepal.shtml - 66k

FAO, 2005, Guía para la descripción de perfiles de suelos, disponible en: www.unex.es/edafo/.../ECAL2DPIGSPedrRoc.htm

FAO, 1992, Los Fertilizantes y su Uso, Paris, 632p. Página 24, disponible en: http://www.fertilizer.org.

Ferraris, G. N. 2006, Muestreo y Análisis de Suelo: Punto de Partida hacia un Diagnóstico de Fertilidad, disponible en: http://www.elsitioagricola.com/ articulos/ferraris/**Muestreo** y... - 41k

García, A. M. 2005, Análisis Químicos de suelo, disponible en: http://www.ciad.mx/boletin/mayjun02/suelos.pdf

Garman, W. 1982, Manual de fertilizantes, Cuarta Reimpresión, Balderas 95, México D. F. Paginas: 19, 20, 25,47, 101, 103, 106.

Gristo, P. *et al,* 2002, guía para el muestreo de suelos en áreas residenciales, en línea, en: http://www.mvotma.gub.uy/dinama/index.php?option=com_docman&... - -1k

Henríquez, H. *et al,* 1999, Guía Practica Para el Estudio Introductorio de Suelos con un Enfoque Agrícola, Primera Edición, San José, Costa Rica, Paginas: 19

ICA, 1992 citado por Osorio, N. W. S.f., Muestreo de Suelos, disponible en: http://www.unalmed.edu.co/~esgeocien/documentos/muestreo.pdf - -1k

INFOAGRO, 2008, Análisis de suelos, disponible en: http://www.infoagro.com/abonos/analisis_suelos2.htm.

Osorio S.f., Toma de muestras y submuestras, disponible en: http://www.unalmed.edu.co/ ~esgeocien/ documentos/muestreo.pdf - -1k

Méndez, 2000, Muestreo de Suelos, disponible en: http://www.scribd.com/doc/12532403/Practica-1-Muestreo-de-Suelos.

Moreno, H. *et al* .2008, "Determinación del color del suelo", disponible en: http://soils.usda.gov/technical/classification/tax_keys.

Navarro, *et al,* 2003, Química Agrícola, segunda edición, Rio Pánuco, 141 – col. Cuauhtémoc 06500 México, D. F. Páginas: 15, 144, 155, 156.

Orellana, J. A. 2005, Muestreo y análisis de suelo, boletín Tecnico17, consultado el 29 de julio de 2010, en línea, disponible en http://www.centa.gob.sv/uploads/documentos/**Suelos** Boletin.pdf - -1k –

POTASH Y PHOSPHATE INSTITUTE, (PPI) 1997, Manual Internacional de Fertilidad de Suelos, Calle Ignacio Pérez No. 28 sur, Despacho 216 Querétaro, México. Páginas: 1-1, 1-4, 1-8, 1-10, 2-1, 2-2, 2-6, 5-1, 6-3, 7-1, 7-6, 7-7, 7-9.

POTASH Y PHOSPHATE INSTITUTE, (PPI) 1988, Manual de Fertilidad de los Suelos, Suit 401, 2801, Buford Hwy., NE Atlanta, Georgia, U. S. A. Páginas: 7, 12, 18, 21.

Plaster, E. J. 2000, La Ciencia del Suelo y su Manejo, Séneca, 53, Colonia Polanco, México, D. F. páginas: 5, 33, 50, 171, 173, 213, 317.

Restrepo, J. 2009, cromatografía de suelos, consultado el 27 de diciembre de 2009, disponible en: http://ruta.org/archivos- de usuario /CALENDARIODOCS/ CursoInternacionalMAOES/CartillaCursoInternacionalagosto2009final.pdf

Diplomado internacional en agricultura orgánica y permacultura (5th, Jinotega, NI). 2008. Colección de ponencias y presentaciones. 2008. Eds. P. Sebastiao; R. Jairo. NI.

Roger, E. *et al*, 2009, Ciències de la Terra i del Medi Ambient, disponible en "http://es.wikipedia.org/wiki/Roca"

Salazar, J. R. 1979, Manual técnico de fertilización, Centro Nacional de Tecnología Agropecuaria CENTA San Andrés, La Libertad, El Salvador, C. A. Páginas: 10 y 20.

Torres, G. *et al*, 2006, Programa Nacional de Frutas de El Salvador MAG-FRUTAL-ES, Santa Tecla, El Salvador. Páginas: 6, 7, 10, 11, 12, 13,14,23 y 25

USAID, S. f. Programa de USAID para la Promoción de Oportunidades Económicas, Colonia Escalón, San Salvador, El Salvador. Boletín No. 1 y 2 Generalidades del suelo.

Vargas, R. R. 2009, Guía para la descripción de suelos, cuarta edición, ORGANIZACIÓN DE LAS NACIONES UNIDAS PARA LA AGRICULTURA Y LA ALIMENTACION, Universidad Mayor de San Simón, Bolivia. Páginas: 21, 34, 42,44.

Wikipedia, 2008, Cromatografía, disponible en: http://es.wikipedia.org/wiki/ Cromatograf%C3%ADa.

Wikipedia, 2007, Métodos de Cromatografía, disponible en: http:// es. wikipedia. org/wiki/ métodos de Cromatograf%C3%.

VII. ANEXOS

Anexo 1. Formulario de encuesta para productores en transición hacia la agricultura orgánica, en el departamento de San Vicente.

UNIVERSIDAD DE EL SALVADOR

FACULTAD MULTIDISCIPLINARIA PARACENTRAL

DEPARTAMENTO DE CIENCIAS AGRONOMICAS

RESPONSABLES: ING. DAGOBERTO PEREZ

BR. SOL MARIA MUÑOZ AGUILLON

Formulario de encuesta para productores en transición hacia la agricultura orgánica, en el departamento de San Vicente.

Objetivo: Determinar el nivel fertilidad del suelo de los productores en proceso de transición orgánica, apoyados por la fundación privada INTERVIDA en el Departamento de San Vicente.

INFORMACION GENERAL DEL PRODUCTOR

Nombre del productor(a):____

Edad: _________

Sexo: _________

Nivel de escolaridad: ____

Comunidad: ____

Cantón:____

Municipio: ____

Altura sobre el nivel del mar: __________________

Geoposicionamiento: ___________________________

Años de experiencia como agricultor: __________

Pendiente del terreno: ____________________

Área de la parcela que cultiva		Tenencia de la tierra		Preparación del suelo	
0 – 0.5 mz		Propia		Labranza 0	
0-6 – 1 mz		Arrendada		Labranza mínima	
1.1mz – 1.5 mz		Colono		Uso de maquinaria agrícola especializada	
1.6 – 2 mz		familiar			
Mas de 2 mz		censo			

106

Tipo de cultivos que siembra			
Maíz		Hortalizas	
Frijol		Frutales	
Arroz		Otros	
Sorgo			

Si cultiva hortalizas mencione algunas:_____________________________________

Si cultiva frutales mencione cuales____

____

¿Cuanto tiempo tiene de estar dedicado a la Agricultura Orgánica?: _______________

¿Cuales son las prácticas de agricultura orgánica que realiza en su parcela?

Practica o insumo elaborado			
Bocashi		Cromatografías	
Lombri-compost		Semillas nativas	
Bio-fermentos		Cultivo de cobertura	
Harina de rocas		Otros	

¿Como prepara los diferentes insumos orgánicos utilizados? : _______________________

____

____

Programas de fertilización de los cultivos (Químicos u orgánicos)

Cultivos	1ª Fertilización	2ª Fertilización	3ª Fertilización	Observaciones

Fechas de aplicación de fertilizantes (Químicos u orgánicos)

Cultivos	1ª Fertilización	2ª Fertilización	3ª Fertilización	Observaciones

Dosis de fertilizantes aplicados a los cultivos (Químicos u orgánicos)

Cultivos	1ª Fertilización	2ª Fertilización	3ª Fertilización	Observaciones

Tipo de insumos utilizados para el manejo de los problemas fitosanitarios en los cultivos. (Químicos u orgánicos)

Cultivo	Producto utilizado	Dosis	Frecuencia de aplicaciones	No. De aplicaciones	Plaga a contrarrestar

¿Cómo clasifica su producción actualmente y cuanto produce?

Alta   ☐   __________

Media ☐   __________

Baja   ☐   __________

Con la implementación de agricultura orgánica mencione algunos resultados obtenidos

Criterio		Criterio	
Disminución de costos		Producción de alimentos más sanos	
Aumentan costos		Cambio de manera de pensar, actuar y trabajar la tierra, sin dañarla.	
Generación de empleo		Mucho tiempo para preparar los insumos	
Menor producción		Lleva mucho trabajo	
Mayor producción		Ninguno	

¿Realiza obras de conservación de suelos en su parcela?

Si   ☐

No ☐

¿Qué tipo de obras de conservación realiza?___________________________

____

¿Recibe asistencia técnica?

Si ☐

No ☐

Si su respuesta es si especifique:

MAG	
CENTA	
ONG´S	
ALCALDIA	
OTROS	

ASPECTOS BIOFISICOS

Aspecto	Calificación
Cultivo actual	
Tipo de vegetación	
Presencia de piedras	
Pendiente del terreno	
Color del suelo	
Precipitación promedio anual	

Observaciones o comentarios:

____

____

____

____

Cuadro A2. Ubicación geográfica y características de las parcelas considerados en el estudio "**Comparación del análisis químico convencional de suelos con la técnica de cromatografía para agricultura orgánica en transición**" **San Vicente, 2010, El Salvador.**

Nombre del productor	Ubicación de la parcela	Características de la parcela
Manuel de Jesús Zavala	Comunidad El Rincón, cantón San Jacinto La Burrera, Municipio de San Esteban Catarina	**Cultivo o vegetación actual:** Sin cultivo **Especies arbóreas :** Laurel **Pedregosidad:** Muy abundante **Tipo de pendiente:** Escarpada **Color del suelo:** Café rojizo **Obras de conservación:** Ninguno
Guadalupe Arévalo	Caserío El Salitre cantón El Tortuguero, municipio de Santa Clara	**Cultivo o vegetación actual:** Sin cultivo **Especies arbóreas :** Morro y carbón **Pedregosidad:** Muy abundante **Tipo de pendiente:** Inclinada **Color del suelo:** Café oscuro **Obras de conservación:** Barreras vivas
José Meléndez	Comunidad y Cantón Guachipilín, municipio de San Ildefonso	**Cultivo o vegetación actual:** Sin cultivo **Especies arbóreas :** Tempate **Pedregosidad:** Poca **Tipo de pendiente:** Plana a casi plana **Color del suelo:** Café oscuro **Obras de conservación:** Ninguno
Medardo Novoa Marín	Caserío Guadalupe El Saite, Cantón El Saite, municipio de Apastepeque	**Cultivo o vegetación actual:** Sin cultivo **Especies arbóreas :** Laureles **Pedregosidad:** Severa **Tipo de pendiente:** Plana a casi plana **Color del suelo:** Rojizo **Obras de conservación:** Ninguno
Pedro Antonio Rivas	Comunidad y cantón La Loma, municipio de Apastepeque	**Cultivo o vegetación actual:** Papaya y musáceas **Especies arbóreas :** Bambú **Pedregosidad:** Poca **Tipo dependiente:** Suavemente inclinada **Color del suelo:** Grisáceo **Obras de conservación:** Ninguna
Pedro	Comunidad y	**Cultivo o vegetación actual:** Sin cultivo

Ramiro Carrillo	cantón La Loma, municipio de Apastepeque	**Especies arbóreas** : Morro y carbón **Pedregosidad:** Severa **Tipo de pendiente:** Inclinada **Color del suelo:** Café oscuro **Obras de conservación:** Ninguno
Alba Roxana Durán Soriano	Comunidad La Burrera, Cantón San Jacinto La Burrera, municipio de San Esteban Catarina	**Cultivo o vegetación actual:** Musácea, jocote, cítricos. **Especies arbóreas:** Jocote, amate. **Pedregosidad:** Muy abundante **Tipo de pendiente:** Suavemente inclinada **Color del suelo:** Rojizo **Obras de conservación:** Ninguna
José Ricardo Urías	Comunidad y cantón San Jacinto La Burrera, municipio de San Esteban Catarina	**Cultivo o vegetación actual:** Sandia **Especies arbóreas** : Tempate, Mango **Pedregosidad:** Poca **Tipo de pendiente:** Plana a casi plana **Color del suelo:** Grisáceo **Obras de conservación:** Ninguna
José Osmín Rosa	Comunidad y cantón Amatitán Arriba, municipio de San Esteban Catarina	**Cultivo o vegetación actual:** Sin cultivo **Especies arbóreas** :carbón, Chaparro **Pedregosidad:** Muy abundante **Tipo de pendiente:** Suavemente inclinada **Color del suelo:** Rojizo **Obras de conservación:** Barreras Vivas
Edwin de Jesús Bonilla	Comunidad y cantón Amatitán Arriba, municipio de San Esteban Catarina	**Cultivo o vegetación actual:** Sin cultivo **Especies arbóreas** :carbón, amate **Pedregosidad:** Severa **Tipo de pendiente:** Suavemente inclinada **Color del suelo:** Rojizo **Obras de conservación:** Ninguno
Santos Tito Vigíl	Comunidad y cantón Amatitán Abajo, municipio de San Esteban Catarina	**Cultivo o vegetación actual:** Sin cultivo **Especies arbóreas** :carbón, marañón **Pedregosidad:** Muy abundante **Tipo de pendiente:** Plana a casi plana **Color del suelo:** Rojizo **Obras de conservación:** Barreras vivas
José Heriberto	Comunidad y cantón Amatitán	**Cultivo o vegetación actual:** Sin cultivo **Especies arbóreas** :carbón, higüero

Moreno	Abajo, municipio de San Esteban Catarina	**Pedregosidad:** Poca **Tipo de pendiente:** Plana a casi plana **Color del suelo:** Grisáceo **Obras de conservación:** Ninguna
Santos Pablo Rivera	Comunidad y cantón San Pedro, municipio de Apastepeque	**Cultivo o vegetación actual:** Sin cultivo **Especies arbóreas :** Laurel, amate **Pedregosidad:** Muy abundante **Tipo de pendiente:** Suavemente inclinada **Color del suelo:** Café marrón **Obras de conservación:** Ninguna
Juan Pablo Umaña	Comunidad y cantón San Pedro, municipio de Apastepeque	**Cultivo o vegetación actual:** Sin cultivo **Especies arbóreas:** Carbón, Tigüilote **Pedregosidad:** Muy abundante **Tipo de pendiente:** Suavemente inclinada **Color del suelo:** Rojizo **Obras de conservación:** Ninguna
Elmer William Umaña	Caserío El Jocote, cantón San Pedro, municipio de Apastepeque	**Cultivo o vegetación actual:** Sin cultivo **Especies arbóreas :**Carbón, Chaparro **Pedregosidad:** Muy abundante **Tipo de pendiente:** Suavemente inclinada **Color del suelo:** Café marrón **Obras de conservación:** Barreras vivas
Antonio Landaverde	Comunidad y cantón Calderitas, municipio de San Esteban Catarina	**Cultivo o vegetación actual:** Tomate **Especies arbóreas :**Tigüilote **Pedregosidad:** Poca **Tipo de pendiente:** Suavemente inclinada **Color del suelo:** Grisáceo **Obras de conservación:** Ninguna
Omar Ubaldo Martínez	Comunidad y cantón Calderitas, municipio de San Esteban Catarina	**Cultivo o vegetación actual:** Sin cultivo **Especies arbóreas :** Carbón, guayaba **Pedregosidad:** Poca **Tipo de pendiente:** Plana a casi plana **Color del suelo:** Café oscuro **Obras de conservación:** Barreras vivas
Pilar Bautista Cañas	Comunidad y cantón Calderitas, municipio de San	**Cultivo o vegetación actual:** Sin cultivo **Especies arbóreas :** Guarumo, amate **Pedregosidad:** Poca

	Esteban Catarina	**Tipo de pendiente:** Suavemente inclinada **Color del suelo:** Café oscuro **Obras de conservación:** Ninguna
Josué Umaña	Comunidad Las Piletas, cantón San Jacinto, municipio de Apastepeque	**Cultivo o vegetación actual:** Sin cultivo **Especies arbóreas :** Uña de gato **Pedregosidad:** Muy abundante **Tipo de pendiente:** Plana a casi plana **Color del suelo:** Café marrón **Obras de conservación:** Barreras vivas
Arsenio Merino	Comunidad y cantón San Jacinto, municipio de Apastepeque	**Cultivo o vegetación actual:** Sin cultivo **Especies arbóreas:** Mango y musáceas **Pedregosidad:** Poca **Tipo de pendiente:** Plana a casi plana **Color del suelo:** Café oscuro **Obras de conservación:** Ninguna
Eugenio Ruiz	Comunidad y cantón San Jacinto, municipio de Apastepeque	**Cultivo o vegetación actual:** Sin cultivo **Especies arbóreas:** Carbón, Mango, aceituno **Pedregosidad:** Muy abundante **Tipo de pendiente:** Moderadamente escarado **Color del suelo:** Rojizo **Obras de conservación:** Barreras vivas
Rodrigo Antonio Cortez Palacios	Comunidad San Francisco La Cruz, cantón Guachipilín, municipio de San Ildefonso	**Cultivo o vegetación actual:** Sin cultivo **Especies arbóreas :** Jocote, Mango **Pedregosidad:** Moderada. **Tipo de pendiente:** Suavemente inclinada **Color del suelo:** Café Marrón **Obras de conservación:** Barreras vivas
Andrés Rivas Alfaro	Comunidad San Francisco La Cruz, cantón Guachipilín, municipio de San Ildefonso	**Cultivo o vegetación actual:** Piña y cannabalia ambos en producción. **Especies arbóreas:** Carbón, tigüilote **Pedregosidad:** Severa **Tipo de pendiente:** Moderadamente escarpada **Color del suelo:** Café marrón **Obras de conservación:** Barreras vivas
José Luis Palacios	Comunidad San Francisco La Cruz,	**Cultivo o vegetación actual:** Sin cultivo **Especies arbóreas:** Carbón, Chaparro,

	cantón Guachipilín, municipio de San Ildefonso	guayaba, tempate **Pedregosidad:** Abundante **Tipo de pendiente:** Plana a casi plana **Color del suelo:** Rojizo **Obras de conservación:** Ninguna
Luis Barahona	Caserío San Lázaro, cantón San Pedro, municipio de Apastepeque	**Cultivo o vegetación actual:** Sin cultivo **Especies arbóreas:** Carbón, Chaparro, tigüilote, peine de mono. **Pedregosidad:** Moderada **Tipo de pendiente:** Suavemente inclinada **Color del suelo:** Rojizo **Obras de conservación:** Ninguna
Cipriano Barahona	Caserío San Lázaro, cantón San Pedro, municipio de Apastepeque	**Cultivo o vegetación actual:** bosque recién quemado **Especies arbóreas:** Chaparro, peine de mono, guarumo. **Pedregosidad:** Abundante **Tipo de pendiente:** inclinada **Color del suelo:** Rojizo **Obras de conservación:** Ninguna
José Luis Membreño	Comunidad San Lázaro, cantón San Pedro, municipio de Apastepeque	**Cultivo o vegetación actual:** Carbón **Especies arbóreas:** Carbón, Chaparro, marañón, amate. **Pedregosidad:** Abundante **Tipo de pendiente:** Suavemente inclinada **Color del suelo:** Rojizo **Obras de conservación:** Ninguna
Ercides Meléndez	Comunidad San Lázaro, cantón San Pedro, municipio de Apastepeque	**Cultivo o vegetación actual:** Sin cultivo **Especies arbóreas :** Tempate, carbón **Pedregosidad:** Poca **Tipo de pendiente:** Plana casi plana **Color del suelo:** Café oscuro **Obras de conservación:** Ninguna

- Categorías de pendiente del suelo según Tablas 1986:

- ➢ Plana casi plana: de 0 – 2%
- ➢ Suavemente inclinada: de 2 – 5%
- ➢ Inclinada: de 5 – 12%

➢ Moderadamente escarpada 12 – 25%

➢ Escarpada 25 – 40%

➢ Muy escarpada 40 – 60%

➢ Accidentada: más de 60%.

- Categorías de pedregosidad según Tablas 1986

➢ Ninguna a esporádica: Menos de 0.01 %

➢ Poca: 0.01 – 1.0 %

➢ Pedregoso: 16 – 30 %

➢ Moderada: 1 - 5%

➢ Abundante: 5 - 15%

➢ Muy abundante 15 – 40%

➢ Severo: 40- 70%

➢ Muy severo: 70 – 90%

➢ Extrema: más de 90%

- Especies arbóreas

➢ Especies de arboles predominantes en la zona.

Cuadro A3. Programa de fertilización en el cultivo de maíz (Químico u Orgánico)

No.	No. Según encuesta	EPOCA DE APLICACIÓN dds*			TIPO DE FERTILIZANTE			DOSIS DE FERTILIZANTE qq/mz **		
		Fertilizaciones			Fertilizaciones			Fertilizaciones		
		1	2	3	1	2	3	1	2	3
1	2	30	50		Bocashi	Bocashi Sulfato de Amonio		40	60 4	
2	3	20	40	60	Bocashi Formula 16-20-0	Bocashi 16-20-0	Bocashi Sulfato de Amonio	3 3	3 3	3 3
3	4	20	60		Bocashi Formula 16-20-0	Bocashi Sulfato de Amonio		20 4	16 8	
4	5	12	45		Bocashi Formula 16-20-0	Sulfato de Amonio		8 8	8	
5	7	20	60		Formula 15-15-15	Sulfato de Amonio		8	8	
6	9	40			Bocashi			25		
7	10	30	60		Bocashi Sulfato de Amonio	Bocashi		12 1	8	
8	11	20	30	60	Bocashi	Bocashi	Formula 16-20-0	8	4	2
9	13	25	40		Bocashi Sulfato de Amonio	Bocashi Sulfato de Amonio		8 2	8 2	
10	15	20			Bocashi Formula 16-20-0			16 2		
11	17	25	45		Bocashi Formula 16-20-0	Bocashi Sulfato de Amonio		4 2	4 2	
12	18	18	45		Formula 16-20-0 Sulfato de Amonio	Sulfato de Amonio		4 2	6	
13	19	20	60		Bocashi Formula 16-20-0	Sulfato de Amonio		16 4	8	
14	20	30	60		Bocashi Sulfato de Amonio	Bocashi Sulfato de Amonio		17 2	17 2	
15	21	12	30	60	Bocashi	16-20-0	Sulfato de Amonio	24	2.5	2
16	23	A la siembra	30		Bocashi Formula 16-20-0	Bocashi Sulfato de Amonio		8 2	8 2	
17	24	15	35		Bocashi	Bocashi		10	10	

					Sulfato de Amonio			4		
18	25	15	35		Bocashi Formula 16-20-0	Sulfato de Amonio		8 4	6	
19	26	30	60		Bocashi Formula 16-20-0	Urea		8 2	8	
20	27	25	40		Bocashi Formula 16-20-0	Bocashi Sulfato de Amonio		3 2	3 2	
21	28	A la siembra	25		Bocashi Formula 16-20-0	Sulfato de Amonio		20 4	6	

*dds: días después de la siembra

**qq/mz: quintales por manzana

Cuadro A4. Programa de fertilización en el cultivo de Frijol (Químico u Orgánico)

No.	No. Según encuesta	EPOCA DE APLICACIÓN *dds Fertilización			TIPO DE FERTILIZANTE Fertilización			DOSIS DE FERTILIZANTE Fertilización		
		1	2	3	1	2	3	1	2	3
1	1	Antes de la siembra			Bocashi Ceniza Formula 16-20-0			12 qq/mz 13 qq/mz 1 qq/mz		
2	5	22			Formula 16-20-0			7 qq/mz		
3	9	8	16	24	Biofermento	Biofermento	Biofermento	11 litros	11 litros	11 litros
4	11	8			Bocashi Formula 16-20-0			2 qq/mz 0.5 qq/mz		
5	13	15			Bocashi Formula 16-20-0			2 qq/mz 0.1 qq/mz		
6	14	15			Formula 16-20-0 Sulfato de amonio			2 qq/mz 2 qq/mz		
7	18	22			Formula 16-20-0			3 qq/mz		
8	20	10			Bocashi Formula 16-20-0			9 qq/mz 9 qq/mz		
9	21	A la siembra			Formula 16-20-0			1 qq/mz		
10	24	20			Formula 15-15-15 Sulfato de amonio			1.5 qq/mz 1 qq/mz		
11	26	15			Formula 16-20-0			1 qq/mz		
12	28	15			Formula 16-20-0			1 qq/mz		

*dds: días después de la siembra

Cuadro A5: Tipo de insumos utilizados para el manejo de los problemas fitosanitarios en el cultivo de maíz

No.	No. según encuesta	EPOCA DE APLICACIÓN	TIPO DE INSUMO UTILIZADO	DOSIS DE PRODUTO UTILIZADA	PLAGA A CONTRARRESTAR
1	5	Antes de nacer	ARRIVO EC (CIPERMETRINA)	1 copa × bomba	Cogollero
2	6	Cuando se presenta la plaga	TAMARON 60 SL (METAMIDOFOS)	1 copa × bomba	Gusanos
			MALATHION 4 DP (MALATION)	1 copa × bomba	Gusanos
3	7	Cuando se presenta la plaga	VOLATON GR (FOXIM)	0.5 libras, aplicación en plantas afectadas	Cogollero
4	9	Cuando se presenta la plaga	TAMARON 60 SL (METAMIDOFOS)	2 copas x bomba	Gusanos
5	10	Cuando se presenta la plaga	TAMARON 60 SL (METAMIDOFOS)	1 copa x bomba	Gusano cortador
6	13	Cuando se presenta la plaga	AGUA VENDITA	3 litros, aplicación en plantas afectadas	Cogollero
7	17	Cuando se presenta la plaga	KARATE (LAMBDA CIHALOTRINA)	1 copa x bomba	Cogollero
8	18	Cuando se presenta la plaga	KARATE (LAMBDA CIHALOTRINA)	1 copa x bomba	Gusanos
			RIENDA	1 copa x bomba	Gusanos
9	20	Cuando se presenta la plaga	FOLIDOL 48 EC (METIL PARATION)	2 copas x bomba	Gusanos
			LANNATE (METOMIL)	2 copas x bomba	Gusanos
10	21	Cuando se presenta la plaga	SULFOCALCICO	0.5 litros x bomba	Toda plaga
11	22	Cuando se presenta la plaga	AZÚCAR	1 libra x mz aplicación en plantas dañadas	Cogollero
12	23	Cuando se presenta la plaga	TAMARON 60 SL (METAMIDOFOS)	1 copa x bomba	cogollero
13	24	Cuando se presenta la plaga	KARATE (LAMBDA CIHALOTRINA)	1 copa x bomba	Cogollero, falso medidor
14	25	Cuando se presenta la plaga	FOLIDOL 48 EC (METIL PARATION)	1 litro x mz	Cogollero
15	27	Cuando se presenta la plaga	TAMARON 60 SL (METAMIDOFOS)	1 litro x mz	Toda plaga
16	28	Cuando se presenta la plaga	KARATE (LAMBDA CIHALOTRINA)	1 copa x bomba	Gusanos

Cuadro A6. Análisis de un cromatograma en relación al análisis químico de suelos

Cromatograma	Zona Nitrogenada				Zona Mineral					Zona Proteica					Zona Enzimática		
Análisis Químico	NO	PD	ND	BD	Color CD	Color CN	Interacción N	Interacción P	Interacción B	Color CD	Color CN	Interacción N	Interacción P	Interacción B	Nula	PD	BD
Textura																	
No pesados		X	X	X	X			X	X	X			X	X		X	X
Pesados	X	X				X	X			X	X				X		
pH																	
APMC					X			X	X	X			X	X		X	X
NAPMC						X	X	X			X	X	X		X	X	
Contenido de Materia Orgánica																	
No Aceptable	X	X				X	X	X			X	X	X		X	X	
Aceptable			X	X	X			X	X	X			X	X		X	X
Fertilidad																	
Fuertes desbalances						X	X	X			X	X	X		X		
Pocos desbalances					X	X		X		X	X		X	X		X	
Normal o buena					X				X	X			X				X

NO: No desarrollada

PD: Poco desarrollada

ND: Normalmente desarrollada

BD: Bastante desarrollada

CD: Colores deseables

CN: Colores no deseables

N: Nula

P: Poca

B: Buena

APMC: Apto para el crecimiento de la mayoría de culticos (el pH oscila entre moderadamente acido y medianamente alcalino)

NAPMC: No apto para el crecimiento de la mayoría de culticos (el pH oscila entre fuertemente acido y extremadamente ácido.

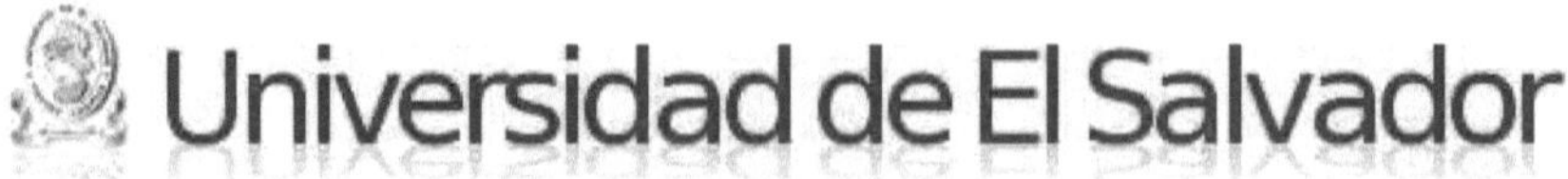

Guia básica para el entendimiento del Análisis Cromatográfico de suelos

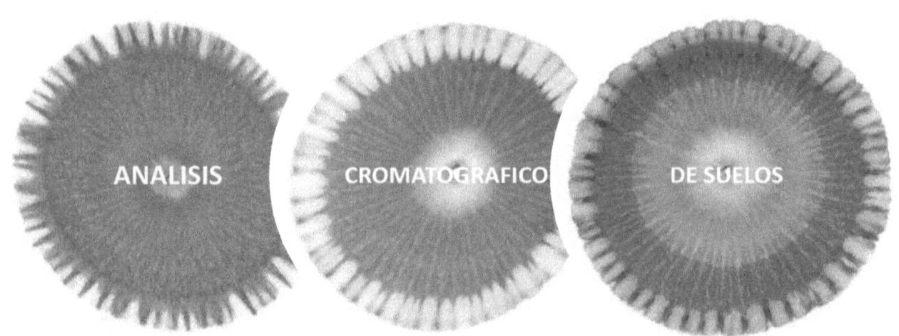

INTRODUCCION

El suelo es considerado como uno de los recursos naturales más importantes, de ahí la necesidad de mantener su productividad, para que a través de él y las prácticas agrícolas adecuadas se establezca un equilibrio entre la producción de alimentos y el acelerado incremento del índice demográfico.

El suelo es esencial para la vida, como es el aire y el agua, y cuando es utilizado de manera prudente puede ser considerado como un recurso renovable. Es un elemento de enlace entre los factores bióticos y abióticos, pero lo más importante es que sirve de hábitat para el desarrollo de las especies que sirven de alimento para la humanidad.

Una de las mayores frustraciones de los productores es la dificultad para dar seguimiento a la fertilidad de los cultivos, debido al limitado acceso a laboratorios que puedan prestar dicho servicio pero lo principal es que el productor de limitados recursos no accesa a dicho servicio debido a su costo económico y logístico.

Lo anterior conduce a la necesidad de buscar estrategias tendientes a dar respuesta a dicha problemática, por lo que el presente trabajo implica un primer paso tendiente a facilitar a los productores una metodología que les permita poder dar seguimiento a los proceso de mejora de los suelos.

La cromatografía de suelos es una metodología insipiente que puede permitir a los productores llevar un registro control y verificar si el suelo de sus parcelas están en proceso de recuperación o deterioro, lo cual les conducirá a tomar nuevas decisiones respecto a las acciones de manejo de sus cultivos y que les genere el menor deterioro posible o procesos de recuperación de la fertilidad.

Se busca plantear un método que sea sencillo, accesible y de bajo costo para los productores, sin embargo hace falta mucha investigación y trabajo en esta dirección, por lo tanto la presente guía se convierte en un primer paso y un espacio que permitirá a productores y técnicos con iniciarse en el estudio de la cromatografía y entenderla para aplicarla a favor de un buen manejo y recuperación del recurso suelo.

Generalidades de la guía

Para la creación de esta guía se tomó en cuenta parte de la experiencia manifiesta por especialistas del COAS (Consejeros en Agricultura Orgánica y Permacultura) y luego de recibir algunos conocimientos básicos por parte de ellos; se buscó potenciar dicha metodología mediante la realización de un estudio; posteriormente se retomaron algunas experiencias y se elaboró este documento que permita a toda aquella persona que esté interesada en iniciarse en la cromatografía aplicada a suelos y aportar; pueda hacerlo con el estudio de este tema.

Esta guía pretende que agricultores y técnicos puedan contar con una herramienta básica que les permita iniciarse en la cromatografía aplicada a suelos. A diferencia del análisis químico de suelos convencional; ésta es una metodología cualitativa, por el momento poco conocida y aplicada, por lo que es necesario conocer más al respecto. Es de hacer notar que ésta guía no deberá ser considerada como algo estricto, sino más bien una herramienta que apoye a todos los técnicos y productores interesados en iniciarse en la aplicación de esta tecnología que es de bajo costo y factible de ser aplicada en las comunidades con los productores.

Como utilizar la guía

Luego de obtener el cromatograma del suelo, se puede iniciar un proceso de valoración, buscando entre los cromatogramas que aparecen en esta guía, aquél que mas se aproxime al que se desea interpretar, de esta forma en la parte inferior de dicho cromatograma aparece una leyenda que le permite a cualquier productor o técnico una breve descripción sobre las principales cualidades que presenta, así como una recomendación genérica sobre estrategias que pueden emplearse a fin de reducir los niveles de deterioro del recurso suelo y en el mejor de los casos iniciar con un proceso de recuperación.

Es importante aclarar que es difícil encontrar cromatogramas que sean exactamente iguales por lo que será prudente que esta guía sólo se utilice como unareferencia básica que le permitirá iniciarse en el estudio de este tema, por lo que este trabajo, solo pretende ser punto de origen para, iniciarse en el conocimiento de este tema y que a futuro puedan hacerse aportaciones, con el fin de conjuntar conocimientos y que a mediano o largo plazo se tenga la capacidad por si mismo de entender y poder ayudar a aquellos que tanto lo necesitan "nuestros hermanos agricultores".

Para la realización del cromatograma de cada una las muestras se procedió de la siguiente manera:

- Se colectó la muestra en campo y se codificó adecuadamente.
- Es importante mencionar que al recoger la muestra fué necesario recolectar información relacionada con el manejo que se le estaba realizando a la parcela así como los principales aspectos biofísicos.
- Secado de la muestra al sol, colocándola en páginas de papel bond limpias y secas (figura 14), y se tomaron las precauciones necesarias a fin de evitar posibles contaminaciones.

Figura 1. Secado de la muestra de suelo.

Figura 2. Macerado de la muestra de suelo.

- Luego de secada la muestra de suelo se procedió al macerado de la muestra (figura 15), con un mortero y un pistilo, hasta pulverizarla en forma de talco.
- Se coló la muestra en un colador fino para asegurar que las partículas fueran uniformes.
- Se pesaron cinco gramos de la muestra de suelo (figura 16) previamente colada.
- Se preparó una solución de soda caustica al 1% en agua destilada (un gramo de soda caustica en 100 cc de agua destilada ó agua lluvia).
- En un vaso desechable transparente, se agregó los cinco gramos de suelo más 50 ml de la solución de soda caustica al 1% y se agitó en forma de círculo seis series de seis movimientos hacia la derecha y seis hacia la izquierda

Figura 3. Pesado de la muestra.

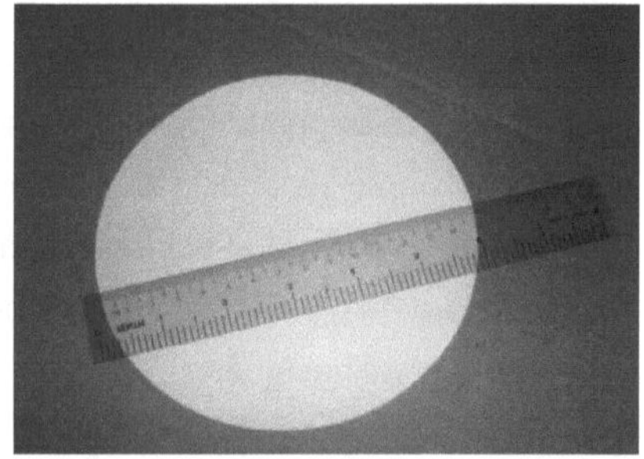

Figura 4. Marcado del papel en 4 y 6 cm desde el centro.

- Luego de agitado, se dejó la solución de suelo en reposo durante 15 minutos.
- Transcurridos los 15 minutos, se agitó una segunda vez de la misma forma y se dejó en reposo durante una hora.
- Transcurrida la hora se procedió a repetir los ciclos de movimientos por tercera ocasión, para finalmente dejar en reposo durante seis horas.

♣ Aprovechando el tiempo de reposo de la muestra durante seis horas se preparó el papel filtro que sería utilizado para el tiraje de los cromatogramas así como los respectivos popotes; El papel filtro que se utilizó para el tiraje de los cromatogramas fué de marca Schleicher & Schuell, 589 – IH de 150 milímetros de diámetro; a este se le ubicó el centro y partiendo de ahí se midieron cuatro y seis centímetros hacia los bordes (figura 17) procediendo a colocarles una marca con una aguja o un lápiz lo más suave posible. Al centro de cada papel filtro se abrió un agujero pequeño (2 mm) con la punta de un clavo de acero que fue el que dio lugar a colocar el popote.

Luego se cuadriculó una hoja de papel filtro con rayas distanciadas a dos centímetros entre cada una y luego se realizaron cortes con una tijera para obtener cuadros de cuatro cm^2, los cuales se enrollaron en forma de cigarrito (popote), (figura 18 y 19); estos fueron los popotes que ayudaron a absorber las diferentes soluciones hacia el papel filtro de 150 mm durante el impregnado con la soluciones de nitrato de plata, así como para el corrido del cromatograma con la solución de suelo.

Figura 5. Marcado del papel para la elaboración de popotes.

Figura 6. Popotes elaborados.

♣ Luego se preparó una solución de nitrato de plata al 0.5% (0.5 gramos de nitrato de plata en 100 cc de agua destilada ó agua lluvia).

✦ En una caja de petri de 8.5 cm de diámetro, se introdujo otra caja de petri más pequeña de aproximadamente cinco centímetros de diámetro, luego se agregó a la caja de petri pequeña, de 5 a 10 cc de la solución de nitrato de plata.

Figura 7. Papel en proceso de absorción del nitrato de plata.

Figura 8. Papel en proceso de absorción de la solución de suelo.

✦ Se tomó el papel filtro (ya preparado con las marcas de 4 y 6 cm) y se le colocó un popote en el agujero del centro, luego se situó sobre la caja de petri preparada en el paso anterior (se cuidó que el popote estuviera en contacto con la solución) y se dejó allí hasta que se observó que la solución de nitrato de plata se desplazó por el papel filtro mas o menos al nivel de la marca de cuatro cm (figura 20). Se retiró inmediatamente el papel filtro y procedió a retirarle el popote con gran cuidado halándolo hacia abajo (nunca hacia arriba), luego el papel filtro ya impregnado con la solución de nitrato de plata se colocó en el interior de una caja oscura, aproximadamente por tres a seis horas hasta que se secó completamente.

✦ El papel filtro se conservó en dichas condiciones mientras no fue utilizado.

✦ Transcurridas las seis horas de reposo de la solución del suelo y contando con el papel filtro ya impregnado con la solución de nitrato de plata debidamente seco, se procedió al corrido del cromatograma; En una caja de petri pequeña se agregaron aproximadamente 5 a 10 cc del liquido sobrenadante de la solución de suelo luego de las seis horas de reposo.

+ Se sacó de la caja oscura el papel filtro ya impregnado con la solución de nitrato de plata y se le colocó un popote en el agujero del centro, posteriormente se situó sobre la caja de petri preparada en el paso anterior (se verificó que el popote estuviera en contacto con la solución) y se dejó impregnar el liquido (figura 21) hasta el nivel de la segunda marca (seis centímetros desde el centro).

+ Finalmente se retiró el cromatograma de la solución de suelo y se descartó el popote; colocando este al sol hasta que quedó completamente seco (figura 22).

Figura 9. Secado de cromatogramas.

– El popote debe descartarse luego de ser utilizado.

Lectura básica de un cromatograma

Para la lectura del cromatograma se tomaron en cuenta los aspectos señalados por los especialistas del COAS, así como otros que se manifestaron según observaciones realizadas. Se hace notar el nivel de desarrollo de la zona nitrogenada y luego la coloración y la interacción existente entre cada una de las partes que lo conforman; tomando en cuenta que la predominancia de colores negros, oscuros, negro cenizo, púrpura, lila y tendientes a azul, son indicadores de suelos de mala calidad y que en dichos suelos los procesos de respuestas a la implementación de un programa de mejoras es un poco mas complicado a diferencia de la predominancia de colores tendientes a naranja, amarillentos, dorado y algunos café marrón, así como una buena interacción corresponden a suelos de mejores condiciones relacionadas con la fertilidad.

Partes de un cromatograma

El papel filtro comúnmente utilizado para realizar el cromatograma es el No. 4 de 150 mm de diámetro marca Whatman® ó Schleicher & Schull.

En un cromatograma se identifican cuatro zonas principales (figura 9) (Restrepo, 2008).

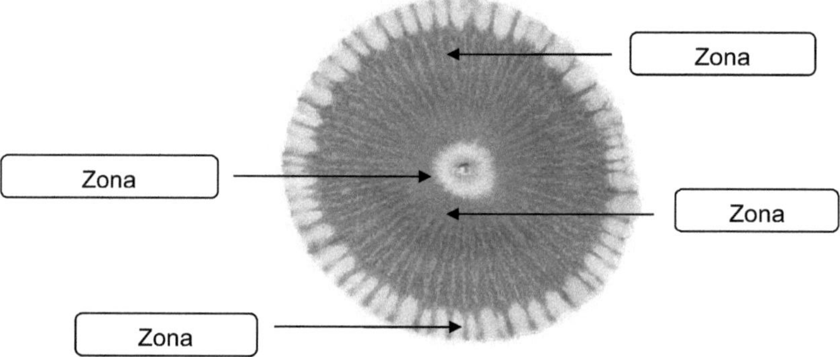

Figura 9. Cromatograma indicando cada una de sus partes.

Zona nitrogenada

La zona nitrogenada corresponde a la parte que se ubica en el área mas próxima al centro del papel filtro y que generalmente presenta una coloración que oscila entre gris claro o blanco y grisáceo; según lo planteado por Jairo Restrepo (2008) dicha intensidad de colores expresa que, si a partir del punto o centro del papel se presenta un color blanco difuso significa que es nitrógeno de procedencia orgánica; cuando se presenta un color blanco bien definido (color plata) es un indicador de nitrogeno proveniente de fuentes nitrogenadas sintéticas.

Para la definición de esta zona se consideraron aspectos como:

Normalmente desarrollada: cuando la zona nitrogenada se ha proplongado con un radio aproximado de un centímetro alrededor del centro.

Poco desarrollada: sus dimensiones de desarrollo se limitan a espacios muy reducidos en el centro del cromatograma (menos de un centímetro).

Zona mineral

Es la zona concéntrica subsiguiente de la nitrogenada, se identifica principalmente porque en ella se manifiestan diferentes coloraciones que pueden ser muy oscuras, amarillento, marrón, café claro u otros afines que generalmente son indicadores de la presencia o ausencia de minerales en el suelo.   Esta zona se extiende generalmente hasta la marca de los cuatro centímetros aunque puede ser muy variable.

Zona proteica

Después de la zona mineral se manifiesta otra zona concéntrica, la cual suele presentar diferentes tonalidades de colores similares a los señalados para la zona mineral.

Para la descripción de las zonas mineral y proteica se consideraron aspectos relacionados con la coloración manifiesta así como el nivel de interacción donde se tomaron en cuenta los siguientes aspectos:

Respecto al color se verificó la predominancia de colores claros o colores oscuros y en la intercción se consideró que esta podría ser, nula, poca o buena dependiendo e su intensidad.

Zona enzimática

La zona enzimática es la última zona concéntrica, identificada en el cromatograma y que la separa de la zona anterior (proteica) con la parte externa; esta generalmente es característica de un suelo con buenos niveles de fertilidad y se presenta como unas manchas en forma de nubes, que muy sutilmente bordea el cromatograma.

Otro aspecto a considerar es la existencia o no de interacción entre cada una de las zonas que conforman el cromatograma, lo cual consiste en ciertas figuras parecidas a pequeñas estrías o formas de pinos que se desarrollan uniendo transversalmente a cada una de las zonas según sea el nivel de interacción generada por estas figuras.

Para la evaluación en general del cromatograma se consideraron los criterios:
- ❖ Color e interacción
- ❖ Nivel de fertilidad del suelo
- ❖ Respuesta a procesos de mejora

Color e interacción

Para la definición de las variables color e interacción se asumieron los siguientes criterios:

- ❖ No aceptable: Cuando los colores no corresponden a los señalados como deseables y cuando no existen estructuras que generen cierta combinación de las diferentes zonas del cromatograma.
- ❖ Ligeramente aceptable: Los colores se aproximan a los deseables y la interacción inicia con la formación de estructuras que generen cierta combinación de las diferentes zonas del cromatograma de una forma leve.
- ❖ Moderadamente aceptable: Los colores han mejorado un poco más en relación a la categoría anterior aproximándose a los deseables y la interacción ha iniciado la formación de estructuras que generen cierta combinación de las diferentes zonas del cromatograma de una mejor manera que el nivel anterior.
- ❖ Aceptable: Los colores son los deseables y la interacción entre las diferentes zonas luce bien desarrollada.

Nivel de fertilidad del suelo

El criterio fertilidad se analiza desde el punto de vista de lo adecuado o inadecuado del color o interacción que se manifiesta en el cromatograma y se propusieron los siguientes criterios.

- Mala: Cuando los colores y la interacción no son los deseados.
- Con cierto nivel de deterioro: Cuando los colores y la interacción tienden a mejorar y predominan colores inadecuados.
- Ligeramente bueno: Los colores y la interacción han mejorado en relación a la categoría anterior.
- Bueno: Cuando los colores y la interacción son bastante aceptables.
- Muy bueno: Cuando los colores y la interacción son los aceptables.

Respuesta a procesos de mejora

Las características mostradas por el cromatograma permiten determinar la posible respuesta por dicho suelo a los procesos de mejora de la siguiente manera:

- No responden: Cuando los cromatogramas no lucen bien desarrolladas cada una de sus zonas y predominan colores no deseables así como la no existencia de interacción.
- Ligeramente factible: El cromatograma ha iniciado su proceso de definición de cada una de sus zonas, así como colores e interacción.
- Moderadamente factible: Ha mejorado aún más el proceso de desarrollo de cada una de las zonas del cromatograma, así como los colores y la interacción.
- Bastante factible: El cromatograma luce con un buen nivel de formación en cada una de sus partes así como los colores predominantes son deseables entre un 70 a 80% al igual que la interacción.
- Factible: El cromatograma presenta un buen desarrollo en lo que respecta a buena interacción y colores deseables.

Breve interpretación de los cromatogramas en relación a su análisis químico de suelos

Muestra 1

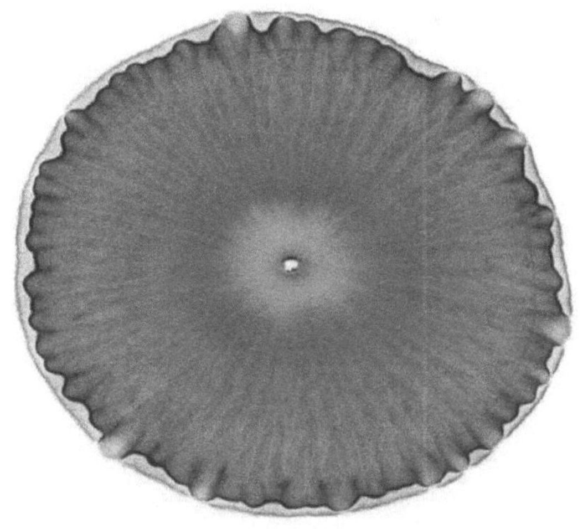

La zona nitrogenada luce con un desarrollo apegado a la normalidad. La coloración y la interacción del cromatograma son ligeramente aceptables, aunque externamente muestra ciertas dificultades mediante la separación entre la zona proteica y la enzimática, así como ciertas manchas oscuras dispersas en el cromatograma, lo cual es generalmente asociados a suelos ligeramente buenos de fertilidad lo cual muestra que es factible que el suelo responda positivamente a la implementación de acciones de recuperación a procesos de mejora. En el análisis químico de suelo pude observarse que presenta una textura arcillo arenosa, un nivel medio de materia orgánica (3.64%) y el pH es fuertemente ácido (5.1), el cual es muy limitante para el crecimiento y desarrollo de la mayoría de cultivos.

Para mejorar las condiciones de coloración e interacción en futuras muestras de esta parcela es necesario implementar acciones tendientes a reducir los niveles de degradación de este suelo, dando atención a los problemas de acidéz evitando aplicar productos químicos sintéticos que favorecen este proceso y realizar acciones controladas de enmiendas que permita mejorar el pH de acuerdo a los requerimientos del cultivo a establecer; debe procurarse el establecimiento de abonos verdes para la fijación de nitrógeno atmosférico y mantener buenos niveles de materia orgánica, de igual forma promover la incorporación de abonos naturales como composta, bocashi, gallinaza u otro de una forma controlada. Recuperar las condiciones de fertilidad y eliminar en lo posible los desbalances existentes, realizando aplicaciones de harina de rocas u otras que favorezcan los procesos naturales; realizar obras de conservación especialmente cuando los suelos presentan pendientes que favorecen los procesos de erosión; establecer un programa de rotación de cultivos para recuperar los desbalances nutricionales existentes.

CENTRO NACIONAL DE TECNOLOGIA
AGROPECUARIA Y FORESTAL
LABORATORIO DE SUELOS
e-mail centa_labsuelos@yahoo.com
Tel. 23020200 Ext.248

CANTON: SAN CRISTOBAL
MUNICIPIO: EL PORVENIR
DEPARTAMENTO: SANTA ANA

No. Laboratorio	Muestra No. 01
Cultivo que desea fertilizar	CAÑA DE AZUCAR 3 AÑOS

RESULTADO DEL ANALISIS

Textura	ARCILLO ARENOSO
pH en agua	5.1 FUERTEMENTE ACIDO
Fósforo (ppm)	4 MUY BAJO
Potasio (ppm)	58 BAJO
Zinc (ppm)	2.37 BAJO
Manganeso (ppm)	43.02 MUY ALTO
Hierro (ppm)	19.15 ALTO
Cobre (ppm)	4.30 MUY ALTO
Materia Orgánica (%)	3.64 MEDIO
Calcio (Meq/100g)	9.74 ALTO
Magnesio (Meq/100g)	3.51 ALTO
Potasio (Meq/100g)	0.15
Sodio (Meq/100g)	0.13 NO SODICO
Suma de Bases (Meq/100g)	13.53 MEDIO
Acidez (Meq/100g)	0.20 BAJO
CICE (Meq/100g)	13.73 MEDIO
Saturación de bases (%)	98.54
Relación Calcio/Magnesio	2.77 MEDIO
Relación Magnesio/Potasio	23.40 ALTO
Relación Calcio+Magnesio/Potasio	88.33 ALTO
Relación Calcio/Potasio	64.93 ALTO

RECOMENDACIONES DE FERTILIZACION

1ª. Fertilización. Inicio de las lluvias

   500 lb/mz de fórmula 15-15-15 +

   220 lb/mz de fórmula 0-0-60 +

   28 lb/mz de Sulfato de zinc, $ZnSO_4.7H_2O$

2ª. Fertilización. 6 semanas después de la primera fertilización

   150 lb/mz de Urea +

   200 lb/mz de 0-0-60

ING. QUIRINO ARGUETA
TECNICO EN FERTILIDAD DE SUELOS

_a zona nitrogenada luce bastante desarrollada. La coloración del cromatograma generalmente asociados a problemas de fuertes desbalances nutricionales, puede observarse una nula interacción entre cada una de las zonas que lo conforman, lo cual es muy negativo; muestra ciertas tonalidades café marron; lo anterior puede ser un indicador que este suelo debe intervenirse sistemáticamente para tener resultado en la promoción de procesos de mejora; presenta además un nivel alto de materia orgánica (9.55%), siendo uno de los aspectos mas positivos de este suelo. El nivel de pH es muy fuertemente ácido (5.0), el cual es muy limitante para el crecimiento y desarrollo de la mayoría de cultivos.

El cromatograma muestra un color relativamente bueno pero sin niguna interacción, por lo que es necesario implementar acciones tendientes a reducir los niveles de degradación de este suelo, principalmente reduciendo los problemas de acidez, evitando el uso de fertilizantes químicos sintéticos que la favorecen, así como realizar un plan sistmático de enmiendas; debe procurarse el establecimiento de abonos verdes para la fijación de nitrógeno atmosférico y mantener buenos niveles de materia orgánica; de igual forma promover la incorporación de abonos naturales como composta, bocashi, gallinaza u otro de una forma controlada. Mejorar las condiciones de fertilidad, realizando aplicaciones de harina de rocas u otras que favorezcan los procesos naturales; realizar obras de conservación especialmente cuando los suelos presentan pendientes que favorecen los procesos de erosión; establecer un programa de rotación de cultivos para evitar que se puedan producir desbalances nutricionales.

CENTRO NACIONAL DE TECNOLOGIA
AGROPECUARIA Y FORESTAL
LABORATORIO DE SUELOS
e-mail centa_labsuelos@yahoo.com
Tel. 23020200 Ext.248

CANTON: OCHUPSE ABAJO
MUNICIPIO: SANTA ANA
DEPARTAMENTO: SANTA ANA

No. Laboratorio	Muestra No. 02
Profundidad de la muestra	0-20 cm.
Cultivo que desea fertilizar	CAFÉ
Edad, si es cultivo perenne	15 años
Topografía del terreno	Plano

RESULTADO DEL ANÁLISIS

Textura		FRANCO ARENOSO
PH en agua		5.0 MUY FUERTEMENTE ACIDO
Fósforo	(ppm)	1 MUY BAJO
Potasio	(ppm)	256 MUY ALTO
Zinc	(ppm)	2.43 BAJO
Manganeso	(ppm)	16.56 MUY ALTO
Hierro	(ppm)	5.73 BAJO
Cobre	(ppm)	0.79 BAJO
Materia Orgánica	(%)	9.55 ALTO
Calcio Intercambiable	(Meq/100g)	7.39 ALTO
Magnesio Intercambiable	(Meq/100g)	1.91 BAJO
Potasio Intercambiable	(Meq/100g)	0.66
Sodio Intercambiable	(Meq/100g)	0.11 NO SODICO
Suma de bases intercambiable (Meq/100g)		10.07 MEDIO
Acidez Intercambiable	(Meq/100g)	0.80 MEDIO
CICE	(Meq/100g)	10.87 MEDIO
Saturación de bases	(%)	92.64
Relación Calcio/Magnesio		3.86 MEDIO
Relación Magnesio/Potasio		2.89 MEDIO
Relación Calcio + Magnesio/Potasio		14.09 MEDIO
Relación Calcio/Potasio		11.20 MEDIO

17

RECOMENDACIONES DE FERTILIZACION:

<u>CAFÉ</u>

EDAD	EPOCA	CANTIDAD/ PLANTA	TIPO DE FERTILIZANTE
15 AÑOS	MAYO-JUNIO	4 ONZAS + 4 GRAMOS + 24 GRAMOS + 3 GRAMOS	FORMULA 18-46-0 + SULFATO DE ZINC, $ZnSO_4.7H_2O$+ SULFATO DE HIERRO, $FeSO_4.7H_2O$+ SULFATO DE COBRE, $CuSO_4.5H_2O$
	AGOSTO-SEPTIEMBRE	2.5 ONZAS	UREA

<u>ENCALADO</u>

Aplicar 6 onzas/planta de CAL DOLOMITICA (20% Calcio y 10% Magnesio) distribuido por planta, 1 mes antes de inicio de lluvias.

IMPORTANTE: Después de aplicar Cal Dolomítica, debe de realizarse análisis de suelo, antes de hacer nuevas aplicaciones, es importante hacerlo para conocer como aumentó el pH y si los contenidos de Calcio y Magnesio están balanceados con las cantidades de cal Dolomítica que se han agregado y evitar sobreencalar.

ING. QUIRINO ARGUETA
TECNICO EN FERTILIDAD DE SUELOS

Muestra 3

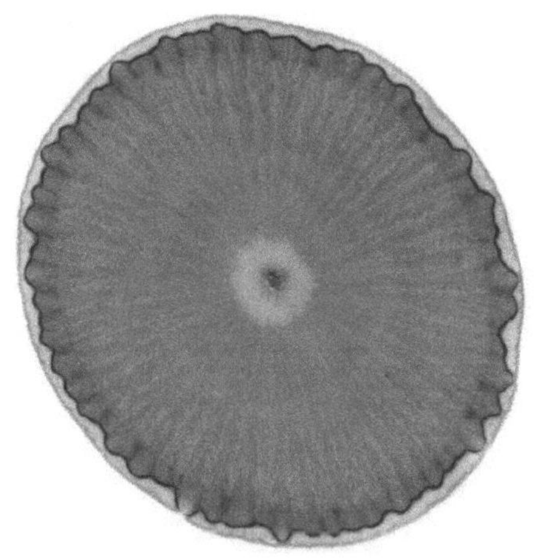

La zona nitrogenada luce desarrollada normalmente. La coloración y la interacción del cromatograma generalmente asociados a problemas de desbalances nutricionales, especialmente por el cinturón oscuro en la zona mineral y luego la marcada raya grisacea que separa la zona proteica de la enzimática; El cromatograma se muestra con tonalidades claras en el centro y oscura en las periferias, lo cual puede ser un indicador de que es necesario ralizar acciones sitemáticas para que este suelo responda a procesos de mejora; El análisis químico de suelos muestra una textura franca arenosa, un nivel medio de materia orgánica (2.70%) y el pH es ligeramente acido (6.2), el cual es adecuado para el crecimiento y desarrollo de la mayoría de cultivos. El cromatograma presenta un contraste de colores y de interacción moderadamente aceptable pero que es factible su recuperación, mediante la implementación de acciones tendientes a reducir los niveles de degradación de este suelo; debe procurarse el establecimiento de abonos verdes para la fijación de nitrógeno atmosférico y mejorar los niveles de materia orgánica, de igual forma promover la incorporación de abonos naturales como composta, bocashi, gallinaza u otro de una forma controlada. Recuperar las condiciones de fertilidad y eliminar en lo posible los desbalances existentes, realizando aplicaciones de harina de rocas u otras que favorezcan los procesos naturales; realizar obras de conservación especialmente cuando los suelos presentan pendientes que favorecen los procesos de erosión; establecer un programa de rotación de cultivos para recuperar los desbalances nutricionales existentes.

19

MUNICIPIO: PUERTO EL TRIUNFO
DEPARTAMENTO: USULUTAN

No. Laboratorio	Muestra No. 03
Profundidad de la muestra	35 cm.
Utilizará riego Si o No	No
Cultivo que desea fertilizar	COCO
Edad si es cultivo perenne	Mas de 50 años
Topografía del terreno	Plana

RESULTADO DEL ANALISIS

Textura	FRANCO ARENOSO
pH en agua	6.2 LIGERAMENTEACIDO
Fósforo (ppm)	1 MUY BAJO
Potasio (ppm)	72 ALTO
Zinc (ppm)	1.41 BAJO
Manganeso (ppm)	6.30 ALTO
Hierro (ppm)	18.17 ALTO
Cobre (ppm)	0.88 BAJO
Materia Orgánica (%)	2.70 MEDIO
Calcio (Meq/100g)	3.81 BAJO
Magnesio (Meq/100g)	0.70 MUY BAJO
Potasio (Meq/100g)	0.18
Sodio (Meq/100g)	0.23 NO SODICO
Suma de Bases (Meq/100g)	4.92 BAJO
Acidez Intercambiale (Meq/100g)	0.0 BAJO
CICE (Meq/100g)	4.92 BAJO
Saturación de Bases (%)	100
Relacion Calcio/Magnesio	5.44 ALTO
Relacion Magnesio/Potasio	3.89 MEDIO
Relacion Calcio+Magnesio/Potasio	25.06 MEDIO
Relacion Calcio/Potasio	21.17 MEDIO

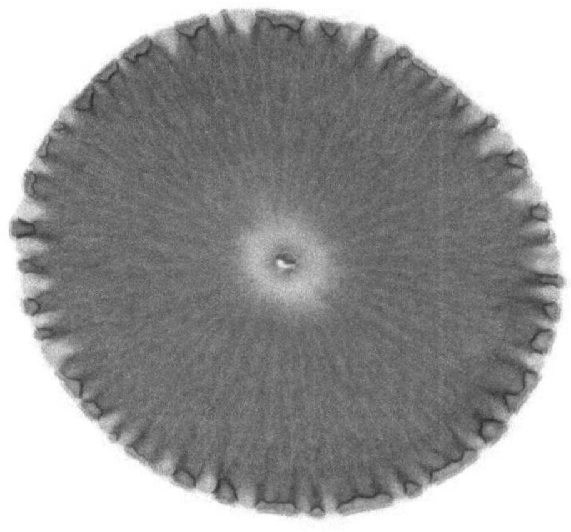

Muestra 4

La zona nitrogenada luce normalmente desarrollada. La coloración del cromatograma generalmente asociado a buenas condiciones de fertilidad con ciertas limitantes, además de presentar una moderadamente aceptable interacción entre sus partes a pesar de la presencia de una franja oscura que separa la zona mineral de la proteica; lo anterior puede ser un indicador que este suelo puede responder positivamente a procesos de mejora; el análisis químico de suelos muestra que la textura es franco arcillo arenoso, el nivel de materia orgánica es alto (4.28%) y el pH es muy fuertemente ácido (5.5), el cual es inadecuado para el crecimiento y desarrollo de muchos cultivos.

El cromatograma muestra un contraste de colores ligeramente aceptables y para potenciar estas condiciones así como su interacción es necesario implementar acciones tendientes a reducir los niveles de degradación del suelo, especialmente en lo relacionado al pH, debe evitarse el uso de fertilizantes químicos sintéticos que favorezcan la acidéz, de igual forma debe implementarse un plan de enmiendas; además debe promoverse el establecimiento de abonos verdes para la fijación de nitrógeno atmosférico y mantener buenos niveles de materia orgánica, de igual forma promover la incorporación de abonos naturales como composta, bocashi, gallinaza u otro de una forma controlada. En general debe procurarse potenciar las condiciones de fertilidad, realizando aplicaciones de harina de rocas u otras que favorezcan los procesos naturales; realizar obras de conservación especialmente cuando los suelos presentan pendientes que favorecen los procesos de erosión; establecer un programa de rotación de cultivos para evitar favorecer desbalances nutricionales.

CENTRO NACIONAL DE TECNOLOGIA
AGROPECUARIA Y FORESTAL
LABORATORIO DE SUELOS
e-mail centa_labsuelos@yahoo.com
Tel. 23020200 Ext.248

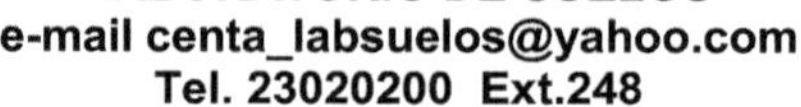

CANTON: IZCAQUILILLO
MUNICIPIO: ATIQUIZAYA
DEPARTAMENTO: AHUACHAPAN

No. Laboratorio	Muestra No. 04
Profundidad de la muestra	20 CM.
Utilizará riego Si o No	Si
Cultivo que desea fertilizar	CEBOLLA, REPOLLO, PEPINO, CHILE Y TOMATE
Topografía del terreno	Plana

RESULTADO DEL ANÁLISIS

Textura	FRANCO ARCILLO ARENOSO
PH en agua	5.5 MUY FUERTEMENTE ACIDO
Fósforo (ppm)	1 MUY BAJO
Potasio (ppm)	203 MUY ALTO
Zinc (ppm)	4.10 ALTO
Manganeso (ppm)	84.27 MUY ALTO
Hierro (ppm)	21.76 MUY ALTO
Cobre (ppm)	7.57 MUY ALTO
Materia Orgánica (%)	4.28 ALTO
Calcio Intercambiable (Meq/100g)	8.90 ALTO
Magnesio Intercambiable (Meq/100g)	5.00 ALTO
Potasio Intercambiable (Meq/100g)	0.52
Sodio Intercambiable (Meq/100g)	0.37 NO SODICO
Suma de bases intercambiable (Meq/100g)	14.79 MEDIO
Acidez Intercambiable (Meq/100g)	0.0 BAJO
CICE (Meq/100g)	14.79 MEDIO
Saturación de bases %	100
Relación Calcio/Magnesio	1.78 BAJO
Relación Magnesio/Potasio	9.62 MEDIO
Relación Calcio + Magnesio/Potasio	26.73 MEDIO
Relación Calcio/Potasio	17.12 MEDIO

RECOMENDACIONES DE FERTILIZACION

1.0 <u>CEBOLLA</u>

1ª. Fertilización: Al transplante:
500 lb/mz de Fórmula 18-46-0

2ª. Fertilización: 50 días después del transplante:
150 lb/mz de Urea +
267 lb/mz de Sulfato de Amonio

2.0 <u>REPOLLO</u>

1ª. Fertilización: Al transplante:
517 lb/mz de Fórmula 18-46-0

2ª. Fertilización: 25 días después del transplante:
500 lb/mz de Sulfato de Amonio

3ª. Fertilización: 45 días después del transplante:
235 lb/mz de Urea

<u>PEPINO:</u>

1ª. Fertilización. A la siembra:
440 lb/mz Fórmula 18-46-0

2ª. Fertilización. 30 Días después de la siembra:
150 lb/mz de Urea +
243 lb/mz de Sulfato de Amonio.

3.0 <u>CHILE:</u>

1ª. Fertilización: Al transplante:
440 lb/mz de formula 18-46-0

2ª. Fertilización: A la floración:
383 lb/mz de Sulfato de Amonio

3ª. Fertilización: durante el desarrollo del fruto:
175 lb/mz de Urea

4ª. Fertilización: después del primer corte:
130 lb/mz de Urea

4.0   <u>TOMATE</u>

1ª. Fertilización: Al transplante:
440 lb/mz de fórmula 18-46-0

2ª. Fertilización: A la floración
359 lb/mz de Sulfato de Amonio.

3ª. Fertilización: Durante el desarrollo del fruto
164 lb/mz de Urea

5.0
<u>ENCALADO</u>

Aplicar 12 qq/mz de CAL DOLOMITICA, distribuido uniformemente al momento de preparar el terreno

IMPORTANTE: Después de aplicar CAL DOLOMITICA, debe de realizarse análisis de suelo, antes de hacer nuevas aplicaciones, es importante hacerlo para conocer como aumentó el pH y si los contenidos de Calcio y Magnesio están balanceados con las cantidades de CAL DOLOMITICA que se han agregado y evitar sobreencalar.

ING. QUIRINO ARGUETA
TECNICO EN FERTILIDAD DE SUELOS

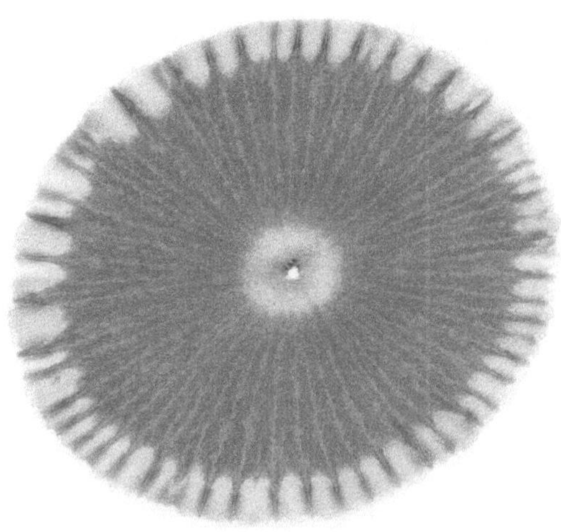

La zona nitrogenada luce normalmente desarrollada. La coloración del cromatograma generalmente asociado a buenas condiciones de fertilidad con ciertas limitantes, además de presentar ligeramente aceptable interacción entre sus partes; lo anterior puede ser un indicador que este suelo puede responder positivamente a procesos de mejora; el análisis químico de suelos muestra textura franco arcillo arenoso, un nivel medio (3.23%) de materia orgánica y el pH es moderadamente ácido (6.0), el cual es adecuado para el crecimiento y desarrollo de muchos cultivos.

El cromatograma presenta un contraste de colores bastante buenos y para potenciar estas condiciones es necesario implementar acciones tendientes a reducir los niveles de degradación del suelo; tales como el establecimiento de abonos verdes para la fijación de nitrógeno atmosférico y mejorar los niveles de materia orgánica, de igual forma promover la incorporación de abonos naturales como composta, bocashi, gallinaza u otro de una forma controlada. En general debe procurarse potenciar las condiciones de fertilidad, realizando aplicaciones de harina de rocas u otras que favorezcan los procesos naturales; realizar obras de conservación especialmente cuando los suelos presentan pendientes que favorecen los procesos de erosión; establecer un programa de rotación de cultivos para evitar favorecer desbalances nutricionales.

CENTRO NACIONAL DE TECNOLOGIA
AGROPECUARIA Y FORESTAL
LABORATORIO DE SUELOS
e-mail centa_labsuelos@yahoo.com
Tel. 23020200 Ext.248

Ministerio de Agricultura
y Ganadería

EL SALVADOR
UNIR, CRECER, INCLUIR

CANTON: MIRAVALLLE
MUNICIPIO: SONSONATE
DEPARTAMENTO: SONSONATE

No. Laboratorio	Muestra No. 05
Profundidad de la muestra	40 cm
Utilizara riego si o no	Si
Cultivo que desea fertilizar	Maíz
Mes en que sembrara	Marzo
Topografía del terreno	Plano

RESULTADO DEL ANALISIS

Textura por Bouyoucos	FRANCO ARCILLO ARENOSO
% Arena	58.24
% Arcilla	27.76
% Limo	14
pH en agua	6.0 MODERADAMENTE ACIDO
Fósforo (ppm)	1 MUY BAJO
Potasio (ppm)	65 ALTO
Zinc (ppm)	2.93 BAJO
Manganeso (ppm)	53.07 MUY ALTO
Hierro (ppm)	40.30 MUY ALTO
Cobre (ppm)	5.41 MUY ALTO
Materia Orgánica (%)	3.23 MEDIO
Calcio (Meq/100g)	9.12 ALTO
Magnesio (Meq/100g)	3.98 ALTO
Potasio (Meq/100g)	0.17
Sodio (Meq/100g)	0.55 NO SODICO
Suma de Bases (Meq/100g)	13.82 MEDIO
Acidez Intercambiale (Meq/100g)	0.0 BAJO
CICE (Meq/100g)	13.82 MEDIO
Saturación de Bases (%)	100.0
Azufre (ppm)	10 BAJO
Relacion Calcio/Magnesio	2.3 MEDIO
Relacion Magnesio/Potasio	23.41 ALTO
Relacion Calcio+Magnesio/Potasio	77.1 ALTO
Relacion Calcio/Potasio	53.65 ALTO

<h1 style="text-align:center">Muestra 6</h1>

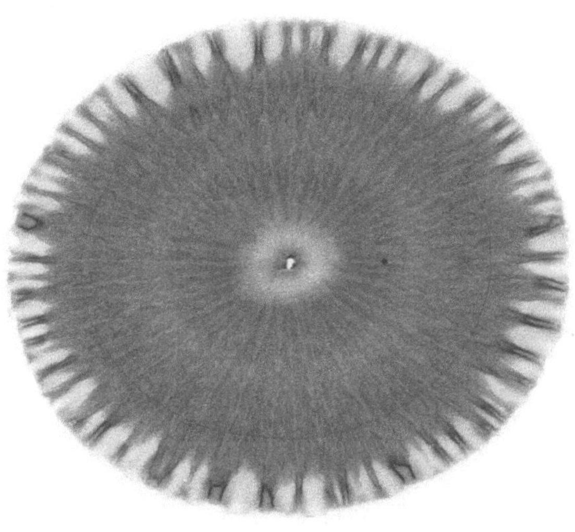

La zona nitrogenada luce normalmente desarrolada. La coloración del cromatograma generalmente asociado a ligeramente buenas condiciones de fertilidad con ciertas limitantes, además de presentar una ligeramente aceptable interacción entre sus partes a pesar de la presencia de un leve anillo oscuro en la zona proteica; lo anterior puede ser un indicador que este suelo puede responder positivamente a procesos de mejora; el análisis químico de suelos muestra una textura franca, nivel de materia orgánica (8.72%) alto y el pH es moderadamente alcalino (7.4), el cual es adecuado para el crecimiento y desarrollo de muchos cultivos.

El cromatograma muestra un contraste de colores bastante buenos y para potenciar estas condiciones es necesario implementar acciones tendientes a reducir los niveles de degradación del suelo, estableciendo de abonos verdes para la fijación de nitrógeno atmosférico y mantener buenos niveles de materia orgánica, de igual forma promover la incorporación de abonos naturales como composta, bocashi, gallinaza u otro de una forma controlada. En general debe procurarse potenciar las condiciones de fertilidad, realizando aplicaciones de harina de rocas u otras que favorezcan los procesos naturales; realizar obras de conservación especialmente cuando los suelos presentan pendientes que favorecen la erosión y establecer un programa de rotación de cultivos para evitar que existan desbalances nutricionales.

MUNICIPIO: SAN ALEJO	
DEPARTAMENTO: LA UNION	

No. Laboratorio	Muestra No. 06
Profundidad de la muestra	15 cm
Utilizará riego Si o No	Sí
Cultivo que desea fertilizar	GRAMA, ÁRBOLES ORNAMENTALES, ÁRBOLES FORESTALES
Mes en que sembrará	Febrero

RESULTADO DEL ANÁLISIS

Textura	FRANCO ARENOSO
PH en agua	7.4 MODERADAMENTE ALCALINO
Fósforo (ppm)	452 MUY ALTO
Potasio (ppm)	763 MUY ALTO
Zinc (ppm)	8.09 MUY ALTO
Manganeso (ppm)	54.93 MUY ALTO
Hierro (ppm)	8.01 BAJO
Cobre (ppm)	0.47 BAJO
Materia Orgánica (%)	8.72 ALTO
Calcio Intercambiable (Meq/100g)	13.10 ALTO
Magnesio Intercambiable (Meq/100g)	4.05 ALTO
Potasio Intercambiable (Meq/100g)	1.96
Sodio Intercambiable (Meq/100g)	0.47 NO SODICO
Suma de bases intercambiable (Meq/100g)	19.58 MEDIO
Acidez Intercambiable (Meq/100g)	0.0 BAJO
CICE (Meq/100g)	19.58 MEDIO
Saturación de bases %	100.0
Relación Calcio/Magnesio	3.23 MEDIO
Relación Magnesio/Potasio	2.1 BAJO
Relación Calcio + Magnesio/Potasio	8.75 BAJO
Relación Calcio/Potasio	6.7 MEDIO

RECOMENDACIONES DE FERTILIZACION

CULTIVO: GRAMA

1ª. Fertilización: 15 días después de Siembra:
180 lb/mz de Sulfato de amonio +
55 lb/mz de Sulfato de Hierro, $FeSO_4.7H_2O$+
27 lb/mz de Sulfato de Cobre, $CuSO_4.5H_2O$ +
110 lb/mz de Magnesita (3% Calcio y 21% Magnesio)

2ª. Fertilización: 3 meses después de Siembra:
180 lb/mz de Sulfato de Amonio

3ª. Fertilización: 6 meses después de Siembra:
84 lb/mz de Urea

4ª. Fertilización: 9 meses después de Siembra:
84 lb/mz de Urea

CULTIVO: ORNAMENTAL

1ª. Fertilización: 15 días después del Transplante:
150 lb/mz de Sulfato de Amonio +
55 lb/mz de Sulfato de Hierro, $FeSO_4.7H_2O$+
27 lb/mz de Sulfato de Cobre, $CuSO_4.5H_2O$ +
110 lb/mz de Magnesita (3% Calcio y 21% Magnesio)

2ª. Fertilización: 3 meses después del Transplante:
150 lb/mz de Sulfato de Amonio

3ª. Fertilización: 6 meses después del Transplante:
65 lb/mz de Urea

4ª. Fertilización: 9 meses después del Transplante:
65 lb/mz de Urea

<u>**CULTIVO: FORESTAL**</u>

1ª. Fertilización: 15 días después del Transplante:
180 lb/mz de Sulfato de Amonio +
55 lb/mz de Sulfato de Hierro, $FeSO_4.7H_2O$+
27 lb/mz de Sulfato de Cobre, $CuSO_4.5H_2O$ +
110 lb/mz de Magnesita (3% Calcio y 21% Magnesio)

2ª. Fertilización: 4 meses después del Transplante:
80 lb/mz de Urea

3ª. Fertilización: 8 meses después del Transplante:
80 lb/mz de Urea

ING. QUIRINO ARGUETA
TECNICO EN FERTILIDAD DE SUELOS

La zona nitrogenada luce bastante desarrollada. La coloración del cromatograma generalmente asociado a un nivel de fertilidad aceptable (bueno) aunque con limitantes, muestra una coloración no deserable y la interacción entre cada una de sus partes ligeramente aceptable, presenta ciertas coloracioncs claras; todo lo anterior pueden ser un indicadores que es posible que este suelo

responda a procesos de mejora que puedan promoverse; el análisis químico de suelos presenta textura franca, un nivel alto de materia orgánica (9.77%), por lo que debe mantenerse dicha situación, el pH es moderadamente alcalino (7.5), el cual es bastante favorable para el crecimiento y desarrollo de muchos cultivos.

Debe procurarse el establecimiento de abonos verdes para la fijación de nitrógeno atmosférico y mantener buenos niveles de materia orgánica, de igual forma promover la incorporación de abonos naturales como composta, bocashi, gallinaza u otro de una forma controlada.

En general debe procurarse incentivar las condiciones de fertilidad que presenta este suelo posiblementa realizando aplicaciones de harina de rocas u otras que favorezcan los procesos naturales; realizar obras de conservación especialmente cuando los suelos tengan pendientes que favorecen los procesos de erosión y establecer un programa de rotación de cultivos para evitar desbalances nutricionales.

CENTRO NACIONAL DE TECNOLOGIA
AGROPECUARIA Y FORESTAL
LABORATORIO DE SUELOS
e-mail centa_labsuelos@yahoo.com
Tel. 23020200 Ext.248

MUNICIPIO: ULUAZAPA
DEPARTAMENTO: SAN MIGUEL

No. Laboratorio	Muestra No. 07
Profundidad de la muestra	15 cm
Utilizará riego Si o No	Sí
Cultivo que desea fertilizar	Grama, árboles ornamentales, árboles forestales
Mes en que sembrará	Febrero

RESULTADO DEL ANÁLISIS

Textura	FRANCO
PH en agua	7.5 MODERADAMENTE ALCALINO
Fósforo (ppm)	456 MUY ALTO
Potasio (ppm)	1058 MUY ALTO
Zinc (ppm)	1.09 BAJO
Manganeso (ppm)	8.94 ALTO
Hierro (ppm)	5.77 BAJO
Cobre (ppm)	0.51 BAJO
Materia Orgánica (%)	9.77 ALTO
Calcio Intercambiable (Meq/100g)	24.20 ALTO
Magnesio Intercambiable (Meq/100g)	6.73 ALTO
Potasio Intercambiable (Meq/100g)	2.71
Sodio Intercambiable (Meq/100g)	0.53 NO SODICO
Suma de bases intercambiable (Meq/100g)	34.17 MEDIO
Acidez Intercambiable (Meq/100g)	0.0 BAJO
CICE (Meq/100g)	34.17 MEDIO
Saturación de bases %	100.0
Relación Calcio/Magnesio	3.6 MEDIO
Relación Magnesio/Potasio	2.5 MEDIO
Relación Calcio + Magnesio/Potasio	11.4 MEDIO
Relación Calcio/Potasio	8.93 MEDIO

RECOMENDACIONES DE FERTILIZACION

CULTIVO: GRAMA
1ª. Fertilización: 15 días después de Siembra:
180 lb/mz de Sulfato de amonio +
46 lb/mz de Sulfato de Zinc, $ZnSO_4.7H_2O$ +
157 lb/mz de Sulfato de Hierro, $FeSO_4.7H_2O$+
19 lb/mz de Sulfato de Cobre, $CuSO_4.7H_2O$

2ª. Fertilización: 3 meses después de Siembra:
180 lb/mz de Sulfato de Amonio

3ª. Fertilización: 6 meses después de Siembra:
84 lb/mz de Urea

4ª. Fertilización: 9 meses después de Siembra:
84 lb/mz de Urea

CULTIVO: ORNAMENTAL
1ª. Fertilización: 15 días después del Transplante:
150 lb/mz de Sulfato de Amonio +
157 lb/mz de Sulfato de Hierro, $FeSO_4.7H_2O$+
19 lb/mz de Sulfato de Cobre, $CuSO_4.5H_2O$

2ª. Fertilización: 3 meses después del Transplante:
150 lb/mz de Sulfato de Amonio

3ª. Fertilización: 6 meses después del Transplante:
65 lb/mz de Urea

4ª. Fertilización: 9 meses después del Transplante: 65 lb/mz de Urea

CULTIVO: FORESTAL
1ª. Fertilización: 15 días después del Transplante:
180 lb/mz de Sulfato de Amonio +
157 lb/mz de Sulfato de Hierro, $FeSO_4.7H_2O$+
19 lb/mz de Sulfato de Cobre, $CuSO_4.5H_2O$

2ª. Fertilización: 4 meses después del Transplante: 80 lb/mz de Urea

3ª. Fertilización: 8 meses después del Transplante: 80 lb/mz de Urea

ING. QUIRINO ARGUETA
TECNICO EN FERTILIDAD DE SUELOS

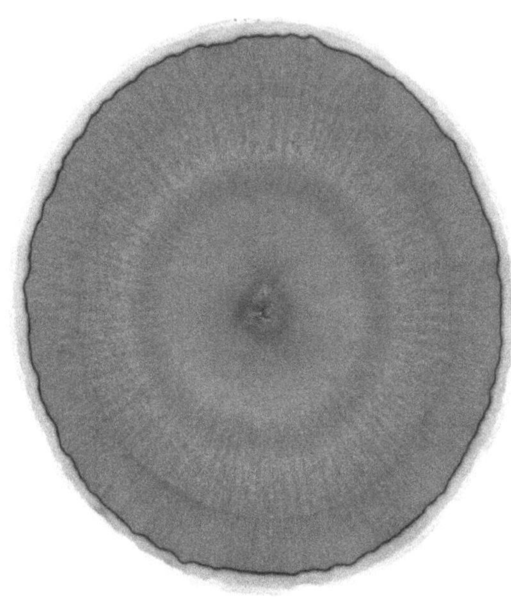

La zona nitrogenada luce casi nula. La coloración del cromatograma generalmente asociado a problemas de fertilidad generalmente asociados a sobrelaboreo, el cromatograma se muestra con tonalidades oscuras en contraste con diferentes colores mas claros, amarillentos, verdosos, lo cual puede ser un indicador de que es necesario ralizar acciones sitemáticas para que este suelo responda a procesos de mejora. El análisis químico de suelos muestra textura franco arenosa, un nivel bajo de materia orgánica (0.14%), por lo que debe promoverse dicha propiedad y el pH es ligeramente acido (6.2), siendo muy adecuado para el crecimiento y desarrollo de la mayoría de cultivos.El cromatograma muestra un contraste de colores poco satisfactorios por el predominio de colores oscuros por lo cual es necesario implementar acciones tendientes a reducir los niveles de degradación de este suelo; debe procurarse el establecimiento de abonos verdes para la fijación de nitrógeno atmosférico y mejorar los niveles de materia orgánica, de igual forma promover la incorporación de abonos naturales como composta, bocashi, gallinaza u otro de una forma controlada. Balancear la fertilidad que presenta este suelo realizando aplicaciones de harina de rocas u otras que favorezcan los procesos naturales; realizar obras de conservación especialmente cuando los suelos presentan pendientes que favorecen los procesos de erosión; establecer un programa de rotación de cultivos para recuperar las deficiencias nutricionales existentes, además debido al bajo nivel de mateia orgánica, es prudente ordenar los cultivos dentro del terreno de tal forma que se puedan realizar temporadas de barbecho a fin de promover los procesos naturales de recuperación.

CANTON: MIRALEMPA
MUNICIPIO: SAN VICENTE
DEPARTAMENTO: SAN VICENTE

No. Laboratorio	Muestra No. 08
Profundidad de muestra	30 cm
Utilizará riego Si o No	Si
Area representada/muestra(mz)	0.5
Cultivo que desea fertilizar	TOMATE, CHILE

RESULTADO DEL ANÁLISIS

Textura	FRANCO ARENOSO
PH en agua	6.2 LIGERAMENTE ACIDO
Fósforo (ppm)	137 MUY ALTO
Potasio (ppm)	167 ALTO
Zinc (ppm)	2.64 BAJO
Manganeso (ppm)	12.45 MUY ALTO
Hierro (ppm)	29.34 MUY ALTO
Cobre (ppm)	1.09 ALTO
Materia Orgánica (%)	0.14 BAJO
Calcio Intercambiable (Meq/100g)	11.06 ALTO
Magnesio Intercambiable (Meq/100g)	3.54 ALTO
Potasio Intercambiable (Meq/100g)	0.43
Sodio Intercambiable (Meq/100g)	0.32 NO SODICO
Suma de bases intercambiable (Meq/100g)	15.35 MEDIO
Acidez Intercambiable (Meq/100g)	0.0 BAJO
CICE (Meq/100g)	15.35 MEDIO
Saturación de bases %	100
Relación Calcio/Magnesio	3.12 MEDIO
Relación Magnesio/Potasio	8.23 MEDIO
Relación Calcio + Magnesio/Potasio	33.95 MEDIO
Relación Calcio/Potasio	25.72 ALTO

RECOMENDACIONES DE FERTILIZACION

6.0   CULTIVO: TOMATE

1ª. Fertilización: 8 Días después del transplante:
329 lb/mz de Sulfato de Amonio +
26 lb/mz de Sulfato de Zinc, $ZnSO_4.7H_2O$

2ª. Fertilización: A la floración
383 lb/mz de Sulfato de Amonio

3ª. Fertilización: Durante el desarrollo del fruto
175 lb/mz de Urea

7.0   CULTIVO: CHILE

1ª. Fertilización: 8 Días después del transplante:
300 lb/mz de Sulfato de Amonio +
26 lb/mz de Sulfato de Zinc, $ZnSO_4.7H_2O$

2ª. Fertilización: A la floración:
429 lb/mz de Sulfato de Amonio

3ª. Fertilización: Durante el desarrollo del fruto:
195 lb/mz de Urea

4ª. Fertilización: Después del primer corte:
125 lb/mz de Urea

NOTA: Aplicar 2 LIBRAS/PLANTA de Materia orgánica bien descompuesta al momento de la siembra.

ING. QUIRINO ARGUETA
TECNICO EN FERTILIDAD DE SUELOS

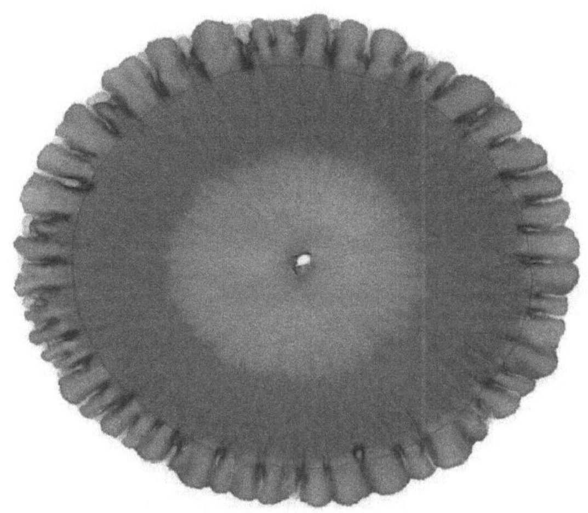

La zona nitrogenada luce bastante amplia. La coloración del cromatograma es moderadamente aceptable, generalmente asociado a un nivel de fertilidad concierto nivel de deterioro, en general el cromatograma muestra buena apariencia en el contraste de colores y la interacción entre cada una de sus partes es ligeramente aceptable, lo cual puede ser un indicador que es posible que responda a procesos de mejora que puedan promoverse. El análisis químico ded suelos muestra textura franco arenosa, además de un nivel alto de materia orgánica (7.56%), por lo que debe cultivarse dicha situación, el pH muy fuertemente acido (5.0), es muy limitante para el crecimiento y desarrollo de la mayoría de cultivos.

Es necesario implementar acciones tendientes a reducir los riesgos de degradación de este suelo, dando especial atención a los problemas de acidéz evitando aplicar productos químicos sintéticos que favorecen este proceso y realizar acciones controladas de enmiendas que permita mejorar el pH acorde a las necesidades de los cultivos; debe procurarse el establecimiento de abonos verdes para la fijación de nitrógeno atmosférico y mantener buenos niveles de materia orgánica, de igual forma promover la incorporación de abonos naturales como compostas, bocashi, gallinaza u otro de una forma controlada. Incentivar las condiciones de fertilidad que presenta este suelo, realizando aplicaciones de harina de rocas u otras que favorezcan los procesos naturales; realizar obras de conservación especialmente cuando los suelos presentan pendientes que favorecen los procesos de erosión y establecer un programa de rotación de cultivos para evitar desbalances nutricionales.

CENTRO NACIONAL DE TECNOLOGIA
AGROPECUARIA Y FORESTAL
LABORATORIO DE SUELOS
e-mail centa_labsuelos@yahoo.com
Tel. 23020200 Ext.248

MUNICIPIO: SANTA ANA
DEPARTAMENTO: SANTA ANA

No. Laboratorio	Muestra No. 09
Profundidad de la muestra	20 cm
Cultivo que desea fertilizar	Café
Edad si es cultivo perenne	30 años
Topografía del terreno	Semiplano

RESULTADO DEL ANALISIS

Textura	FRANCO ARENOSO
pH en agua	5.0 MUY FUERTEMENTE ACIDO
Fósforo (ppm)	34 MUY ALTO
Potasio (ppm)	218 MUY ALTO
Zinc (ppm)	2.38 BAJO
Manganeso (ppm)	2.79 BAJO
Hierro (ppm)	22.91 ALTO
Cobre (ppm)	1.38 ALTO
Materia Orgánica (%)	7.56 ALTO
Calcio (Meq/100g)	2.85 BAJO
Magnesio (Meq/100g)	0.59 MUY BAJO
Potasio (Meq/100g)	0.56
Acidez Intercambiable (Meq/100g)	1.81 ALTO
Relación Calcio/Magnesio	4.83 MEDIO
Relación Magnesio/Potasio	1.05 BAJO
Relación Calcio+Magnesio/Potasio	6.14 BAJO
Relación Calcio/Potasio	5.09 MEDIO

RECOMENDACIONES DE FERTILIZACION

8.0   CULTIVO: CAFÉ (Población 2800 plantas/manzana)

EDAD	EPOCA	CANTIDAD POR PLANTA	TIPO DE FERTILIZANTE
30 AÑOS	**MAYO – JUNIO**	5 ONZAS + 5 GRAMOS + 9 GRAMOS + 4 ONZAS	SULFATO DE AMONIO + SULFATO DE ZINC, $ZnSO_4.7H_2O$ + SULFATO DE MANGANESO, $MnSO_4.3H_2O$ + SUL-PO-MAG
	SEPTIEMBRE – OCTUBRE	2.5 ONZAS	UREA

<u>**ENCALADO**</u>

Aplicar 6 onzas/planta de Cal Dolomítica (20% Calcio y 10% Magnesio), distribuido un mes antes de inicio de las lluvias.

IMPORTANTE: Después de aplicar Cal Dolomítica, debe de realizarse análisis de suelo, antes de hacer nuevas aplicaciones, es importante hacerlo para conocer como aumentó el pH y si los contenidos de Calcio y Magnesio están balanceados con las cantidades de Cal Dolomítica que se han agregado y evitar sobreencalar.

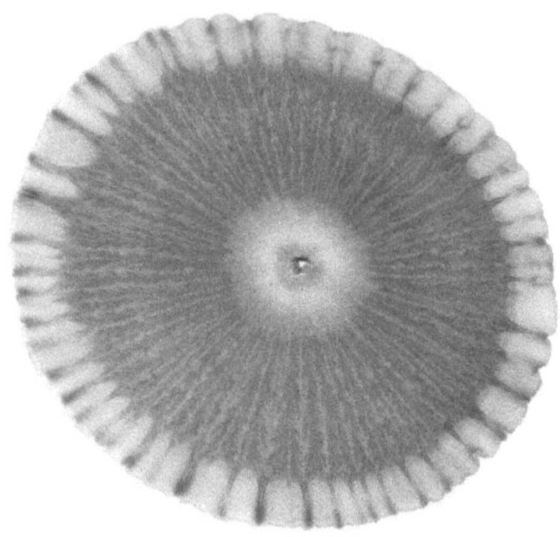

La zona nitrogenada luce un bastante desarrollada. La coloración del cromatograma es moderadamente aceptable, generalmente asociado a un buen nivel de fertilidad, muestra bastante balance en cuanto a la distribución de colores e interacción entre cada una de sus zonas, lo cual puede ser un indicador que puede responder a procesos de recuperación que puedan promoverse; el análisis químico de suelos muestra textura franco arenosa, un nivel alto de materia orgánica (5.44%), por lo que debe cultivarse dicha situación, el pH es medianamente alcalino (7.9), el cual es adecuado para el crecimiento y desarrollo de muchas especies.

Debido a que la apariencia en el contraste de colores y la interacción entre cada una de sus partes puede ser mejorada, debe potenciarse mediante el establecimiento de abonos verdes para la fijación de nitrógeno atmosférico y mantener buenos niveles de materia orgánica, de igual forma promover la incorporación de abonos naturales como compostas, bocashi, gallinaza u otro de una forma controlada. En general debe procurarse incentivar las condiciones de fertilidad que presenta este suelo, realizando aplicaciones de harina de rocas u otras que favorezcan los procesos naturales; realizar obras de conservación especialmente cuando los suelos presentan pendientes que favorecen los procesos de erosión y establecer un programa de rotación de cultivos para evitar desbalances nutricionales.

CENTRO NACIONAL DE TECNOLOGIA
AGROPECUARIA Y FORESTAL
LABORATORIO DE SUELOS
e-mail centa_labsuelos@yahoo.com
Tel. 23020200 Ext.248

NUNICIPIO: SAN MIGUEL
DEPARTAMENTO: SAN MIGUEL

No. Laboratorio	Muestra No. 10
Cultivo que desea fertilizar	GRAMA
Topografía del terreno	Plana

RESULTADO DEL ANALISIS

Textura	FRANCO ARENOSO
pH en agua	7.9 MEDIANAMENTE ALCALINO
Fósforo (ppm)	453 MUY ALTO
Potasio (ppm)	710 MUY ALTO
Zinc (ppm)	8.08 MUY ALTO
Manganeso (ppm)	69.12 MUY ALTO
Hierro (ppm)	7.0 BAJO
Cobre (ppm)	0.88 BAJO
Materia Orgánica (%)	5.44 ALTO
Calcio (Meq/100g)	10.60 ALTO
Magnesio (Meq/100g)	3.60 ALTO
Potasio (Meq/100g)	1.82
Sodio (Meq/100g)	0.34 NO SODICO
Suma de Bases (Meq/100g)	16.36 MEDIO
Acidez Intercambiable (Meq/100g)	0.0 BAJO
CICE (Meq/100g)	16.36 MEDIO
Saturación de Bases	100.0
Relación Calcio/Magnesio	2.94 MEDIO
Relación Magnesio/Potasio	1.98 BAJO
Relación Calcio+Magnesio/Potasio	7.80 BAJO
Relación Calcio/Potasio	5.82 MEDIO

RECOMENDACIONES DE FERTILIZACION

CULTIVO: GRAMA

EPOCA	CANTIDAD POR MANZANA	TIPO DE FERTILIZANTE
25 días después de siembra	220 Libras + 161 Libras + 16 Libras	Sulfato de Amonio + Sulfato de Hierro, $FeSO_4.7H_2O$ + Sulfato de Cobre, $CuSO_4.5H_2O$
2 meses después de siembra	220 Libras	Sulfato de Amonio
3 meses después de siembra	100 Libras	Urea
4 meses después de siembra	220 Libras	Sulfato de Amonio
5 meses después de siembra	100 Libras	Urea
6 meses después de siembra	220 Libras	Sulfato de Amonio
7 meses después de siembra	100 Libras	Urea
8 meses después de siembra	220 Libras	Sulfato de Amonio

NOTA: Aplicar 17 qq/mz de Magnesita (3% Calcio y 21% Magnesio) distribuido uniformemente en el terreno, lo mas pronto posible.

ING. QUIRINO ARGUETA
TECNICO EN FERTILIDAD DE SUELOS

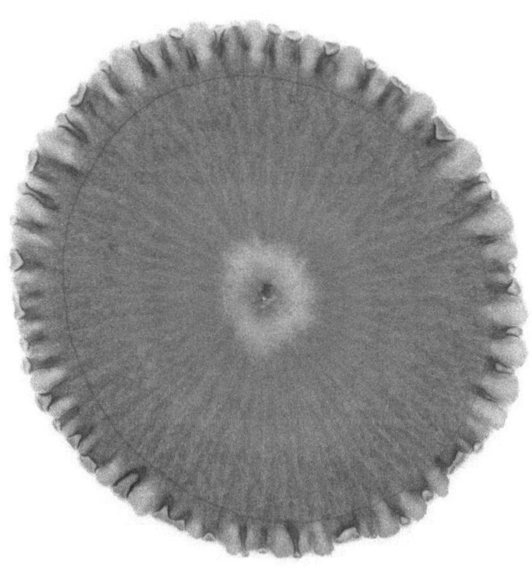

Muestra 11

La zona nitrogenada luce normalmente desarrollada. La coloración del cromatograma generalmente asociado a un nivel de fertilidad ligeramente bueno; en cuanto a la distribución de colores e interacción entra cada una de sus zonas se considera como moderadamente aceptable, lo cual puede ser un indicador que puede responder a procesos de recuperación que puedan promoverse; externamente a la zona proteica presenta una línea negra. El análisis químico de suelos presenta una textura arcillo arenoso, un nivel alto de materia orgánica (4.31%), por lo que debe cultivarse dicha situación, el pH es fuertemente ácido (5.3), el cual presenta limitantes para el crecimiento y desarrollo de muchas especies.

El cromatograma muestra cierto contraste de colores y la interacción entre cada una de sus partes por lo que deben contrarrestarse los problemas de acidéz, evitando la aplicación de productos químicos sintéticos que la favorecen, así como establecer un plan controlado de enmiendas a fin de mejorar la acidéz acorde a los cultivos a esablecer, además deben establecerse abonos verdes para la fijación de nitrógeno atmosférico y mantener buenos niveles de materia orgánica, de igual forma promover la incorporación de abonos naturales como composta, bocashi, gallinaza u otro de una forma controlada. En general debe procurarse incentivar las condiciones de fertilidad que presenta este suelo, realizando aplicaciones de harina de rocas u otras que favorezcan los procesos naturales; realizar obras de conservación especialmente cuando los suelos presentan pendientes que favorecen los procesos de erosión y establecer un programa de rotación de cultivos para evitar desbalances nutricionales.

CANTON:San Miguel Ingenios
MUNICIPIO:Metapan
DEPARTAMENTO: Santa Ana

No. Laboratorio	Muestra No. 11
Profundidad muestra	25 centimetros
Utilizara Riego Si o No	No
Area representada por la muestra (mz)	0.4 mz
Cultivo que desea fertilizar	Tomate y cebolla
Mes en que sembrara	Febrero
Topografía del terreno	Semi Plano

RESULTADO DEL ANÁLISIS

Textura	ARCILLO ARENOSO
PH en agua	5.3 FUERTEMENTE ACIDO
Fósforo (ppm)	37 MUY ALTO
Potasio (ppm)	249 MUY ALTO
Zinc (ppm)	1.63 BAJO
Manganeso (ppm)	16.68 MUY ALTO
Hierro (ppm)	16.69 ALTO
Cobre (ppm)	0.24 BAJO
Materia Orgánica (%)	4.31 ALTO
Calcio Intercambiable (Meq/100g)	5.76 MUY ALTO
Magnesio Intercambiable (Meq/100g)	1.39 BAJO
Potasio Intercambiable (Meq/100g)	0.64
Sodio Intercambiable (Meq/100g)	0.16 NO SODICO
Suma de bases intercambiable (Meq/100g)	7.95 MEDIO
Acidez Intercambiable (Meq/100g)	1.12 MEDIO
CICE (Meq/100g)	9.07 MEDIO
Saturación de bases %	87.65
Relación Calcio/Magnesio	4.14 MEDIO
Relación Magnesio/Potasio	2.17 MEDIO
Relación Calcio + Magnesio/Potasio	11.17 MEDIO
Relación Calcio/Potasio	9.0 MEDIO

RECOMENTACIONES DE FERTILIZACION

TOMATE

Numero de ferilizaciones	Momento de aplicaión	Clase de fertilizante	Dosis/mz (libras)
Primera	8 dias después del trasplante	Nitrato de amonio calcareo	265
		Zn So4. 7 H2O	39
		Cu So4 5 H2O	22
Segunda	A la floración	Sultato de amonio	383
Tercera	Después de la floración	Urea	175

ENCALADO PARA TOMATE

Aplicar siete quintales por manzana de cal dolomítica (20% Ca y 10% mg) distribuido por planta al momento del trasplante.

CEBOLLA

Numero de ferilizaciones	Momento de aplicaión	Clase de fertilizante	Dosis/mz (libras)
Primera	8 dias después del trasplante	Nitrato de amonio calcareo	330
		Zn So4. 7 H2O	39
		Cu So4 5 H2O	22
Segunda	50 dias del trasplante	Urea	150
	Después de la floración	Sulfato de amonio	285

ENCALADO PARA CEBOLLA

Aplicar siete quintales por manzana de cal dolomítica (20% Ca y 10% mg) distribuido en las cams de siembra al momento de preparar el terreno.

Muestra 12

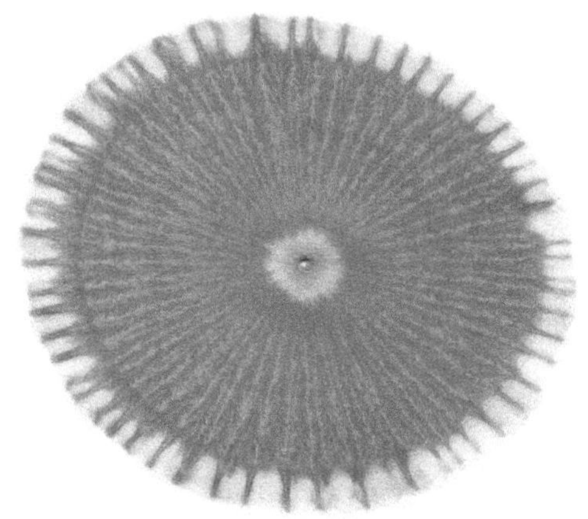

La zona nitrogenada luce normalmente desarrollada. La coloración del cromatograma generalmente asociado a un nivel de fertilidad con cierto nivel de deterioro; con un contraste de colores ligeramente; aceptable; la interacción entre las diferentes zonas es moderadamente aceptable. En la unión entre la parte proteica y enzimática se han formado una especie de rayos los cuales son unidos por un color crema; todo lo anterior muestra que este suelo puede responder positivamente a procesos de mejora. El análisis químico de suelso presenta textura arcillosa, un nivel medio de materia orgánica (3.34%) y el pH es ligeramente ácido (6.3), el cual es adecuado para el desarrollo de la mayoría de cultivos.

Es necesario implementar acciones tendientes a reducir los riesgos de degradación de este suelo; debe procurarse el establecimiento de abonos verdes para la fijación de nitrógeno atmosférico, de igual forma promover acciones como la incorporación de abonos naturales como composta, bocashi, gallinaza u otro de una forma controlada, que mejoren los niveles de materia orgánica. En general deben potenciarse las condiciones de fertilidad que presenta este suelo realizando aplicaciones de harina de rocas u otras acciones que favorezcan los procesos naturales. Realizar obras de conservación especialmente cuando los suelos presentan pendientes que favorecen los procesos de erosión y establecer un programa de rotación de cultivos para evitar desbalances nutricionales.

**CANTON: SAN MIGUEL
MUNICIPIO: TEXISTEPEQUE
DEPARTAMENTO: SANTA ANA**

No. Laboratorio	Muestra No. 12
Utilizara Riego Si o No	No
Area representada por la muestra (mz)	3 mz
Cultivo que desea fertilizar	YUCA
Mes en que sembrara	Mayo
Topografía del terreno	Plano

RESULTADO DEL ANALISIS

Textura	ARCILLO ARENOSO
pH en agua	6.3 LIGERAMENTE ACIDO
Fósforo (ppm)	59 MUY ALTO
Potasio (ppm)	102 ALTO
Zinc (ppm)	1.26 BAJO
Materia Orgánica (%)	3.34 MEDIO
Calcio (Meq/100g)	26.44 ALTO
Magnesio (Meq/100g)	6.44 ALTO
Potasio (Meq/100g)	0.26
Relacion Calcio/Magnesio	4.11 MEDIO
Relacion Magnesio/Potasio	24.77 ALTO
Relacion Calcio+Magnesio/Potasio	126.46 ALTO
Relacion Calcio/Potasio	101.69 ALTO

**RECOMENDACIONES DE FERTILIZACION
<u>CULTIVO: YUCA</u>**
1ª. Fertilización: 30 días después de Germinado:
    250 lb/mz de Sulfato de Amonio +
    250 lb/mz de Sul-po-mag +
    44 lb/mz de Sulfato de Zinc, $ZnSO_4.7H_2O$

2ª. Fertilización: 60 días después de Germinado
    163 lb/mz de Urea

**ING. QUIRINO ARGUETA
TECNICO EN FERTILIDAD DE SUELOS**

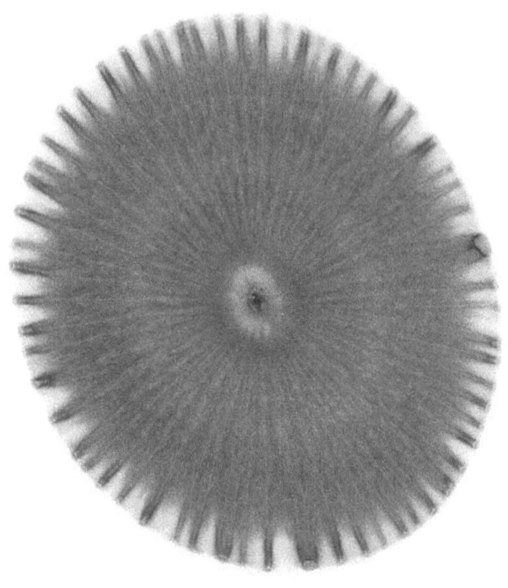

Muestra 13

La zona nitrogenada luce poco desarrollada. El cromatograma se muestra bastante balanceado en cuanto a la distribución de colores e interacción entra cada una de sus zonas, lo cual muestra que es factible obtener una respuesta positiva en los procesos de mejora. Se observa además una raya gris oscuro, muy fina que separa la zona mineral de la proteica así como un círcilo con predominancia de colores oscuros que rodea la zona nitrogenada. La coloración del cromatograma generalmente asociado a un nivel ligeramente bueno de fertilidad; el análisis químico de suelos presenta textura arcillosa, un nivel alto de materia orgánica (4.86%), el pH es neutro (6.7) y es adecuado para el crecimiento y desarrollo de la mayoría de cultivos.

Es necesario implementar acciones tendientes a reducir los riesgos de degradación de este suelo; debe procurarse el establecimiento de abonos verdes para la fijación de nitrógeno atmosférico, de igual forma promover la incorporación de abonos naturales como composta, bocashi, gallinaza u otro de una forma controlada para seguir mejorando los niveles de materia orgánica del suelo. En general debe procurarse potenciar las condiciones de fertilidad que presenta este suelo posiblementa realizando aplicaciones de harina de rocas u otras que favorezcan los procesos naturales.

Realizar obras de conservación especialmente cuando los suelos presentan pendientes que favorecen los procesos de erosión y establecer un programa de rotación de cultivos para evitar desbalances nutricionales.

CENTRO NACIONAL DE TECNOLOGIA
AGROPECUARIA Y FORESTAL
LABORATORIO DE SUELOS
e-mail centa_labsuelos@yahoo.com
Tel. 23020200 Ext.248

CANTON: EL FLOR
MUNICIPIO: SONSONATE
DEPARTAMENTO: SONSONATE

No. Laboratorio	Muestra No.13
Utilizará riego Si o No	Si
Cultivo que desea fertilizar	Platano
Topografía del terreno	Semi plana

RESULTADO DEL ANALISIS

Textura	ARCILLA
pH en agua	6.7 NEUTRO
Fósforo (ppm)	2 MUY BAJO
Potasio (ppm)	61 ALTO
Zinc (ppm)	1.89 BAJO
Manganeso (ppm)	45.42 MUY ALTO
Hierro (ppm)	15.40 ALTO
Cobre (ppm)	1.72 ALTO
Materia Orgánica (%)	4.86 ALTO
Calcio (Meq/100g)	14.95 MUY ALTO
Magnesio (Meq/100g)	6.34 ALTO
Potasio (Meq/100g)	0.16
Sodio (Meq/100g)	1.43 NO SODICO
Suma de Bases (Meq/100g)	22.88 MEDIO
Acidez Intercambiale (Meq/100g)	0.0 BAJO
CICE (Meq/100g)	22.88 MEDIO
Saturación de Bases (%)	100.0
Relacion Calcio/Magnesio	2.36 MEDIO
Relacion Magnesio/Potasio	39.63 ALTO
Relacion Calcio+Magnesio/Potasio	133.06 ALTO
Relacion Calcio/Potasio	93.44 ALTO

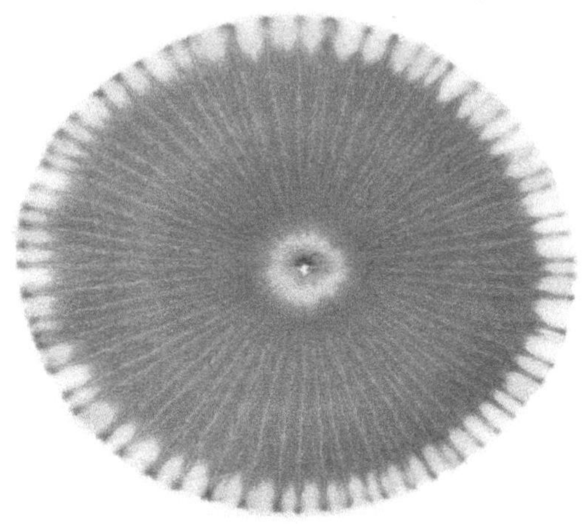

Muestra 14

La zona nitrogenada luce normalmente desarrollada. La coloración del cromatograma generalmente asociado a niveles aceptables de fertilidad (Bueno); muestra una interacción moderadamente aceptable entre cada una de sus zonas, aunque se observa colores bastante oscuros en las proximidades a la zona nitrogenada; todo lo anterior es un indicador que en este suelo puede ser factible su respuesta a los procesos de mejora. El análisis químico de suelos muestra textura arcillosa, un nivel medio de materia orgánica (2.59%); el pH es ligeramente ácido (6.2), el cual es adecuado para el crecimiento y desarrollo de la mayoría de cultivos.

Debido a que los colores no son totalmente los deseable así como la interacción entre sus partes, es necesario implementar acciones tendientes a reducir los niveles de degradación de este suelo; debe procurarse el establecimiento de abonos verdes para la fijación de nitrógeno atmosférico y mejorar los niveles de materia orgánica, mediante la siembra de abonos verdes, la incorporación de abonos naturales como composta, bocashi, gallinaza u otro de una forma controlada. En general debe procurarse mejorar las condiciones de fertilidad, realizando aplicaciones de harina de rocas u otras que favorezcan los procesos naturales; realizar obras de conservación especialmente cuando los suelos presentan pendientes que promuevan los procesos de erosión y establecer un programa de rotación de cultivos para evitar que se puedan producir mayores desbalances nutricionales.

CENTRO NACIONAL DE TECNOLOGIA
AGROPECUARIA Y FORESTAL
LABORATORIO DE SUELOS
e-mail centa_labsuelos@yahoo.com
Tel. 23020200 Ext.248

DEPARTAMENTO: SAN VICENTE

No. Laboratorio	Muestra No.14
Profundidad de la muestra	20 cm.
Utilizará riego Si o No	No
Cultivo que desea fertilizar	Arroz y frijol
Mes en que sembrará	Mayo
Topografía del terreno	Plano

RESULTADO DEL ANALISIS

Textura	ARCILLA
pH en agua	6.2 LIGERAMENTE ACIDO
Fósforo (ppm)	3 MUY BAJO
Potasio (ppm)	69 ALTO
Zinc (ppm)	16.86 MUY ALTO
Manganeso (ppm)	62.43 MUY ALTO
Hierro (ppm)	61.38 MUY ALTO
Cobre (ppm)	2.82 ALTO
Materia Orgánica (%)	2.59 MEDIO
Calcio (Meq/100g)	10.42 ALTO
Magnesio (Meq/100g)	3.27 ALTO
Potasio (Meq/100g)	0.18
Sodio (Meq/100g)	0.47 NO SODICO
Suma de Bases (Meq/100g)	14.34 MEDIO
Acidez Intercambiale (Meq/100g)	0.0 BAJO
CICE (Meq/100g)	14.34 MEDIO
Saturación de Bases (%)	100.0
Relacion Calcio/Magnesio	3.19 MEDIO
Relacion Magnesio/Potasio	18.17 ALTO
Relacion Calcio+Magnesio/Potasio	76.06 ALTO
Relacion Calcio/Potasio	57.89 ALTO

RECOMENDACIONES DE FERTILIZACION

ARROZ

1ª. Fertilización: A la siembra
500 lb/mz de Formula 12-24-12

2ª. Fertilización: 30 días después de la siembra
405 lb/mz de Sulfato de Amonio +
220 lb/mz de Fórmula 0-0-60

3ª. Fertilización: 60 días después de la siembra
185 lb/mz de Urea

FRIJOL

1ª. Fertilización: A la siembra
400 lb/mz de Formula 12-24-12 +
97 lb/mz de Fórmula 0-0-60

2ª. Fertilización: 25 días después de la siembra
150 lb/mz de Urea

ING. QUIRINO ARGUETA
TECNICO EN FERTILIDAD DE SUELOS

La zona nitrogenada luce bastante desarrollada. La coloración del cromatograma generalmente asociado a buenos niveles de fertilidad; la interacción es moderadamente aceptable, lo cual puede ser un indicador de que es posible que responda a procesos de mejora que puedan promoverse; el análisis químico de suelos muestra textura franca, presenta además un nivel alto de materia orgánica (8.09%); el pH es moderadamente ácido (5.7), el cual es aceptable para el crecimiento y desarrollo de varios cultivos.

El cromatograma muestra buena apariencia en el contraste de colores y la interacción entre cada una de sus partes, por lo que es necesario implementar acciones tendientes a reducir los riesgos de degradación de este suelo; debe procurarse el establecimiento de abonos verdes (especies leguminosas) para la fijación de nitrógeno atmosférico y mantener buenos niveles de materia orgánica, de igual forma promover la incorporación de abonos naturales como composta, bocashi, gallinaza u otro de una forma controlada. Incentivar las condiciones de fertilidad que presenta este suelo realizando aplicaciones de harina de rocas u otras que favorezcan los procesos naturales; realizar obras de conservación especialmente cuando los suelos presentan pendientes que ayuden a los procesos de erosión y establecer un programa de rotación de cultivos para evitar desbalances nutricionales. El cromatogrma muestra alguna mal formación, lo cual sucedió posiblemente durante el corrido del mismo.

CANTON: EL CENTRO
MUNICIPIO: SAN IGNACIO
DEPARTAMENTO: CHALATENANGO

No. Laboratorio	Muestra No. 15
Profundidad de la muestra	25 cm.
Utilizará riego Si o No	Si
Cultivo que desea fertilizar	ZANAHORIA, LECHUGA, CEBOLLA, BROCOLI, COLIFLOR,REPOLLO
Mes en que sembrará	ABRIL
Topografía del terreno	Semi plano

RESULTADO DEL ANÁLISIS

Textura	FRANCO
PH en agua	5.7 MODERADAMENTE ACIDO
Fósforo (ppm)	2 MUY BAJO
Potasio (ppm)	387 MUY ALTO
Zinc (ppm)	12.46 MUY ALTO
Manganeso (ppm)	102.3 MUY ALTO
Hierro (ppm)	11.01 ALTO
Cobre (ppm)	2.48 ALTO
Materia Orgánica (%)	8.09 ALTO
Calcio Intercambiable (Meq/100g)	8.45 ALTO
Magnesio Intercambiable (Meq/100g)	2.18 ALTO
Potasio Intercambiable (Meq/100g)	0.99
Sodio Intercambiable (Meq/100g)	0.15 NO SODICO
Suma de bases intercambiable (Meq/100g)	11.77 MEDIO
Acidez Intercambiable (Meq/100g)	0.0 BAJO
CICE (Meq/100g)	11.77 MEDIO
Saturación de bases %	100
Relación Calcio/Magnesio	3.88 MEDIO
Relación Magnesio/Potasio	2.20 BAJO
Relación Calcio + Magnesio/Potasio	10.74 MEDIO
Relación Calcio/Potasio	8.54 MEDIO

RECOMENDACIONES DE FERTILIZACION

ZANAHORIA

1ª. Fertilización: A la siembra
350 lb/mz de Fórmula 18-46-0 +
152 lb/mz de Magnesita (3% de Calcio y 21 % de Magnesio)

2ª. Fertilización: 45 días después de la siembra
150 lb/mz de Urea +
105 lb/mz de Sulfato de Amonio

LECHUGA

1ª. Fertilización: Al transplante
300 lb/mz de Fórmula 18-46-0 +
120 lb/mz de Magneslta (3% de Calcio y 21 % de Magnesio)

2ª. Fertilización: 30 días después del transplante
150 lb/mz de Urea +
290 lb/mz de Sulfato de amonio

CEBOLLA:

1ª. Fertilización: Al transplante
400 lb/mz de Fórmula 18-46-0 +
140 lb/mz de Magnesita (3% de Calcio y 21 % de Magnesio)

2ª. Fertilización: 30 días después de la siembra
350 lb/mz de Sulfato de Amonio

3ª. Fertilización: 45 días después de la siembra
150 lb/mz de Urea

BROCOLI Y COLIFLOR:

1ª. Fertilización: Al transplante:
350 lb/mz de Fórmula 18-46-0 +
300 lb/mz de Magnesita (3% de Calcio y 21 % de Magnesio)

2ª. Fertilización: 25 días después del transplante:
400 lb/mz de Sulfato de Amonio

3ª. Fertilización: 40 días después del transplante:
183 lb/mz de Urea

 REPOLLO:

1ª. Fertilización: Al transplante:
500 lb/mz de Fórmula 18-46-0 +
250 lb/mz de Magnesita (3% de Calcio y 21 % de Magnesio)

2ª. Fertilización: 25 días después del transplante:
400 lb/mz de Sulfato de Amonio

3ª. Fertilización: 45 días después del transplante:
200 lb/mz de Urea

ING. QUIRINO ARGUETA
TECNICO EN FERTILIDAD DE SUELOS

Muestra 16

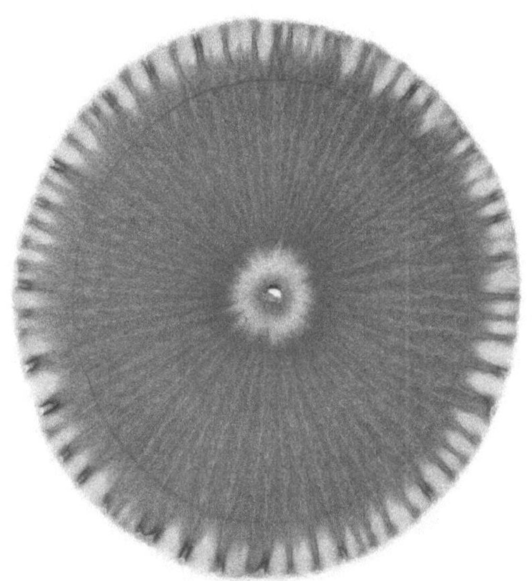

La zona nitrogenada luce normalmente desarrollada. La coloración del cromatograma generalmente asociado a ligeramente buenas condiciones de fertilidad, además de presentar moderadamente aceptable interacción entre sus partes; lo cual puede ser un indicador que este suelo puede responder positivamente a procesos de mejora; a pesar de la presencia de un circulo oscuro alrededor de la zona nitrogenada, así como una raya oscura que separa la zona mineral de la proteica; el análisis químico de suelo muestra textura arcillo arenosa, un nivel nivel alto de materia orgánica (4.64%) y el pH es neutro (7.0), el cual es adecuado para el crecimiento y desarrollo de muchos cultivos.

El cromatograma muestra un contraste de colores e interacción bastante buenos y para potenciar estas condiciones es necesario implementar acciones tendientes a reducir los niveles de degradación de este suelo; debe procurarse el establecimiento de abonos verdes para la fijación de nitrógeno atmosférico y mantener buenos niveles de materia orgánica, de igual forma promover la incorporación de abonos orgánicos como composta, bocashi, gallinaza u otro de una forma controlada. Potenciar las condiciones de fertilidad, realizando aplicaciones de harina de rocas u otras que favorezcan los procesos naturales; realizar obras de conservación, especialmente cuando los suelos presentan pendientes que incentiven los procesos de erosión y establecer un programa de rotación de cultivos para evitar favorecer desbalances nutricionales.

CENTRO NACIONAL DE TECNOLOGIA
AGROPECUARIA Y FORESTAL
LABORATORIO DE SUELOS
e-mail centa_labsuelos@yahoo.com
Tel. 23020200 Ext.248

CANTON: LA PALOMERA
MUNICIPIO: EL CONGO
DEPARTAMENTO: SANTA ANA

No. Laboratorio	Muestra No.16
Profundidad muestra	30 cm
Utilizara Riego Si o No	No
Area representada por la muestra(mz)	1.63 mz
Cultivo que desea fertilizar	ARROZ, TOMATE, CHILE, PLATANO, PEPINO, PIPIAN
Mes en que sembrara	Invierno
Topografía del terreno	Plano

RESULTADO DEL ANALISIS

Textura		ARCILLO ARENOSO
pH en agua	7.0	NEUTRO
Fósforo (ppm)	9	BAJO
Potasio (ppm)	130	ALTO
Zinc (ppm)	2.67	BAJO
Manganeso (ppm)	31.23	MUY ALTO
Hierro (ppm)	2.13	BAJO
Cobre (ppm)	1.36	ALTO
Materia Orgánica (%)	4.64	ALTO
Calcio (Meq/100g)	14.66	ALTO
Magnesio (Meq/100g)	8.73	ALTO
Potasio (Meq/100g)	0.33	
Sodio (Meq/100g)	1.54	NO SODICO
Suma de Bases (Meq/100g)	25.26	ALTO
Acidez Intercambiable (Meq/100g)	0.0	BAJO
CICE (Meq/100g)	25.26	ALTO
Saturación de Bases	100	
Relación Calcio/Magnesio	1.68	BAJO
Relación Magnesio/Potasio	24.45	ALTO
Relación Calcio+Magnesio/Potasio	70.88	ALTO
Relación Calcio/Potasio	44.42	ALTO

RECOMENDACIONES DE FERTILIZACION

CULTIVO ARROZ

1ª. Fertilización: A la siembra:
305 lb/mz de fórmula 18-46-0 +
25 lb/mz de Sulfato de Zinc, $ZnSO_4.7H_2O$ +
216 lb/mz de Sulfato de Hierro, $FeSO_4.7H_2O$

2ª. Fertilización: 30 días después de la siembra:
420 lb/mz de Sulfato de Amonio +
220 lb/mz de Fórmula 0-0-60

3ª. Fertilización: 60 días después de la siembra:
150 lb/mz de Urea

CULTIVO: TOMATE

1ª. Fertilización: Al transplante:
326 lb/mz de fórmula 18-46-0 +
25 lb/mz de Sulfato de Zinc, $ZnSO_4.7H_2O$ +
216 lb/mz de Sulfato de Hierro, $FeSO_4.7H_2O$

2ª. Fertilización: A la floración
400 lb/mz de Sulfato de Amonio

3ª. Fertilización: Durante el desarrollo del fruto
150 lb/mz de Urea

CULTIVO: CHILE

1ª. Fertilización: Al transplante:
326 lb/mz de fórmula 18-46-0 +
25 lb/mz de Sulfato de Zinc, $ZnSO_4.7H_2O$ +
216 lb/mz de Sulfato de Hierro, $FeSO_4.7H_2O$

2ª. Fertilización: A la floración:
400 lb/mz de Sulfato de Amonio

3ª. Fertilización: Durante el desarrollo del fruto:
190 lb/mz de Urea

4ª. Fertilización: Después del primer corte:
130 lb/mz de Urea

<u>CULTIVO: PIPIAN</u>

1ª. Fertilización: A la siembra:
200 lb/mz de fórmula 18-46-0 +
25 lb/mz de Sulfato de Zinc, $ZnSO_4.7H_2O$ +
216 lb/mz de Sulfato de Hierro, $FeSO_4.7H_2O$

2ª. Fertilización: 30 Días después de la siembra:
130 lb/mz de Urea

<u>CULTIVO: PEPINO</u>

1ª. Fertilización: A la siembra:
300 lb/mz de fórmula 18-46-0 +
25 lb/mz de Sulfato de Zinc, $ZnSO_4.7H_2O$ +
216 lb/mz de Sulfato de Hierro, $FeSO_4.7H_2O$

2ª. Fertilización: 30 Días después de la siembra:
150 lb/mz de Urea +
250 lb/mz de Sulfato de Amonio

PLATANO (778 PLANTAS)

EDAD	EPOCA	CANTIDAD/ PLANTA	TIPO DE FERTILIZANTE
1 AÑO	A la siembra	6.0 onzas + 0.50 onzas + 4.0 onzas	Fórmula 18-46-0 + Sulfato de Zinc $(ZnSO_4.7H_2O)$ + Sulfato de Hierro $(FeSO_4.7H_2O)$
	1 mes después de la siembra	5.0 onzas	Sulfato de Amonio
	2 meses después de la siembra	7.0 onzas	Nitrato de Calcio
	3 meses después de la siembra	2.5 onzas	Urea
	4 meses después de la siembra	5.0 onzas	Sulfato de Amonio
	5 meses después de la siembra	5.0 onzas	Sulfato de Amonio
	6 meses después de la siembra	7.0 onzas	Fórmula 15-15-15
	7 meses después de la siembra	5.0 onzas	Sulfato de Amonio
	8 meses después de la siembra	2.5 onzas	Urea

ING. QUIRINO ARGUETA
TECNICO EN FERTILIDAD DE SUELOS

La zona nitrogenada luce normalmente desarrollada. La coloración del cromatograma generalmente asociado a buenas condiciones de fertilidad, además de presentar una interacción moderadamente aceptable entre sus partes; lo cual puede ser un indicador que este suelo puede responder positivamente a procesos de mejora; a pesar de la presencia de una raya oscura (parecida a raya de lápiz) que separa la zona mineral de la proteica; el análisis químico de suelos muestra textura franco arenosa, un nivel alto de materia orgánica (3.39%) y el pH es moderadamente ácido (5.7), el cual es adecuado para el crecimiento y desarrollo de muchos cultivos.

El cromatograma muestra un contraste de colores bastante buenos así como interacción entre sus partes y para potenciar estas condiciones es necesario implementar acciones tendientes a reducir los niveles de degradación de este suelo; debe procurarse el establecimiento de abonos verdes para la fijación de nitrógeno atmosférico y mantener buenos niveles de materia orgánica, de igual forma promover la incorporación de abonos orgánicos como composta, bocashi, gallinaza u otro de una forma controlada. Potenciar las condiciones de fertilidad, realizando aplicaciones de harina de rocas u otras que favorezcan los procesos naturales; realizar obras de conservación, especialmente cuando los suelos presentan pendientes que incentiven los procesos de erosión; establecer un programa de rotación de cultivos para evitar favorecer desbalances nutricionales.

CANTON: JOYA DE CEREN
MUNICIPIO: SAN JUAN OPICO
DEPARTAMENTO: LA LIBERTAD

No. Laboratorio	Muestra No. 17
Profundidad muestra	20 cm
Utilizara Riego Si o No	Si
Cultivo que desea fertilizar	Aguacate
Edad si es cultivo perenne	6 años
Topografía del terreno	Plano

RESULTADO DEL ANALISIS

Textura	ARENA FRANCA
pH en agua	5.7 MODERADAMENTE ACIDO
Fósforo (ppm)	82 MUY ALTO
Potasio (ppm)	268 MUY ALTO
Zinc (ppm)	3.18 ALTO
Manganeso (ppm)	6.33 ALTO
Hierro (ppm)	41.58 MUY ALTO
Cobre (ppm)	1.25 ALTO
Materia Orgánica (%)	3.39 MEDIO
Calcio (Meq/100g)	2.17 MUY BAJO
Magnesio (Meq/100g)	0.55 MUY BAJO
Potasio (Meq/100g)	0.69
Relacion Calcio/Magnesio	3.95 MEDIO
Relacion Magnesio/Potasio	0.80 BAJO
Relacion Calcio+Magnesio/Potasio	3.94 BAJO
Relacion Calcio/Potasio	3.14 BAJO

RECOMENDACIÓN DE FERTILIZANTE PARA AGUACATE/MZ

Edad (años)	Momento de aplicaion	Clase de fertilizante	Dosis (libras)
6	Abril	Nitrato de amonio	80
	Mayo	Hidróxido de calcio-magnesio	150
	Junio	Hidróxido de calcio-magnesio	150
	Julio	Nitrato de amonio	80
	Agosto	Nitrato de amonio	80
	Septiembre	Sulpomag	80
	Octubre	Nitrato de amonio	80
	Noviembre	Hidróxido de calcio-magnesio	150
	Diciembre	Nitrato de amonio	80
	Enero	Sulpomag	100
	Febrero	Nitrato de amonio	80
	Marzo	Hidróxido de calcio-magnesio	150

↓ Para el año siete deberá aumentar la dosis de cada fertilizante según detelle:

a) Nitrato de amonio: 95 lb.
b) Hidróxido de calcio-magnesio: 170 lb.
c) Sulpomag: 130 lb.

↓ Aplicar al follaje un fertilizante foliar multimineral que no contenga hierro.

↓ Conservar el nivel de materia organica, aplicando e incorporando al suelo: 7.0 quintales de gallinaza descompuesta.

Ing. Raúl Quintanilla
Tecnico del laboratorio de suelos

Muestra 18

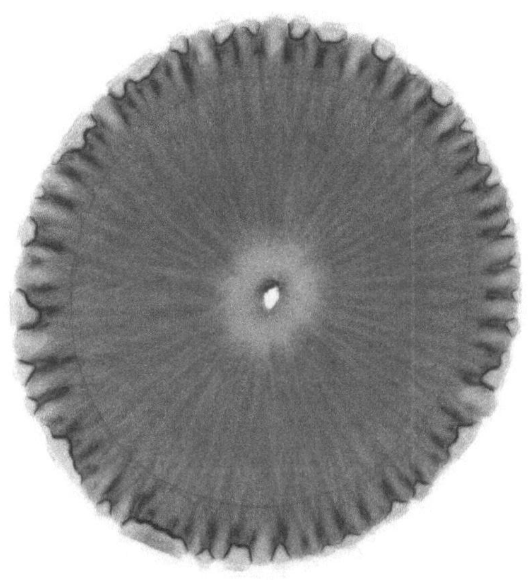

La zona nitrogenada luce normalmente desarrollada. La coloración del cromatograma generalmente asociado a condiciones aceptables de fertiliad, aunque con limitantes, muestra ciertas tonalidades café claro y con moderadamente aceptable interacción entre cada una de sus zonas, lo cual puede ser un indicador de que este suelo puede respondaer positivamente a procesos de mejora. El cromatograma muestra un contraste de colores relativamente bueno; el análisis químico de suelos muestra textura franco arcillosa, un nivel medio de materia orgánica (3.48%) y el pH es muy fuertemente acido (4.5), el cual es inadecuado para el crecimiento y desarrollo de la mayoría de cultivos.

Es necesario implementar acciones tendientes a reducir los niveles de degradación de este suelo, con énfasisi a mejorar las condiciones de pH evitando la aplicación de fertilizantes químicos sintéticos que acentúen los problemas de acidéz, así como promover un plan sistemático de enmiendas a fin de adecuar la acidéz acorde al cultivo a establecer (menos ácido); debe procurarse el establecimiento de abonos verdes para la fijación de nitrógeno atmosférico y mantener buenos niveles de materia orgánica, de igual forma promover la incorporación de abonos naturales como composta, bocashi, gallinaza u otro de una forma controlada. Potenciar las condiciones de fertilidad, realizando aplicaciones de harina de rocas u otras que favorezcan los procesos naturales; realizar obras de conservación especialmente cuando los suelos presentan pendientes que favorecen los procesos de erosión y establecer un programa de rotación de cultivos para evitar que se puedan producir desbalances nutricionales.

CENTRO NACIONAL DE TECNOLOGIA
AGROPECUARIA Y FORESTAL
LABORATORIO DE SUELOS
e-mail centa_labsuelos@yahoo.com
Tel. 23020200 Ext.248

CANTON: PUEBLO VIEJO
MUNICIPIO: ARAMBALA
DEPARTAMENTO: MORAZAN

No. Laboratorio	Muestra No. 18
Profundidad de la muestra	30 cm
Utilizará riego Si o No	No
Cultivo que desea fertilizar	CHILE
Topografía del terreno	Plano

RESULTADO DEL ANALISIS

Textura	FRANCO ARCILLOSO
pH en agua	4.5 MUY FUERTEMENTE ACIDO
Fósforo (ppm)	13 ALTO
Potasio (ppm)	83 ALTO
Zinc (ppm)	1.86 BAJO
Manganeso (ppm)	40.98 MUY ALTO
Hierro (ppm)	20.80 MUY ALTO
Cobre (ppm)	2.54 ALTO
Materia Orgánica (%)	3.48 MEDIO
Calcio (Meq/100g)	1.44 MUY BAJO
Magnesio (Meq/100g)	0.94 BAJO
Potasio (Meq/100g)	0.21
Relacion Calcio/Magnesio	1.53 BAJO
Relacion Magnesio/Potasio	4.48 MEDIO
Relacion Calcio+Magnesio/Potasio	11.33 MEDIO
Relacion Calcio/Potasio	6.86 MEDIO

RECOMENDACIONES DE FERTILIZACION

<u>CULTIVO: CHILE</u>

1ª. Fertilización: Al transplante:
500 lb/mz de Fórmula 15-15-15 +
250 lb/mz de Sul-po-mag +
36 lb/mz de Sulfato de Zinc, $ZnSO_4.7H_2O$

2ª. Fertilización: A la floración:
400 lb/mz de Sulfato de Amonio

3ª. Fertilización: Durante el desarrollo del fruto:
176 lb/mz de Urea

4ª. Fertilización: Después del primer corte:
130 lb/mz de Urea

ENCALADO
Aplicar 13 qq/mz de Cal Dolomítica (20% Calcio y 10% Magnesio) distribuido por planta al momento del transplante procurando que la Cal no haga contacto con el fertilizante.

IMPORTANTE: Después de aplicar Cal Dolomítica, debe de realizarse análisis de suelo, antes de hacer nuevas aplicaciones, es importante hacerlo para conocer como aumentó el pH y si los contenidos de Calcio y Magnesio están balanceados con las cantidades de Cal Dolomítica que se han agregado y evitar sobreencalar.

ING. QUIRINO ARGUETA
TECNICO EN FERTILIDAD DE SUELOS

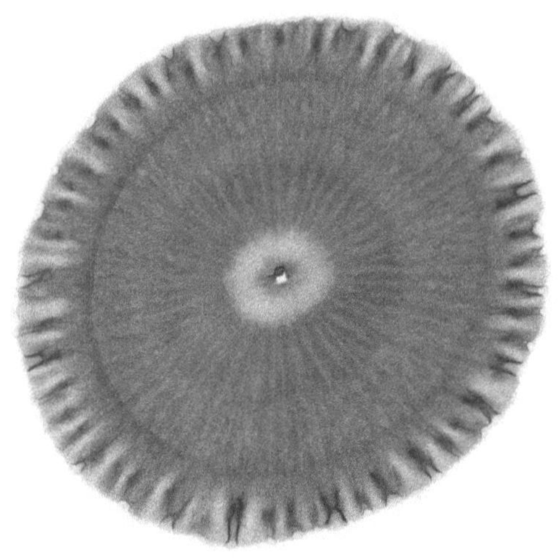

La zona nitrogenada luce normalmente desarrollada. La coloración del cromatograma generalmente asociado a ligeramente buenas condiciones de fertilidad, presenta una interacción ligeramente aceptable entre sus partes a pesar de una línea oscura que aparece sobre la zona proteica. La coloración y la interacción suelen ser un indicador que este suelo puede responder positivamente a procesos de mejora. La apariencia general es una tendencia a ser bueno, según el análisis químio de suelos, presenta textura franco arcillo arenosa, un nivel alto de materia orgánica (5.02%) y el pH es moderadamente ácido (5.9), el cual es adecuado para el crecimiento y desarrollo de muchos cultivos.

El cromatograma muestra un contraste de colores e interacción que pueden mejorarse y para potenciar estas condiciones es necesario implementar acciones tendientes a reducir los niveles de degradación de este suelo; deben establecerse abonos verdes para favorecer la fijación de nitrógeno atmosférico y mantener buenos niveles de materia orgánica, de igual forma promover la incorporación de abonos naturales como composta, bocashi, gallinaza u otro de una forma controlada. En general debe procurarse mejorar las condiciones de fertilidad, realizando aplicaciones de harina de rocas u otras que mejoren los procesos naturales; realizar obras de conservación de suelos, especialmente cuando los suelos presentan pendientes que favorecen los procesos de erosión y establecer un programa de rotación de cultivos para evitar promover desbalances nutricionales.

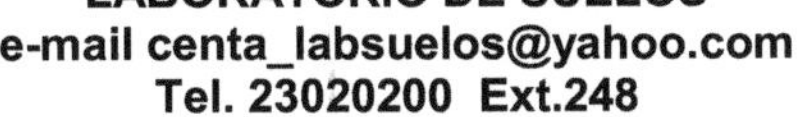

CANTON: LOS PUENTECITOS
MUNICIPIO: GUAYMANGO
DEPARTAMENTO: AHUACHAPAN

No. Laboratorio	Muestra No. 19
Profundidad de la muestra	0 - 15 cm.
Utilizará riego Si o No	No
Cultivo que desea fertilizar	NARANJO
Topografía del terreno	Semiplano

RESULTADO DEL ANÁLISIS

Textura	FRANCO ARCILLO ARENOSO
PH en agua	5.9 MODERADAMENTE ACIDO
Fósforo (ppm)	4 MUY BAJO
Potasio (ppm)	205 MUY ALTO
Zinc (ppm)	4.46 ALTO
Manganeso (ppm)	44.49 MUY ALTO
Hierro (ppm)	20.64 MUY ALTO
Cobre (ppm)	3.17 MUY ALTO
Materia Orgánica (%)	5.02 ALTO
Calcio Intercambiable (Meq/100g)	9.64 ALTO
Magnesio Intercambiable (Meq/100g)	3.68 ALTO
Potasio Intercambiable (Meq/100g)	0.53
Relación Calcio/Magnesio	2.62 MEDIO
Relación Magnesio/Potasio	6.94 MEDIO
Relación Calcio + Magnesio/Potasio	21.13 MEDIO
Relación Calcio/Potasio	18.19 MEDIO

RECOMENDACIONES DE FERTILIZACION

CULTIVO: NARANJO (109 ÁRBOLES/MZ)

EDAD	EPOCA	CANTIDAD/PLANTA	TIPO DE FERTILIZANTE
25 AÑOS	Abril	2.0 Libras	Formula 18-46-0
	Agosto	2.0 Libras	Sulfato de Amonio
	Diciembre	1.0 Libras	Urea

ING. QUIRINO ARGUETA
TECNICO EN FERTILIDAD DE SUELOS

Muestra 20

La zona nitrogenada luce normalmente desarrollada. La coloración del cromatograma generalmente asociado a un nivel de fertilidad ligeramente bueno, se muestra bastante balanceado en cuanto a la distribución de colores e interacción (moderadamente aceptable) entra cada una de sus zonas; externamente entre la zona proteica y enzimática se forman unas estructuras parecidas a dientes de caballo con coloración cremosa, todo lo anterior puede ser un indicador que estos suelos den una respuesta a procesos de recuperación que puedan promoverse; según el análisis químico de suelos presenta textura franco arcillo arenosa, además un nivel medio de materia orgánica (3.95%), por lo que debe fortalecerse dicha situación y el pH es ligeramente ácido (6.2), siendo adecuado para el crecimiento y desarrollo de la mayoría de cultivos.

El cromatograma muestra buena apariencia en el contraste de colores y la interacción entre cada una de sus partes, por lo que es necesario implementar acciones tendientes a reducir los riesgos de degradación de este suelo; debe procurarse el establecimiento de abonos verdes para la fijación de nitrógeno atmosférico y mejorar los contenidos de materia orgánica, de igual forma promover la incorporación de abonos naturales como composta, bocashi, gallinaza u otro de una forma controlada. En general incentivar las condiciones de fertilidad que presenta este suelo realizando aplicaciones de harina de rocas u otras que favorezcan los procesos naturales. Realizar obras de conservación de suelos, especialmente cuando los suelos presentan pendientes que favorecen los procesos de erosión y establecer un programa de rotación de cultivos para evitar favorecer desbalances nutricionales.

**MUNICIPIO: TEPECOYO
DEPARTAMENTO: LA LIBERTAD**

No. Laboratorio	Muestra No. 20
Cultivo que desea fertilizar	GUISQUIL, GRANADILLA, PIPIÁN, LOROCO

RESULTADO DEL ANALISIS

Textura	FRANCO ARCILLO ARENOSO
pH en agua	6.2 LIGERAMENTE ACIDO
Fósforo (ppm)	6 MUY BAJO
Potasio (ppm)	141 ALTO
Zinc (ppm)	4.13 ALTO
Manganeso (ppm)	16.59 MUY ALTO
Hierro (ppm)	28.70 MUY ALTO
Cobre (ppm)	2.26 ALTO
Materia Orgánica (%)	3.95 MEDIO
Calcio (Meq/100g)	11.57 ALTO
Magnesio (Meq/100g)	4.48 ALTO
Potasio (Meq/100g)	0.36
Sodio (Meq/100g)	0.26 NO SODICO
Suma de Bases (Meq/100g)	16.67 MEDIO
Acidez Intercambiale (Meq/100g)	0.0 BAJO
CICE (Meq/100g)	16.67 MEDIO
Saturación de Bases (%)	100.0
Relacion Calcio/Magnesio	2.58 MEDIO
Relacion Magnesio/Potasio	12.44 MEDIO
Relacion Calcio+Magnesio/Potasio	44.58 ALTO
Relacion Calcio/Potasio	32.14 ALTO

RECOMENDACIONES DE FERTILIZACION

9.0 CULTIVO: GUISQUIL

1ª. Fertilización: Al transplante:
4 onzas/planta de fórmula 18-46-0

2ª. Fertilización: 1 mes después del transplante:
2 onzas/planta de Sulfato de Amonio

3ª. Fertilización: 2 meses después del transplante:
2 onzas/planta de Sulfato de Amonio

4ª. Fertilización: 3 meses después del transplante:
2 onzas/planta de fórmula 15-15-15

5ª. Fertilización: 4 meses después del transplante:
1 onzas/planta de Urea

10.0 CULTIVO: GRANADILLA

1ª. Fertilización: Al transplante:
4 onzas/planta de fórmula 18-46-0

2ª. Fertilización: 1 mes después del transplante:
1 onzas/planta de Sulfato de Amonio

3ª. Fertilización: 2 meses después del transplante:
1 onzas/planta de Urea

4ª. Fertilización: 3 meses después del transplante:
2.5 onzas/planta de fórmula 15-15-15

5ª. Fertilización: 4 meses después del transplante:
2.5 onzas/planta de Urea

<u>**CULTIVO: LOROCO**</u>

EDAD	CANTIDAD/ PLANTA	TIPO DE FERTILIZANTE
Al transplante	3.0 onzas	Fórmula 18-46-0
1 mes después del transplante	1.0 onza	Sulfato de Amonio
2 meses después del transplante	1.0 onza	Sulfato de Amonio
3 meses después del transplante	0.5 onzas	Urea
4 meses después del transplante	1.0 onza	Sulfato de Amonio
5 meses después del transplante	1.0 onza	Urea
6 meses después del trasplante	2.0 onzas	Fórmula 15-15-15
7 meses después del trasplante	1.0 onza	Urea
8 meses después del trasplante	1.0 onza	Urea

<u>**CULTIVO: PIPIAN**</u>

1ª. Fertilización: A la siembra:
   250 lb/mz de fórmula 18-46-0

2ª. Fertilización: 30 Días después de la siembra:
   120 lb/mz de Urea

ING. QUIRINO ARGUETA
TECNICO EN FERTILIDAD DE SUELOS

La zona nitrogenada luce bastante amplia. La coloración del cromatograma generalmente asociado a un nivel de fertilidad aceptable (bueno), muestra colaraciones claras y una interacción ligeramente aceptable ente cada una de sus zonas, lo cual puede ser un indicador que es posible que responda a procesos de mejora que puedan promoverse. El análisis químico de suelo muestra una textura franco arcillo arenosa, un nivel alto de materia orgánica (9.38%), por lo que debe cultivarse dicha situación, el pH   es fuertemente ácido (5.4), el cual es muy limitante para el crecimiento y desarrollo de muchos cultivos.

El cromatograma muestra buena apariencia en el contraste de colores y la interacción entre cada una de sus partes por lo que es necesario implementar acciones tendientes a reducir los riesgos de degradación de este suelo, dando especial atención a los problemas de acidéz evitando aplicar productos químicos sintéticos que favorecen este proceso y realizar acciones controladas de enmiendas que permita mejorar el pH acorde a lo requerido por el o los cultivos a establecer; debe procurarse el establecimiento de abonos verdes para la fijación de nitrógeno atmosférico y mantener buenos niveles de materia orgánica, de igual forma promover la incorporación de abonos naturales como composta, bocashi, gallinaza u otro de una forma controlada. En general incentivar las condiciones de fertilidad que presenta este suelo, realizando aplicaciones de harina de rocas u otras que favorezcan los procesos naturales; realizar obras de conservación especialmente cuando los suelos presentan pendientes que favorecen los procesos de erosión y establecer un programa de rotación de cultivos para evitar desbalances nutricionales.

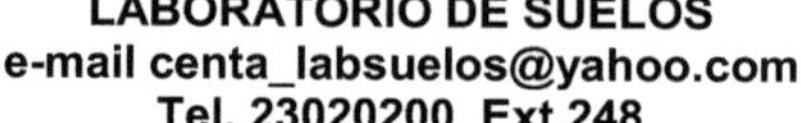

CANTON: RIO CHIQUITO
DEPARTAMENTO: CHALATENANGO

No. Laboratorio	Muestra No. 21
Profundidad de la muestra	25 cm.
Utilizará riego Si o No	Si
Cultivo que desea fertilizar	AGUACATE HASS
Mes en que sembrará	Mayo
Topografía del terreno	Inclinada

RESULTADO DEL ANÁLISIS

Textura	FRANCO ARCILLO ARENOSO
PH en agua	5.4 FUERTEMENTE ACIDO
Fósforo (ppm)	14 ALTO
Potasio (ppm)	301 MUY ALTO
Zinc (ppm)	6.68 MUY ALTO
Manganeso (ppm)	31.08 MUY ALTO
Hierro (ppm)	5.64 BAJO
Cobre (ppm)	0.62 BAJO
Materia Orgánica (%)	9.38 ALTO
Calcio Intercambiable (Meq/100g)	8.07 ALTO
Magnesio Intercambiable (Meq/100g)	1.73 BAJO
Potasio Intercambiable (Meq/100g)	0.77
Sodio Intercambiable (Meq/100g)	0.16 NO SODICO
Suma de bases intercambiable (Meq/100g)	10.73 MEDIO
Acidez Intercambiable (Meq/100g)	0.32 BAJO
CICE (Meq/100g)	11.05 MEDIO
Saturación de bases %	97.10
Relación Calcio/Magnesio	4.66 MEDIO
Relación Magnesio/Potasio	2.25 BAJO
Relación Calcio + Magnesio/Potasio	12.73 MEDIO
Relación Calcio/Potasio	10.48 MEDIO

RECOMENDACIONES DE FERTILIZACION

CULTIVO: AGUACATE HASS

EDAD	EPOCA	CANTIDAD/ PLANTA	TIPO DE FERTILIZANTE
1 AÑO	Al transplante	3 onzas + 8 onzas + 2.5 onzas	Formula 18-46-0 + Sulfato de Hierro, $FeSO_4.7H_2O$ + Sulfato de Cobre, $CuSO_4.5H_2O$
	3 Mes después del transplante	2.5 onzas	Sulfato de Amonio
	6 Meses después del transplante	1 onza	Urea
	9 Meses después del transplante	2.5 onzas	Sulfato de Amonio
2 AÑO	Mayo	6 onzas + 8 onzas	Formula 18-46-0 + Sulfato de Hierro, $FeSO_4.7H_2O$
	Julio	5 onzas	Sulfato de Amonio
	Septiembre	2 onzas	Urea
3 AÑO	Mayo	10 onzas + 8 onzas	Formula 18-46-0 + Sulfato de Hierro, $FeSO_4.7H_2O$
	Julio	8 onzas	Sulfato de Amonio
	Septiembre	3.5 onzas	Urea
4 AÑO	Mayo	1.5 Libras	Formula 16-20-0
	Julio	1.25 Libras	Sulfato de Amonio
	Septiembre	1.25 Libras	Sulfato de Amonio
5 AÑO	Mayo	2.5 Libras	Formula 16-20-0
	Septiembre	2.5 Libras	Sulfato de Amonio

<u>ENCALADO</u>

Aplicar 2 LIBRAS/PLANTA de CAL DOLOMITICA al momento del transplante, procurando que la cal no haga contacto con el fertilizante. Repetir esta cantidad al inicio de lluvias durante 3 años.

IMPORTANTE: Después de aplicar CAL DOLOMITICA, debe de realizarse análisis de suelo, antes de hacer nuevas aplicaciones, es importante hacerlo para conocer como aumentó el pH y si los contenidos de Calcio y Magnesio están balanceados con las cantidades de CAL DOLOMITICA que se han agregado y evitar sobreencalar.

ING. QUIRINO ARGUETA
TECNICO EN FERTILIDAD DE SUELOS

La zona nitrogenada luce bastante amplia. La coloración del cromatograma generalmente asociado a un nivel de fertilidad bueno, muestra interacción moderadamente aceptable entre las diferentes zonas, lo cual puede ser un indicador que es posible una respuesta moderadamente factible a procesos de mejora que puedan promoverse a pesar de presentar una coloración bastante oscura en la zona que rodea a la nitrogenada; el análisis químico de suelo muestra textura franco limosa, presenta además un nivel alto de materia orgánica (6.04%), por lo que debe cultivarse dicha situación, el pH es fuertemente ácido (5.2), el cual es muy limitante para el crecimiento y desarrollo de muchos cultivos.

El cromatograma muestra color e interacción entre cada una de sus partes que deben ser potenciadas por lo que es necesario implementar acciones tendientes a reducir los riesgos de degradación de este suelo así como su recuperación, dando especial atención a los problemas de acidéz, evitando aplicar productos químicos sintéticos que favorecen este proceso y realizar acciones controladas de enmiendas que permita mejorar el pH según los requerimientos del cultivo a establecer; debe procurarse el establecimiento de abonos verdes para la fijación de nitrógeno atmosférico y mantener buenos niveles de materia orgánica, de igual forma promover la incorporación de abonos naturales como composta, bocashi, gallinaza u otro de una forma controlada. En general incentivar las condiciones de fertilidad que presenta este suelo realizando aplicaciones de harina de rocas u otras que favorezcan los procesos naturales; realizar obras de conservación especialmente cuando los suelos presentan pendientes que favorecen los procesos de erosión y promover un programa de rotación de cultivos para evitar la pérdida de fertilidad de este suelo.

CENTRO NACIONAL DE TECNOLOGIA
AGROPECUARIA Y FORESTAL
LABORATORIO DE SUELOS
e-mail centa_labsuelos@yahoo.com
Tel. 23020200 Ext.248

MUNICIPIO: ZACATECOLUCA
DEPARTAMENTO: LA PAZ

No. Laboratorio	Muestra No. 22
Cultivo que desea fertilizar	ARROZ

RESULTADO DEL ANALISIS

Textura	FRANCO LIMOSO
pH en agua	5.2 FUERTEMENTE ACIDO
Fósforo (ppm)	24 ALTO
Potasio (ppm)	206 MUY ALTO
Zinc (ppm)	20.64 MUY ALTO
Manganeso (ppm)	42.03 MUY ALTO
Hierro (ppm)	74.1 MUY ALTO
Cobre (ppm)	1.43 ALTO
Materia Orgánica (%)	6.04 ALTO
Calcio (Meq/100g)	15.72 ALTO
Magnesio (Meq/100g)	7.37 ALTO
Potasio (Meq/100g)	0.53
Sodio (Meq/100g)	3.98
Suma de Bases (Meq/100g)	27.60 ALTO
Acidez Intercambial (Meq/100g)	0.05 BAJO
CICE (Meq/100g)	27.65 ALTO
Saturación de Bases (%)	99.82
Relacion Calcio/Magnesio	2.13 MEDIO
Relacion Magnesio/Potasio	13.91 MEDIO
Relacion Calcio+Magnesio/Potasio	43.57 ALTO
Relacion Calcio/Potasio	29.66 ALTO

RECOMENDACIONES DE FERTILIZACION

<u>**CULTIVO: ARROZ**</u>

1ª. Fertilización: A la siembra
220 lb/mz de Formula 16-20-0

2ª. Fertilización: 30 días después de la siembra
270 lb/mz de Sulfato de Amonio

3ª. Fertilización: 50 días después de la siembra
158 lb/mz de Urea

<u>**ENCALADO**</u>
Aplicar 10 qq/mz de Cal Dolomítica(al 20% Calcio y 10% Magnesio), distribuido al voleo, 1 mes antes de la siembra.

IMPORTANTE: Después de aplicar Cal Dolomítica, debe de realizarse análisis de suelo, antes de hacer nuevas aplicaciones, es importante hacerlo para conocer como aumentó el pH y si los contenidos de Calcio y Magnesio están balanceados con las cantidades de Cal Dolomítica que se han agregado y evitar sobreencalar.

ING. QUIRINO ARGUETA
TECNICO EN FERTILIDAD DE SUELOS

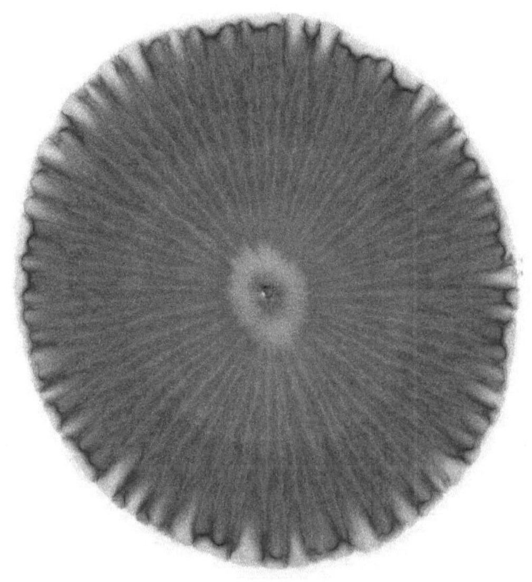

Muestra 23

La zona nitrogenada luce normalmente desarrollada. La coloración del cromatograma generalmente asociado a desbalances nutricionales, y la interacción es moderadamente aceptable; la pariencia general es aceptable; por lo que es posible que responda a procesos de mejora que puedan promoverse; el análisis químico de suelos, presenta un nivel medio de materia orgánica (2.79%), por lo que debe cultivarse dicha situación, el pH es fuertemente acido (5.4), el cual es muy limitante para el crecimiento y desarrollo de muchos cultivos.

El cromatograma muestra ciertas cualidades positivas en cuanto a interacción y color entre cada una de sus partes por lo que es necesario implementar acciones tendientes a reducir los riesgos de degradación de este suelo, dando especial atención a los problemas de acidéz evitando aplicar productos químicos sintéticos que favorecen este proceso y realizar acciones controladas de enmiendas que permita mejorar el pH de acuerdo a los requerimientos del cultivo a establecer; debe procurarse el establecimiento de abonos verdes para la fijación de nitrógeno atmosférico y mantener buenos niveles de materia orgánica, de igual forma promover la incorporación de abonos naturales como composta, bocashi, gallinaza u otro de una forma controlada. En general incentivar las condiciones de fertilidad que presenta este suelo realizando aplicaciones de harina de rocas u otras que favorezcan los procesos naturales; realizar obras de conservación especialmente cuando los suelos presentan pendientes que favorecen los procesos de erosión; establecer un programa de rotación de cultivos para evitar la pérdida de fertilidad de este suelo.

81

**MUNICIPIO: AGUILARES
DEPARTAMENTO: SAN SALVADOR**

No. Laboratorio	Muestra No. 23
Profundidad de la muestra	40 cm.
Utilizará riego Si o No	Si (Goteo)
Cultivo que desea fertilizar	PAPAYO
Topografía del terreno	PLANA

RESULTADO DEL ANÁLISIS

Textura		FRANCO ARENOSO
PH en agua	5.4	FUERTEMENTE ACIDO
Fósforo (ppm)	25	ALTO
Potasio (ppm)	163	ALTO
Zinc (ppm)	1.6	BAJO
Manganeso (ppm)	31.53	MUY ALTO
Hierro (ppm)	27.91	MUY ALTO
Cobre (ppm)	0.36	BAJO
Materia Orgánica (%)	2.79	MEDIO
Calcio Intercambiable (Meq/100g)	3.32	BAJO
Magnesio Intercambiable (Meq/100g)	0.84	BAJO
Potasio Intercambiable (Meq/100g)	0.42	
Sodio Intercambiable (Meq/100g)	0.19	NO SODICO
Suma de bases intercambiable (Meq/100g)	4.77	BAJO
Acidez Intercambiable (Meq/100g)	1.08	BAJO
CICE (Meq/100g)	5.85	MEDIO
Saturación de bases %	81.54	
Relación Calcio/Magnesio	3.95	MEDIO
Relación Magnesio/Potasio	2.00	BAJO
Relación Calcio + Magnesio/Potasio	9.90	BAJO
Relación Calcio/Potasio	7.90	BAJO

RECOMENDACIONES DE FERTILIZACION

CULTIVO: PAPAYA

EDAD	CANTIDAD/ PLANTA	TIPO DE FERTILIZANTE
Transplante	6.0 onzas + 1.0 onzas + 0.5 onzas	Fórmula 18-46-0 + Sulfato de Zinc, $ZnSO_4.7H_2O$ + Sulfato de Cobre, $CuSO_4.5H_2O$
30 Días después del Transplante	2.0 onzas + 2.0 onzas	Fórmula 18-46-0 + Sulfato de Amonio
60 Días después del Transplante	2.0 onzas + 2.0 onzas	Fórmula 18-46-0 + Sulfato de Amonio
90 Días después del Transplante	2.0 onzas + 2.0 onzas	Fórmula 15-15-15 + Sulfato de Amonio
120 Días después del Transplante	5.0 onzas	Fórmula 15-15-15
180 Días después del Transplante	4.0 onzas	Fórmula 13-0-46
210 Días después del Transplante	6.0 onzas	(Sulfato de potasio) Fórmula 0-0-50-18

ENCALADO

Aplicar 15 ONZAS/PLANTA DE CAL DOLOMÍTICA (20% Calcio y 10% Magnesio) al momento del transplante, procurando que la Cal no haga contacto con el fertilizante.

IMPORTANTE: Después de aplicar Cal Dolomítica, debe de realizarse análisis de suelo, antes de hacer nuevas aplicaciones, es importante hacerlo para conocer como aumentó el pH y si los contenidos de Calcio y Magnesio están balanceados con las cantidades de Cal Dolomítica que se han agregado y evitar sobreencalar.

ING. QUIRINO ARGUETA
TECNICO EN FERTILIDAD DE SUELOS

Muestra 24

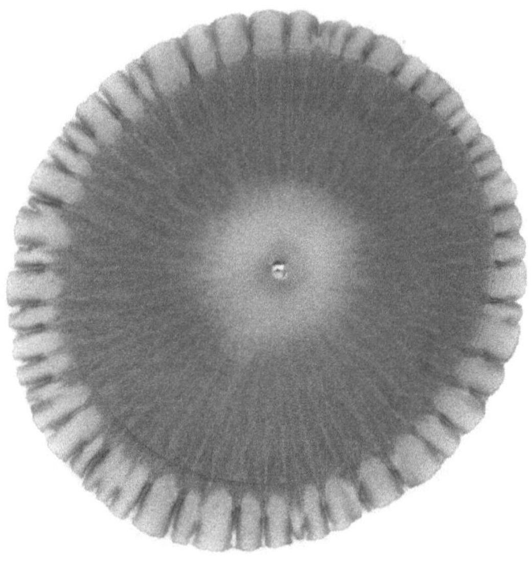

La zona nitrogenada luce bastante amplia. La coloración muestra tonalidades diversas entre café marrón y gris, muestra algunos colores oscuros en la parte mineral y una raya oscura en la zona próxima a la parte enzimática y con ligeramente aceptable interacción entre cada una de sus partes, por lo que la respuesta a los procesos de mejora se considera ligeramente factible. El análisis químico de suelos presenta textura franco arenosa, un nivel medio de materia orgánica (3.12%), por lo que debe cultivarse y promoverse hacia la mejora de dicha situación, el pH es ligeramente ácido (6.2) por lo que es muy favorable para el crecimiento y desarrollo de la mayoría de cultivos.

Es necesario implementar acciones tendientes a reducir los riesgos de degradación de este suelo; debe procurarse el establecimiento de abonos verdes para la fijación de nitrógeno atmosférico y mejorar los contenidos de materia orgánica, de igual forma promover la incorporación de abonos naturales como composta, bocashi, gallinaza u otro de una forma controlada para seguir mejorando los niveles de materia orgánica del suelo. En general debe procurarse incentivar las condiciones de fertilidad que presenta este suelo realizando aplicaciones de harina de rocas u otras que favorezcan los procesos naturales y realizar obras de conservación especialmente cuando los suelos presentan pendientes que favorecen los procesos de erosión y realizar rotación de cultivos y proporcionar períodos de barbecho cada cierto tiempo para procurar una recuperación natural.

**CANTON: SANTA LUCIA
MUNICIPIO: CIUDAD ARCE
DEPARTAMENTO: LA LIBERTAD**

No. Laboratorio	Muestra No. 24
Utilizará riego Si o No	No
Cultivo que desea fertilizar	MAIZ, FRIJOL, TOMATE Y CHILE
Topografía del terreno	Semiplano

RESULTADO DEL ANÁLISIS

Textura	FRANCO ARENOSO
PH en agua	6.2 LIGERAMENTE ACIDO
Fósforo (ppm)	12 BAJO
Potasio (ppm)	289 MUY ALTO
Materia Orgánica (%)	3.12 MEDIO
Calcio Intercambiable (Meq/100g)	7.79 ALTO
Magnesio Intercambiable (Meq/100g)	1.63 BAJO
Potasio (Meq/100g)	0.74
Relación Calcio/Magnesio	4.78 MEDIO
Relación Magnesio/Potasio	2.20 BAJO
Relación Calcio + Magnesio/Potasio	12.73 MEDIO
Relación Calcio/Potasio	10.53 MEDIO

RECOMENDACIONES DE FERTILIZACION

MAIZ
1ª Fertilización: A la siembra:
440 lb/mz de Fórmula 16-20-0
2ª Fertilización: 30 días después de la siembra:
150 lb/mz de Urea +
200 lb/mz de Sulfato de Amonio

<u>**FRIJOL**</u>

1ª. Fertilización: A la Siembra:
300 lb/mz de Fórmula 16-20-0

2ª. Fertilización: 25 días después de la siembra:
150 lb/mz de Urea

11   <u>TOMATE</u>

1ª. Fertilización: Al transplante:
431 lb/mz de fórmula 16-20-0

2ª. Fertilización: A la floración
383 lb/mz de Sulfato de Amonio

3ª. Fertilización: Durante el desarrollo del fruto
175 lb/mz de Urea

12   <u>CHILE</u>

1ª. Fertilización: Al transplante:
375 lb/mz de fórmula 16-20-0

2ª. Fertilización: A la floración:
429 lb/mz de Sulfato de Amonio

3ª. Fertilización: Durante el desarrollo del fruto:
195 lb/mz de Urea

4ª. Fertilización: Después del primer corte:
130 lb/mz de Urea

CORRECCION DE MAGNESIO
Aplicar 300 lb/mz de Magnesita (3% de Calcio y 21% de Magnesio) distribuido en surco después de la siembra y transplante.

ING. QUIRINO ARGUETA
TECNICO EN FERTILIDAD DE SUELOS

Muestra 25

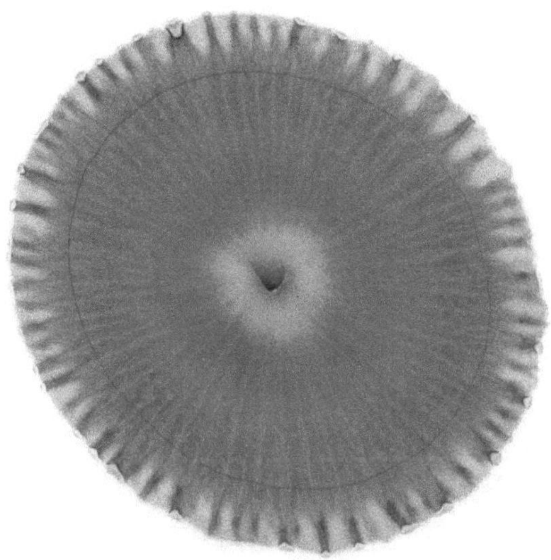

La zona nitrogenada luce normalmente desarrollada. La coloración del cromatograma generalmente asociado a buenas condiciones de fertilidad, además de presentar una moderadamente aceptable interacción entre sus partes a pesar de una leve línea que aparece sobre la zona proteica (conocida generalmente como raya de lápiz), muestra buena interacción entre la zona proteica y la enzimática, lo cual puede ser un indicador de que este suelo puede responder positivamente a procesos de mejora. La zona proteica se extienda hasta la enzimática presentando una especie de rayos entre los cuales predomina una coloración cremosa.

El análisis químico de suelo muestra uma textura franco arcillo arenosa, un nivel alto de materia orgánica (4.28%) y el pH es moderadamente acido (5.7), el cual es adecuado para el crecimiento y desarrollo de muchos cultivos.

El cromatograma muestra un contraste de colores bastante buenos y para potenciar estas condiciones es necesario implementar acciones tendientes a reducir los niveles de degradación de este suelo; debe evitarse el uso de fertilizantes químicos sintéticos que favorezcan la acidéz, además debe procurarse el establecimiento de abonos verdes para la fijación de nitrógeno atmosférico y mantener altos niveles de materia orgánica, de igual forma promover la incorporación de abonos naturales como composta, bocashi, gallinaza u otro de una forma controlada. En general debe procurarse mejorar las condiciones de fertilidad, realizando aplicaciones de harina de rocas u otras que favorezcan los procesos naturales; realizar obras de conservación especialmente cuando los suelos presentan pendientes que favorecen los procesos de erosión y establecer un programa de rotación de cultivos para evitar favorecer desbalances nutricionales.

87

CANTON: CAMONES
MUNICIPIO: SANTA ANA
DEPARTAMENTO: SANTA ANA

No. Laboratorio	Muestra No. 25
Profundidad de la muestra	30 cm.
Utilizará riego Si o No	No
Cultivo que desea fertilizar	MAIZ, FRIJOL, YUCA
Mes en que sembrará	Mayo
Topografía del terreno	Semiplano

RESULTADO DEL ANÁLISIS

Textura	FRANCO ARCILLO ARENOSO	
PH en agua	5.7	MODERADAMENTE ACIDO
Fósforo (ppm)	56	MUY ALTO
Potasio (ppm)	223	MUY ALTO
Materia Orgánica (%)	4.28	ALTO
Calcio Intercambiable (Meq/100g)	10.35	ALTO
Magnesio Intercambiable (Meq/100g)	1.97	BAJO
Potasio Intercambiable (Meq/100g)	0.57	
Relación Calcio/Magnesio	5.25	ALTO
Relación Magnesio/Potasio	3.46	MEDIO
Relación Calcio + Magnesio/Potasio	21.61	MEDIO
Relación Calcio/Potasio	18.16	MEDIO

RECOMENDACIONES DE FERTILIZACION

MAIZ:

1ª Fertilización: 8 Días después de la siembra
330 lb/mz de Sulfato de Amonio

2ª Fertilización: 30 días después de la siembra
150 lb/mz de Urea +
175 lb/mz de Sulfato de Amonio

FRIJOL:

1ª. Fertilización: 8 Días después de la siembra
220 lb/mz de Sulfato de Amonio

2ª. Fertilización: 25 días después de siembra:
154 lb/mz de Urea.

YUCA

1ª. Fertilización: 30 días después de Germinado:
350 lb/mz de Sulfato de Amonio

2ª. Fertilización: 60 días después de Germinado:
150 lb/mz de Urea +
220 lb/mz de Sulfato de Amonio

CORRECCIÓN DE MAGNESIO EN EL SUELOS:
Aplicar 600 lb/mz de Magnesita (Al 3% de Calcio y 21% de Magnesio) distribuido
al momento de la siembra de maíz, fríjol y yuca.

ING. QUIRINO ARGUETA
TECNICO EN FERTILIDAD DE SUELOS

La zona nitrogenada luce ligeramente reducida. La coloración del cromatograma generalmente asociado a problemas de limitada fertilidad, En general el cromatograma se muestra con tonalidades oscuras en contraste con colores amarillentos o anaranjado oscuros y una fuerte delimitación entre la zona proteica y enzimática, lo cual puede ser un indicador de que es necesario ralizar acciones sitemáticas para que este suelo responda a procesos de mejora, aunque se observa cierta interacción especialmente entre las zonas proteica y mineral; el análisis químico del suelo señala textura franco arenosa, presenta además un nivel medio de materia orgánica (3.23%), por lo que debe promoverse dicha propiedad. El pH es fuertemente acido, (5.5) y es muy limitante para el crecimiento y desarrollo de muchos cultivos.

Debido al contraste de colores no deseables, así como la poca interacción, es necesario implementar acciones tendientes a reducir los niveles de degradación de este suelo, con énfasis a las limitantes de acidéz, evitando el uso de productos químicos sintéticos que la favorecen, así como implementando un plan de enmiendas a fin de hacer el suelo menos acido de acuerdo a los requerimientos del cultivo a establecer, debe procurarse el establecimiento de abonos verdes para la fijación de nitrógeno atmosférico y mejorar los niveles de materia orgánica, de igual forma promover la incorporación de abonos naturales como composta, bocashi, gallinaza u otro de una forma controlada. En general mejorar significativamente la fertilidad que presenta este suelo realizando aplicaciones de harina de rocas u otras que favorezcan los procesos naturales; realizar obras de conservación especialmente cuando los suelos presentan pendientes que favorecen los procesos de erosión; establecer un programa de rotación de cultivos para recuperar las deficiencias nutricionales existentes.

CENTRO NACIONAL DE TECNOLOGIA
AGROPECUARIA Y FORESTAL
LABORATORIO DE SUELOS
e-mail centa_labsuelos@yahoo.com
Tel. 23020200 Ext.248

MUNICIPIO: SUCHITOTO
DEPARTAMENTO: CUSCATLAN

No. Laboratorio	Muestra No.26
Identificación de la muestra	
Profundidad de la muestra	
Utilizará riego Si o No	Goteo
Cultivo que desea fertilizar	PAPAYO
Mes en que sembrará	MAYO
Topografía del terreno	PLANO

RESULTADO DEL ANÁLISIS

Textura		FRANCO ARENOSO
PH en agua		5.5	FUERTEMENTE ACIDO
Fósforo	(ppm)	10	BAJO
Potasio	(ppm)	105	ALTO
Zinc	(ppm)	1.65	BAJO
Manganeso	(ppm)	26.88	MUY ALTO
Hierro	(ppm)	18.39	ALTO
Cobre	(ppm)	0.27	BAJO
Materia Orgánica	(%)	3.23	MEDIO
Calcio Intercambiable	(Meq/100g)	4.38	ALTO
Magnesio Intercambiable	(Meq/100g)	0.80	MUY BAJO
Potasio Intercambiable	(Meq/100g)	0.27	
Sodio Intercambiable	(Meq/100g)	0.33	NO SODICO
Suma de bases intercambiable (Meq/100g)		5.78	MEDIO
Acidez Intercambiable	(Meq/100g)	1.0	MEDIO
CICE	(Meq/100g)	6.78	MEDIO
Saturación de bases %		85.25	
Relación Calcio/Magnesio		5.48	ALTO
Relación Magnesio/Potasio		2.96	MEDIO
Relación Calcio + Magnesio/Potasio		19.19	MEDIO
Relación Calcio/Potasio		16.22	MEDIO

RECOMENDACIONES DE FERTILIZACION

PAPAYA

EDAD	CANTIDAD/ PLANTA	TIPO DE FERTILIZANTE
Al Transplante	6.0 onzas + 1.0 onzas + 0.5 onzas +	Fórmula 15-15-15 + Sulfato de Zinc, + $ZnSO_4.7H_2O$ + Sulfato de Cobre, $CuSO_4.5H_2O$ +
30 Días después del transplante	2.0 onzas + 2.0 onzas	Fórmula 18-46-0 + Sulfato de Amonio
60 Días después del transplante	2.0 onzas + 2.0 onzas	Fórmula 18-46-0 + Sulfato de Amonio
90 Días después del transplante	2.0 onzas + 2.0 onzas	Fórmula 15-15-15 + Sulfato de Amonio
120 Días después del transplante	5.0 onzas	Fórmula 15-15-15
180 Días después del transplante	4.0 onzas	Fórmula 13-0-46
210 Días después del transplante	6.0 onzas	Sulfato de potasio (Fórmula 0-0-50-18)

ENCALADO

Aplicar 8 ONZAS/PLANTA DE CAL DOLOMÍTICA (20% Calcio y 10% Magnesio) al momento del transplante, procurando colocarlo al fondo del hoyo para que no haga contacto con el fertilizante.

IMPORTANTE: Después de aplicar Cal Dolomítica, debe de realizarse análisis de suelo, antes de hacer nuevas aplicaciones, es importante hacerlo para conocer como aumentó el pH y si los contenidos de Calcio y Magnesio están balanceados con las cantidades de Cal Dolomítica que se han agregado y evitar sobreencalar.

ING. QUIRINO ARGUETA
TECNICO EN FERTILIDAD DE SUELOS

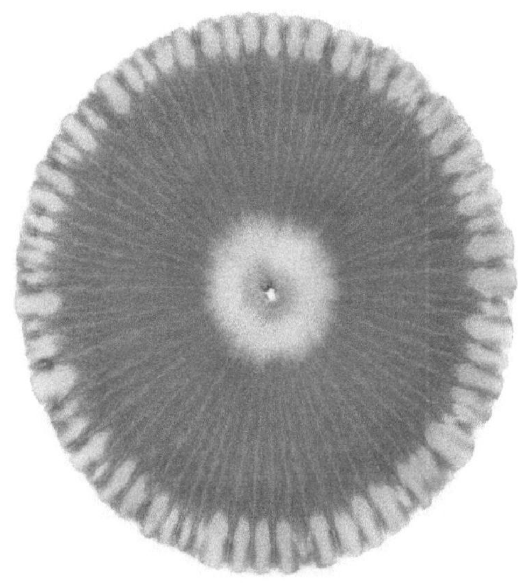

Muestra 27

La zona nitrogenada luce bastante amplia. La coloración del cromatograma asociado a un nivel ligeramente aceptable, en general el cromatograma se muestra bastante balanceado en cuanto a la distribución de colores aunque tendiente a oscuros; la interacción es moderadamente aceptable entra cada una de sus zonas; el análisis químico del suelo presenta textura franco arenos, un nivel medio de materia orgánica (3.09%), por lo que deben realizarse acciones tendientes a mejorar dicha situación y el pH es moderadamente ácido (5.8), el cual es aceptable para el crecimiento y desarrollo de algunos cultivos.

Para mejorar las características de color e interacción del cromatograma será necesario implementar acciones tendientes a reducir los riesgos de degradación de este suelo; debe procurarse el establecimiento de abonos verdes para la fijación de nitrógeno atmosférico, de igual forma promover la incorporación de abonos naturales como composta, bocashi, gallinaza u otro de una forma controlada para seguir mejorando los niveles de materia orgánica del suelo. En general debe procurarse promover las condiciones de fertilidad que presenta este suelo, posiblementa realizando aplicaciones de harina de rocas u otras que favorezcan los procesos naturales; realizar obras de conservación de suelos especialmente cuando estos presentan pendientes que favorecen los procesos de erosión y establecer un programa de rotación de cultivos para recuperar las deficiencias nutricionales existentes.

CANTON: SANTO TOMAS
MUNICIPIO: SAN LUIS TALPA
DEPARTAMENTO: LA PAZ

No. Laboratorio	Muestra No.27
Profundidad de la muestra	0-20 cm.
Utilizará riego Si o No	NO
Area representada por la muestra	4 mz.
Cultivo que desea fertilizar	MAIZ
Mes en que sembrará	MAYO
Topografía del terreno	PLANO

RESULTADO DEL ANÁLISIS

Textura		FRANCO ARENOSO
PH en agua	5.8	MODERADAMENTE ACIDO
Fósforo (ppm)	48	MUY ALTO
Potasio (ppm)	273	MUY ALTO
Zinc (ppm)	3.68	ALTO
Manganeso (ppm)	61.26	MUY ALTO
Hierro (ppm)	87.21	MUY ALTO
Cobre (ppm)	0.59	BAJO
Materia Orgánica (%)	3.09	MEDIO
Calcio Intercambiable (Meq/100g)	5.40	ALTO
Magnesio Intercambiable (Meq/100g)	1.14	BAJO
Potasio Intercambiable (Meq/100g)	0.70	
Sodio Intercambiable (Meq/100g)	0.47	NO SODICO
Suma de bases intercambiable (Meq/100g)	7.71	MEDIO
Acidez Intercambiable (Meq/100g)	0.0	BAJO
CICE (Meq/100g)	7.71	MEDIO
Saturación de bases %	100	
Relación Calcio/Magnesio	4.74	MEDIO
Relación Magnesio/Potasio	1.63	BAJO
Relación Calcio + Magnesio/Potasio	9.34	BAJO
Relación Calcio/Potasio	7.71	MEDIO

RECOMENDACIONES DE FERTILIZACION

MAIZ
1ª. Fertilización. 8 días después de la siembra:
330 lb/mz de Sulfato de Amonio +
18 lb/mz de Sulfato de Cobre, $CuSO_4.7H_2O$

2ª. Fertilización. 30 Días después de la siembra:
150 lb/mz de Urea +
175 lb/mz de Sulfato de Amonio.

ENCALADO

Aplicar 12 QUINTALES/MANZANA de CAL DOLOMITICA (20% DE CALCIO Y 10% DE MAGNESIO) distribuido al momento de preparar el terreno.

IMPORTANTE: Después de aplicar Cal Dolomítica, debe de realizarse análisis de suelo, antes de hacer nuevas aplicaciones, es importante hacerlo para conocer como aumentó el pH y si los contenidos de Calcio y Magnesio están balanceados con las cantidades de cal Dolomítica que se han agregado y evitar sobreencalar.

**ING. QUIRINO ARGUETA
TECNICO EN FERTILIDAD DE SUELOS**

Muestra 28

La zona nitrogenada luce levemente desarrollada. La coloración del cromatograma generalmente asociado a problemas de baja fertilidad, a pesar que la interacción es ligeramente aceptable, presenta además dos círculos de color gris oscuro claramente marcados los cuales no son desables; La poca interacción entre sus partes así como colores tendiente a oscuros pueden ser indicadores que este suelo puede responder con ciertas dificultades a procesos de mejora. El análisis químico del suelo muestra textura franco arcillo arenosa, el nivel de materia orgánica (1.88%) es bajo; el pH es muy fuertemente acido, (4.8), el cual es limitante para el crecimiento y desarrollo de la mayoría de cultivos.

El cromatograma muestra un contraste de colores e interacción que deben ser mejorados y para ello es necesario implementar acciones tendientes a reducir los niveles de degradación de este suelo, especialmente recuperar los problemas de pH evitando la aplicación de productos químicos sintéticos que favorecen la acidéz así como la implementación de un plan de enmiendas; establecer abonos verdes para la fijación de nitrógeno atmosférico y mejorar los niveles de materia orgánica, de igual forma promover la incorporación de abonos naturales como composta, bocashi, gallinaza u otro de una forma controlada. En general debe procurarse mejorar las condiciones de fertilidad, realizando aplicaciones de harina de rocas u otras que favorezcan los procesos naturales; realizar obras de conservación especialmente cuando los suelos presentan pendientes que favorecen los procesos de erosión y establecer un programa de rotación de cultivos para evitar favorecer desbalances nutricionales.

MUNICIPIO: SANTA RITA
DEPARTAMENTO: CHALATENANGO

No. Laboratorio	Muestra No. 28
Profundidad de la muestra	25 cm.
Utilizará riego Si o No	Si
Cultivo que desea fertilizar	PAPAYO
Mes en que sembrará	JUNIO
Topografía del terreno	PLANA

RESULTADO DEL ANÁLISIS

Textura	FRANCO ARCILLO ARENOSO
PH en agua	4.8 MUY FUERTEMENTE ACIDO
Fósforo (ppm)	23 ALTO
Potasio (ppm)	50 BAJO
Zinc (ppm)	2.21 BAJO
Manganeso (ppm)	26.67 MUY ALTO
Hierro (ppm)	48.39 MUY ALTO
Cobre (ppm)	1.34 ALTO
Materia Orgánica (%)	1.88 BAJO
Calcio Intercambiable (Meq/100g)	5.46 ALTO
Magnesio Intercambiable (Meq/100g)	1.19 BAJO
Potasio Intercambiable (Meq/100g)	0.13
Sodio Intercambiable (Meq/100g)	0.17 NO SODICO
Suma de bases intercambiable (Meq/100g)	6.95 MEDIO
Acidez Intercambiable (Meq/100g)	1.16 MEDIO
CICE (Meq/100g)	8.11 MEDIO
Saturación de bases %	85.70
Relación Calcio/Magnesio	4.59 MEDIO
Relación Magnesio/Potasio	9.15 MEDIO
Relación Calcio + Magnesio/Potasio	51.15 ALTO
Relación Calcio/Potasio	42.0 ALTO

RECOMENDACIONES DE FERTILIZACION

PAPAYA

EDAD	CANTIDAD/ PLANTA	TIPO DE FERTILIZANTE
Al Transplante	7.0 onzas + 18 gramos + 14 onzas	Fórmula 15–5-15 + Sulfato de Zinc, $ZnSO_4.7H_2O$ + SUL-PO-MAG
30 Días después del transplante	2.0 onzas + 2.0 onzas	Fórmula 18–46-0 + Sulfato de Amonio
60 Días después del transplante	2.0 onzas + 2.0 onzas	Fórmula 18-46-0 + Sulfato de Amonio
90 Días después del transplante	2.0 onzas + 2.0 onzas	Fórmula 15-15-15 + Sulfato de Amonio
120 Días después del transplante	5.0 onzas	Fórmula 15-15-15
180 Días después del transplante	4.0 onzas	Fórmula 13-0-46
210 Días después del transplante	6.0 onzas	Sulfato de potasio (Fórmula 0-0-50-18)
NOTA: Adicionar 5 Libras/planta de materia orgánica bien descompuesta, 15 días después de trasplantada.		

ENCALADO

Aplicar 8 ONZAS/PLANTA DE CAL DOLOMITICA (20% Calcio y 10% Magnesio) 15 días antes del transplante distribuido alrededor del hoyo.

IMPORTANTE: Después de aplicar Cal Dolomítica, debe de realizarse análisis de suelo, antes de hacer nuevas aplicaciones, es importante hacerlo para conocer como aumentó el pH y si los contenidos de Calcio y Magnesio están balanceados con las cantidades de cal Dolomítica que se han agregado y evitar sobreencalar.

ING. QUIRINO ARGUETA
TECNICO EN FERTILIDAD DE SUELOS

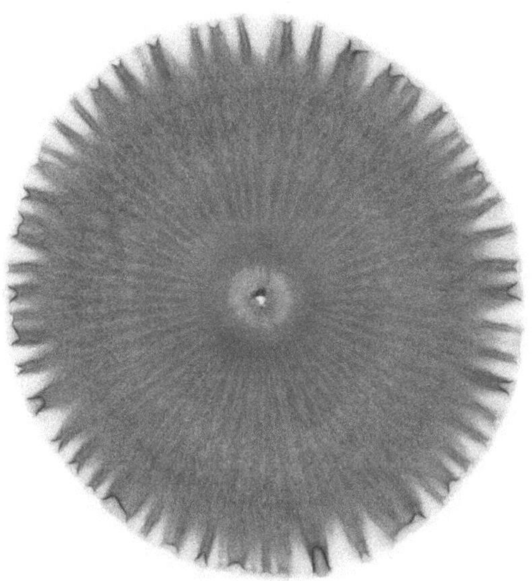

La zona nitrogenada luce poco desarrollada. La coloración del cromatograma generalmente asociado a problemas de baja fertilidad; muestra una ligeramente aceptable interacción entre cada una de sus zonas, sin embargo la predominancia de colores oscuros son un fuerte indicador que en este suelo es difícil su respuesta a los procesos de mejora; se observa además un círculo gris inmerso en la zona proteica, externamente el cromatograma proyecta una especie de rayos que interactúan con la zona enzimática; el análisis químico de suelos muestra textura franco arenosa, presenta además un nivel bajo de materia orgánica (1.77%) y el pH es fuertemente ácido (5.3), el cual es limitante para el crecimiento y desarrollo de la mayoría de cultivos. Un futuro cromatograma de ese suelo puede ser mejorado implementando acciones tendientes a reducir los niveles de degradación de este suelo, con énfasis en el pH evitando la aplicación de fertilizantes químicos sintéticos que favorezcan la acidéz, asi como impulsar un plan de enmiendas; debe procurarse el establecimiento de abonos verdes para la fijación de nitrógeno atmosférico y mejorar los niveles de materia orgánica, de igual forma promover la incorporación de abonos naturales como composta, bocashi, gallinaza u otro de una forma controlada. En general mejorar las condiciones de fertilidad, realizando aplicaciones de harina de rocas u otras que favorezcan los procesos naturales; realizar obras de conservación especialmente cuando los suelos presentan pendientes que favorecen los procesos de erosión; establecer un programa de rotación de cultivos para evitar que se puedan dar mayores desbalances nutricionales.

CANTON: CHILAMATE	
MUNICIPIO: NUEVA CONCEPCION	
DEPARTAMENTO: CHALATENANGO	

No. Laboratorio	Muestra No.29
Profundidad de muestra	0-25 cm.
Utilizará riego	SI
Área representada/muestra	1.5 mz.
Cultivo que desea fertilizar	PAPAYO
Mes en que sembrará	Junio
Topografía del terreno	Plano

RESULTADO DEL ANÁLISIS

Textura	FRANCO ARENOSO
pH en agua	5.3 FUERTEMENTE ACIDO
Fósforo (ppm)	4 MUY BAJO
Potasio (ppm)	132 ALTO
Zinc (ppm)	1.20 BAJO
Manganeso (ppm)	6.68 ALTO
Hierro (ppm)	34.17 MUY ALTO
Cobre (ppm)	0.84 BAJO
Materia Orgánica (%)	1.77 BAJO
Calcio Intercambiable (Meq/100g)	5.06 ALTO
Magnesio Intercambiable (Meq/100g)	1.11 BAJO
Potasio Intercambiable (Meq/100g)	0.34
Sodio Intercambiable (Meq/100g)	0.24 NO SODICO
Suma de Bases Intercambiable (Meq/100g)	6.75 MEDIO
Acidez Intercambiable (Meq/100g)	0.41 BAJO
CICE (Meq/100g)	7.16 MEDIO
Saturación de Bases %	94.27
Relación Calcio/Magnesio	4.56 MEDIO
Relación Magnesio/potasio	3.26 MEDIO
Relación Calcio + Magnesio/Potasio	18.15 MEDIO
Relación Calcio/Potasio	14.88 MEDIO

RECOMENDACIONES DE FERTILIZACION

PAPAYO 778 PLANTAS/MANZANA

EDAD	CANTIDAD/ PLANTA	TIPO DE FERTILIZANTE
Transplante	6.0 onzas + 1.0 onzas + 9.0 gramos	Fórmula 18-46-0 + Sulfato de Zinc, $ZnSO_4.7H_2O$ + Sulfato de Cobre, $CuSO_4.5H_2O$
30 Días después del Transplante	2.0 onzas + 2.0 onzas	Fórmula 18-46-0 + Sulfato de Amonio
60 Días después del Transplante	2.0 onzas + 2.0 onzas	Fórmula 18-46-0 + Sulfato de Amonio
90 Días después del Transplante	2.0 onzas + 2.0 onzas	Fórmula 15-15-15 + Sulfato de Amonio
120 Días después del Transplante	5.0 onzas	Fórmula 15-15-15
180 Días después del Transplante	4.0 onzas	Fórmula 13-0-46
210 Días después del Transplante	6.0 onzas	(Sulfato de potasio) Fórmula 0-0-50-18

ENCALADO
Aplicar 15 ONZAS/PLANTA DE CAL DOLOMÍTICA (20% Calcio y 10% Magnesio)
al momento de preparar el terreno.

IMPORTANTE: Después de aplicar Cal Dolomítica, debe de realizarse análisis de
suelo, antes de hacer nuevas aplicaciones, es importante hacerlo para conocer
como aumentó el pH y si los contenidos de Calcio y Magnesio están balanceados
con las cantidades de Cal Dolomítica que se han agregado y evitar sobreencalar.

MATERIA ORGANICA:
Aplicar 5 Kilogramos/Planta de Materia Orgánica bien descompuesta 15 días
después de transplantado.

ING. QUIRINO ARGUETA
TECNICO EN FERTILIDAD DE SUELOS

La zona nitrogenada luce normalmente desarrollada. La coloración del cromatograma generalmente asociado a aceptables niveles de fertilidad, a pesar de cierts tendencia a tener contrastes oscuros sin embargo existe una interacción moderadamente aceptable entre cada una de sus partes lo cual es un indicador que este suelo puede responder positivamente a la implementación de planes de mejora; el análisis químico de suelos muestra textura franco limosa, presenta además un nivel alto de materia orgánica (4.77%); el pH es fuertemente ácido (5.1), siendo limitante para el crecimiento y desarrollo de la mayoría de cultivos.

El cromatograma muestra un contraste de colores relativamente buenos, así como interacción, por lo que es necesario implementar acciones tendientes a reducir los niveles de degradación de este suelo; con énfasis al pH, evitando aplicar productos químico sintéticos que favorezcan la acidez así como implementar un plan sistemático de enmiendas; debe procurarse el establecimiento de abonos verdes para la fijación de nitrógeno atmosférico y mantener buenos niveles de materia orgánica, de igual forma promover la incorporación de abonos naturales como composta, bocashi, gallinaza u otro de una forma controlada. En general potenciar las condiciones de fertilidad, realizando aplicaciones de harina de rocas u otras que favorezcan los procesos naturales; realizar obras de conservación especialmente cuando los suelos presentan pendientes que favorecen los procesos de erosión; establecer un programa de rotación de cultivos para evitar que se puedan producir desbalances nutricionales.

**CANTON: EL SALITRERO
MUNICIPIO: ATIQUIZAYA
DEPARTAMENTO: AHUACHAPAN**

No. Laboratorio	Muestra No.30
Profundidad de muestra	0-20 cm.
Utilizará riego	NO
Área representada/muestra	2.5 mz.
Cultivo que desea fertilizar	MAIZ
Mes en que sembrará	Mayo
Topografía del terreno	Semiplano

RESULTADO DEL ANÁLISIS

Textura	FRANCO LIMOSO
pH en agua	5.1 FUERTEMENTE ACIDO
Fósforo (ppm)	4 MUY BAJO
Potasio (ppm)	112 ALTO
Zinc (ppm)	5.05 ALTO
Manganeso (ppm)	43.56 MUY ALTO
Hierro (ppm)	19.83 ALTO
Cobre (ppm)	6.53 ALTO
Materia Orgánica (%)	4.77 ALTO
Calcio Intercambiable (Meq/100g)	8.17 ALTO
Magnesio Intercambiable (Meq/100g)	2.33 ALTO
Potasio Intercambiable (Meq/100g)	0.29
Sodio Intercambiable (Meq/100g)	0.14 NO SODICO
Suma de Bases Intercambiable (Meq/100g)	10.93 MEDIO
Acidez Intercambiable (Meq/100g)	0.40 BAJO
CICE (Meq/100g)	11.33 MEDIO
Saturación de Bases %	96.47
Relación Calcio/Magnesio	3.51 MEDIO
Relación Magnesio/potasio	8.03 MEDIO
Relación Calcio + Magnesio/Potasio	36.21 MEDIO
Relación Calcio/Potasio	28.17 ALTO

RECOMENDACIONES DE FERTILIZACION

13   MAIZ

1ª Fertilización: A la siembra
350 lb/mz de Fórmula 18-46-0

2ª Fertilización: 30 días después de la siembra
150 lb/mz de Urea +
205 lb/mz de Sulfato de Amonio

ENCALADO
Aplicar 15 QUINTALES/MANZANA de CAL DOLOMITICA (20% DE CALCIO Y 10% DE MAGNESIO) distribuido uniformemente al momento de preparar el terreno.

IMPORTANTE: Después de aplicar Cal Dolomítica, debe de realizarse análisis de suelo, antes de hacer nuevas aplicaciones, es importante hacerlo para conocer como aumentó el pH y si los contenidos de Calcio y Magnesio están balanceados con las cantidades de cal Dolomítica que se han agregado y evitar sobreencalar.

ING. QUIRINO ARGUETA
TECNICO EN FERTILIDAD DE SUELOS

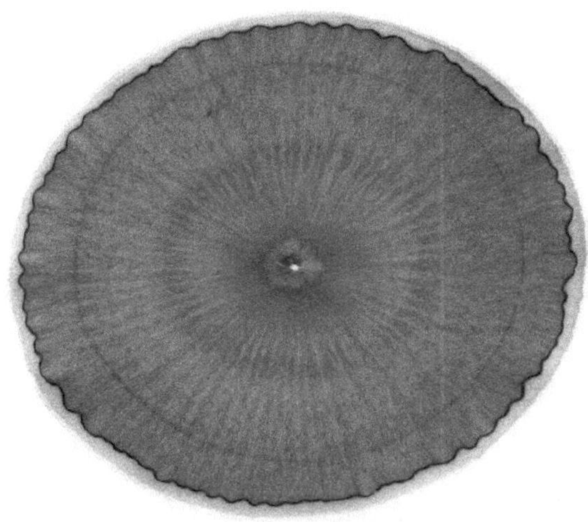

Muestra 31

La zona nitrogenada luce muy limitada. La coloración del cromatograma generalmente asociado a problemas de baja fertilidad, muestra tonalidades oscuras en contraste con colores amarillentos y una fuerte delimitación entre cada una las zonas del cromatograma a pesar que se observa una moderablemente aceptable interacción; todo lo anterior puede ser indicador que es necesario ralizar acciones sitemáticas para que este suelo responda a procesos de mejora; el análisis químico de suelos muestra textura franco arcillo arenoso, presenta además un nivel bajo de materia orgánica (1.88%) y el pH es ligeramente acido (6.2) y es bastante adecuado para el crecimiento y desarrollo de la mayoría de cultivos.

El cromatograma muestra un contraste de colores poco satisfactorio por el predominio de colores oscuros por lo que es necesario implementar acciones tendientes a reducir los niveles de degradación de este suelo; debe procurarse el establecimiento de abonos verdes para la fijación de nitrógeno atmosférico y mejorar los niveles de materia orgánica, de igual forma promover la incorporación de abonos naturales como composta, bocashi, gallinaza u otro de una forma controlada. En general mejorar la fertilidad que presenta este suelo, realizando aplicaciones de harina de rocas u otras que favorezcan los procesos naturales; realizar obras de conservación especialmente cuando los suelos presentan pendientes que favorecen los procesos de erosión y establecer un programa de rotación de cultivos para reducir los desblances nutricionales existentes.

**CANTON: SAN JOSE EL CARAO
MUNICIPIO: LA REINA
DEPARTAMENTO: CHALATENANGO**

No. Laboratorio	Muestra No. 31
Identificación de la muestra	
Profundidad de la muestra	0 - 20 cm.
Utilizará riego Si o No	SI
Cultivo que desea fertilizar	PAPAYA
Topografía del terreno	Plano

RESULTADO DEL ANÁLISIS

Textura	FRANCO ARCILLO ARENOSO
PH en agua	6.2 LIGERAMENTE ACIDO
Fósforo (ppm)	80 MUY ALTO
Potasio (ppm)	278 MUY ALTO
Zinc (ppm)	4.02 ALTO
Manganeso (ppm)	14.61 MUY ALTO
Hierro (ppm)	56.07 MUY ALTO
Cobre (ppm)	1.28 ALTO
Materia Orgánica (%)	1.88 BAJO
Calcio Intercambiable (Meq/100g)	5.96 ALTO
Magnesio Intercambiable (Meq/100g)	2.03 BAJO
Potasio Intercambiable (Meq/100g)	0.71
Relación Calcio/Magnesio	2.94 MEDIO
Relación Magnesio/Potasio	2.86 MEDIO
Relación Calcio + Magnesio/Potasio	11.25 MEDIO
Relación Calcio/Potasio	8.39 MEDIO

RECOMENDACIONES DE FERTILIZACION

PAPAYA RED LADY   778 PLANTAS/MANZANA

EDAD	CANTIDAD/ PLANTA	TIPO DE FERTILIZANTE
8 Días después del transplante	3.0 onzas	Sulfato de Amonio
30 Días después del transplante	3.0 onzas	Sulfato de Amonio
60 Días después del transplante	3.0 onzas	Sulfato de Amonio
90 Días después del transplante	2.0 onzas + 2.0 onzas	Fórmula 15-15-15 + Sulfato de Amonio
120 Días después del transplante	5.0 onzas	Fórmula 15-15-15
180 Días después del transplante	4.0 onzas	Fórmula 13-0-46
210 Días después del transplante	6.0 onzas	(Sulfato de potasio) Fórmula 0-0-50-18

CORRECCION DE MAGNESIO

Aplicar 7 onzas/planta de Magnesita (3% de Calcio y 21% de Magnesio) distribuido al momento del transplante.

MATERIA ORGANICA:
Aplicar 10 Libras/Planta de Materia Orgánica bien descompuesta, mezclar el suelo con el abono al momento del ahoyado.

ING. QUIRINO ARGUETA
TECNICO EN FERTILIDAD DE SUELOS

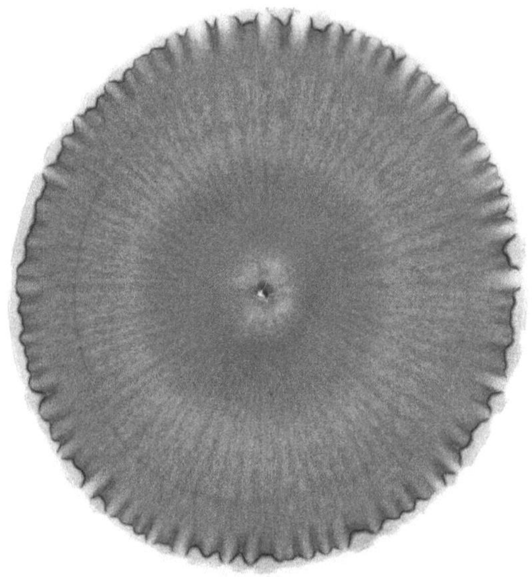

La zona nitrogenada luce limitadamente desarrollada. La coloración del cromatograma generalmente asociado a problemas de desbalances nutricionales; muestra una ligeramente aceptable interacción entre cada una de sus zonas, sin embargo existe un contraste de colores oscuros y marcadas áreas oscuras en la zona mineral que pueden ser indicador que en este suelo es difícil su respuesta a los procesos de mejora; el análisis químico de suelos muestra textura frnaco arenosa, presenta además un nivel bajo de materia orgánica (1.08%); el pH es fuertemente ácido (5.3), el cual es inadecuado para el crecimiento y desarrollo de la mayoría de cultivos.

El cromatograma muestra un contraste de colores oscuros y poca interacción, por lo que es necesario implementar acciones tendientes a reducir los niveles de degradación de este suelo, con énfasis en el pH evitando la aplicación de fertilizantes químicos sintéticos que favorezcan la acidéz, asi como impulsar un plan de enmiendas; debe procurarse el establecimiento de abonos verdes para la fijación de nitrógeno atmosférico y mejorar los niveles de materia orgánica, de igual forma promover la incorporación de abonos naturales como composta, bocashi, gallinaza u otro de una forma controlada. En general mejorar las condiciones de fertilidad, realizando aplicaciones de harina de rocas u otras que favorezcan los procesos naturales; realizar obras de conservación especialmente cuando los suelos presentan pendientes que favorecen los procesos de erosión; establecer un programa de rotación de cultivos para evitar que se puedan producir desbalances nutricionales.

MUNICIPIO: ROSARIO
DEPARTAMENTO: LA PAZ

No. Laboratorio	Muestra No. 32
Profundidad de la muestra	0-20 cm.
Utilizará riego Si o No	Si
Cultivo que desea fertilizar	AGUACATE, GUAYABA, MARAÑON JAPONES
Topografía del terreno	Plano

RESULTADO DEL ANÁLISIS

Textura	FRANCO ARENOSO	
PH en agua	5.3	FUERTEMENTE ACIDO
Fósforo (ppm)	88	MUY ALTO
Potasio (ppm)	209	MUY ALTO
Zinc (ppm)	1.72	BAJO
Manganeso (ppm)	9.09	ALTO
Hierro (ppm)	28.27	MUY ALTO
Cobre (ppm)	0.79	BAJO
Materia Orgánica (%)	1.08	BAJO
Calcio Intercambiable (Meq/100g)	5.02	ALTO
Magnesio Intercambiable (Meq/100g)	1.39	BAJO
Potasio Intercambiable (Meq/100g)	0.54	
Sodio Intercambiable (Meq/100g)	0.26	NO SODICO
Suma de bases intercambiable (Meq/100g)	7.21	MEDIO
Acidez Intercambiable (Meq/100g)	0.10	BAJO
CICE (Meq/100g)	7.31	MEDIO
Saturación de bases %	98.63	
Relación Calcio/Magnesio	3.61	MEDIO
Relación Magnesio/Potasio	2.57	MEDIO
Relación Calcio + Magnesio/Potasio	11.87	MEDIO
Relación Calcio/Potasio	9.30	MEDIO

RECOMENDACIONES DE FERTILIZACION

<u>**AGUACATE**</u>

EDAD	EPOCA	CANTIDAD/ PLANTA	TIPO DE FERTILIZANTE
1 AÑO	**Al transplante**	3 onzas + 5 onzas + 2 onzas	Formula 16-20-0 + Sulfato de Zinc, $ZnSO_4.7H_2O$ + Sulfato de Cobre, $CuSO_4.5H_2O$
	Julio	2.5 onzas	Sulfato de Amonio
	Septiembre	1 onza	Urea
2 AÑO	**Mayo**	5 onzas	Sulfato de Amonio
	Julio	5 onzas	Sulfato de Amonio
	Septiembre	2 onzas	Urea
3 AÑO	**Mayo**	8 onzas	Sulfato de Amonio
	Julio	8 onzas	Sulfato de Amonio
	Septiembre	3.5 onzas	Urea
4 AÑO	**Mayo**	1.0 Libra	Sulfato de Amonio
	Julio	1.25 Libras	Sulfato de Amonio
	Septiembre	0.60 Libras	Urea
5 AÑO en adelante	**Inicio de lluvias**	2.5 Libras	Formula 16-20-0
	Septiembre	2.5 Libras	Sulfato de Amonio

<u>**ENCALADO PARA AGUACATE**</u>
Aplicar 3 LIBRAS/ARBOL de CAL DOLOMITICA al momento del transplante, procurando que el fertilizante no haga contacto con la cal. Repetir esta cantidad al final de las lluvias (octubre)

IMPORTANTE: Después de aplicar CAL DOLOMITICA, debe de realizarse análisis de suelo, antes de hacer nuevas aplicaciones, es importante hacerlo para conocer como aumentó el pH y si los contenidos de Calcio y Magnesio están balanceados con las cantidades de CAL DOLOMITICA que se han agregado y evitar sobreencalar.

<u>**MATERIA ORGANICA:**</u>
Aplicar 5 Libras/planta de Materia Orgánica bien descompuesta, después de transplantado.

GUAYABA

EDAD	EPOCA	CANTIDAD/ PLANTA	TIPO DE FERTILIZANTE
1 AÑO	Al transplante	16 onzas	Cal Dolomítica
	8 Días después del transplante	5 onzas + 1 onza + 9 gramos	Sulfato de amonio+ Sulfato de Zinc + Sulfato de Cobre
	1 mes después del transplante	5 onzas	Sulfato de Amonio
	2 meses después del transplante	5 onzas	Nitrato de Amonio Calcáreo
	3 meses después del transplante	5 onzas	Sulfato de Amonio
	4 meses después del transplante	2 onzas	Urea
	5 meses después del transplante	5 onzas	Sulfato de Amonio
	6 meses después del transplante	5 onzas	Nitrato de Amonio Calcáreo
	7 meses después del transplante	5 onzas	Sulfato de Amonio
	8 meses después del transplante	2 onzas	Urea
	9 meses después del transplante	5 onzas	Sulfato de Amonio
	10 meses después del transplante	5 onzas	Sulfato de Amonio
	11 meses después del transplante	2 onzas	Urea

MATERIA ORGANICA:
Aplicar 5 Libras/planta de Materia Orgánica bien descompuesta, 15 días después del transplante.

MARAÑON JAPONES

EDAD	EPOCA	CANTIDAD/ PLANTA	TIPO DE FERTILIZANTE
1 AÑO	**Transplante**	2 libras	CAL DOLOMITICA (20% Calcio y 10% Magnesio)
	8 Días después del transplante	2 onzas + 4 onzas + 1.5 onzas	Sulfato de Amonio+ Sulfato de Zinc, $ZnSO_4.7H_2O$ + Sulfato de Cobre, $CuSO_4.5H_2O$
	Julio	3 onzas	Sulfato de Amonio
	Septiembre	1 onza	Urea
2 AÑO	**Mayo**	3.5 onzas	Nitrato de Amonio Calcáreo
	Julio	4 onzas	Sulfato de Amonio
	Septiembre	2 onzas	Urea
3 AÑO	**Mayo**	5 onzas	Nitrato de Amonio Calcáreo
	Julio	6 onzas	Sulfato de Amonio
	Septiembre	3 onzas	Urea
4 AÑO	**Mayo**	6 onzas	Nitrato de Amonio Calcáreo
	Julio	8 onzas	Sulfato de Amonio
	Septiembre	4 onzas	Urea

Del 5°. Año en adelante aplicar las cantidades del 4°. Año.

ENCALADO PARA MARAÑON JAPONES

Aplicar 3 LIBRAS/PLANTA de CAL DOLOMITICA (20% Calcio y 10% Magnesio) a finales del mes de octubre.

IMPORTANTE: Después de aplicar CAL DOLOMITICA, debe de realizarse análisis de suelo, antes de hacer nuevas aplicaciones, es importante hacerlo para conocer como aumentó el pH y si los contenidos de Calcio y Magnesio están balanceados con las cantidades de CAL DOLOMITICA que se han agregado y evitar sobreencalar.

ING. QUIRINO ARGUETA
TECNICO EN FERTILIDAD DE SUELOS

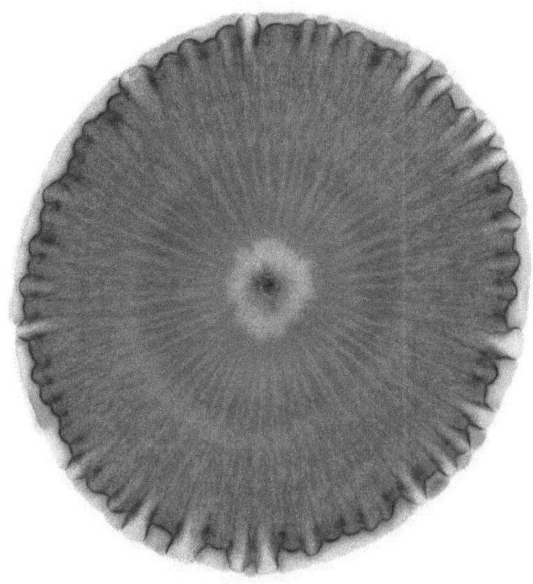

Muestra 33

La zona nitrogenada luce normalmente desarrollada. La coloración del cromatograma es ligeramente aceptable, presenta un cinturón oscuro que se observa en la zona mineral sin embargo la apariencia general es una tendencia a ser bueno; El cromatograma se muestra con ciertas tonalidades oscuras, aunque con moderadamente aceptable interacción entre cada una de sus zonas y mejorando la situación entre las zonas proteica y enzimática, lo cual puede ser un indicador que este suelo puede respondaer positivamente a procesos de mejora; el análisis químico de suelos muestra textura franco arcillosa, presenta además un nivel alto de materia orgánica (5.0%) y el pH es neutro (6.6), el cual es adecuado para el crecimiento y desarrollo de la mayoría de cultivos.

El cromatograma muestra un contraste de colores e interacción que pueden ser mejorados, por lo que es necesario implementar acciones tendientes a reducir los niveles de degradación de este suelo; debe procurarse el establecimiento de abonos verdes para la fijación de nitrógeno atmosférico y mantener buenos niveles de materia orgánica, de igual forma promover la incorporación de abonos naturales como composta, bocashi, gallinaza u otro de una forma controlada. En general potenciar las condiciones de fertilidad, realizando aplicaciones de harina de rocas u otras que favorezcan los procesos naturales; realizar obras de conservación especialmente cuando los suelos presentan pendientes que favorecen los procesos de erosión y establecer un programa de rotación de cultivos para evitar que se puedan producir mayores desbalances nutricionales.

CANTON: BUENA VISTA
MUNICIPIO: SAN JULIAN
DEPARTAMENTO: SONSONATE

No. Laboratorio	Muestra No. 33
Profundidad de la muestra	0-30 cm.
Cultivo que desea fertilizar	NARANJO, MANDARINA
Edaad, si es cultivo perenne	4 Años
Topografía del terreno	Plano

RESULTADO DEL ANÁLISIS

Textura	FRANCO ARCILLOSO
PH en agua	6.6 NEUTRO
Fósforo (ppm)	61 MUY ALTO
Potasio (ppm)	279 MUY ALTO
Zinc (ppm)	13.19 MUY ALTO
Manganeso (ppm)	10.62 MUY ALTO
Hierro (ppm)	10.61 ALTO
Cobre (ppm)	0.64 BAJO
Materia Orgánica (%)	5.00 ALTO
Calcio Intercambiable (Meq/100g)	13.99 ALTO
Magnesio Intercambiable (Meq/100g)	2.69 ALTO
Potasio Intercambiable (Meq/100g)	0.72
Sodio Intercambiable (Meq/100g)	0.17 NO SODICO
Suma de bases intercambiable (Meq/100g)	17.57 MEDIO
Acidez Intercambiable (Meq/100g)	0.0 BAJO
CICE (Meq/100g)	17.57 MEDIO
Saturación de bases %	100
Relación Calcio/Magnesio	5.20 ALTO
Relación Magnesio/Potasio	3.74 MEDIO
Relación Calcio + Magnesio/Potasio	23.17 MEDIO
Relación Calcio/Potasio	19.43 MEDIO

RECOMENDACIONES DE FERTILIZACION

NARANJA

EDAD	EPOCA	CANTIDAD/PLANTA	TIPO DE FERTILIZANTE
4 AÑOS	**Mayo**	15 onzas + 2.5 onzas	Sulfato de Amonio + Sulfato de Cobre
	Julio	15 onzas	Sulfato de Amonio
	Septiembre	7 onzas	Urea
	Octubre	7 onzas	Urea
5 AÑOS	**Mayo**	1.25 Libras	Sulfato de Amonio
	Julio	1.25 Libras	Sulfato de Amonio
	Septiembre	0.60 Libras	Urea
	Octubre	0.60 Libras	Urea
6 AÑOS	**Mayo**	3.0 Libras	Fórmula 13-0-46
	Julio	2.0 Libras	Sulfato de Amonio
	Septiembre	1.0 Libra	Urea

MANDARINA

EDAD	EPOCA	CANTIDAD/PLANTA	TIPO DE FERTILIZANTE
4 AÑOS	**Mayo**	16 onzas + 1.5 onzas	Fórmula 13-0-46 + Sulfato de Cobre
	Julio	12 onzas	Sulfato de Amonio
	Septiembre	5 onzas	Urea
	Octubre	12 onzas	Sulfato de Amonio
5 AÑOS	**Mayo**	16 onzas	Sulfato de Amonio
	Julio	16 onzas	Sulfato de Amonio
	Septiembre	7 onzas	Urea
	Octubre	7 onzas	Urea
6 AÑOS	**Mayo**	2.0 Libras	Sulfato de Amonio
	Julio	0.86 Libras	Urea
	Septiembre	2.0 Libras	Sulfato de Amonio

ING. QUIRINO ARGUETA
TECNICO EN FERTILIDAD DE SUELOS

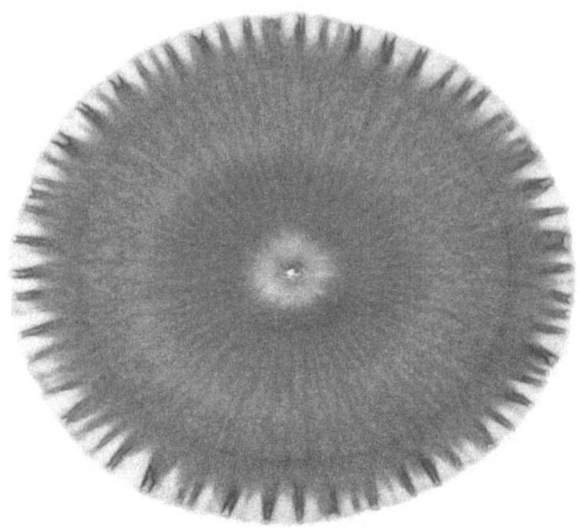

Muestra 34

La zona nitrogenada luce normalmente desarrollada. La coloración del cromatograma generalmente asociado a problemas de desbalances nutricionales; muestra una ligeramente aceptable interacción entre cada una de sus zonas y un contraste de colores bastante oscuros así como una delimitación bastante oscura especialmente entre la zona mineral y proteica, la zona proteica se extiende a manera de rayos hasta entrar en contacto con la zona enzimática, entre los cuales predomina una coloración crema. El análisis químico de suelos muestra textura franco arenosa, presenta además un nivel bajo de materia orgánica (1.90%); el pH es fuertemente ácido (5.4), el cual es limitante para el crecimiento y desarrollo de la mayoría de cultivos.

Debido a que los colores e interacción entre sus zonas no son los deseables, es necesario implementar acciones tendientes a reducir los niveles de degradación de este suelo, con énfasis en el pH evitando la aplicación de fertilizantes químicos sintéticos que favorezcan la acidéz, asi como impulsar un plan de enmiendas; debe procurarse el establecimiento de abonos verdes para la fijación de nitrógeno atmosférico y mejorar los niveles de materia orgánica, de igual forma promover la incorporación de abonos naturales como composta, bocashi, gallinaza u otro de una forma controlada. En general mejorar las condiciones de fertilidad, realizando aplicaciones de harina de rocas u otras que favorezcan los procesos naturales; realizar obras de conservación especialmente cuando los suelos presentan pendientes que favorecen los procesos de erosión; establecer un programa de rotación de cultivos para evitar que se puedan producir mayores desbalances nutricionales.

**CENTRO NACIONAL DE TECNOLOGIA
AGROPECUARIA Y FORESTAL
LABORATORIO DE SUELOS
e-mail centa_labsuelos@yahoo.com
Tel. 23020200 Ext.248**

**CANTON: SANTA ROSA
MUNICIPIO: NUEVA CONCEPCION
DEPARTAMENTO: CHALATENANGO**

No. Laboratorio	Muestra No.34
Profundidad de muestra	0-20 cm.
Utilizará riego	SI
Área representada/muestra	2 mz.
Cultivo que desea fertilizar	PAPAYO
Mes en que sembrará	Junio
Topografía del terreno	Plano

RESULTADO DEL ANÁLISIS

Textura	FRANCO ARENOSO
pH en agua	5.4 FUERTEMENTE ACIDO
Fósforo (ppm)	34 MUY ALTO
Potasio (ppm)	139 ALTO
Zinc (ppm)	1.85 BAJO
Manganeso (ppm)	13.47 MUY ALTO
Hierro (ppm)	26.01 MUY ALTO
Cobre (ppm)	0.66 BAJO
Materia Orgánica (%)	1.90 BAJO
Calcio Intercambiable (Meq/100g)	8.59 ALTO
Magnesio Intercambiable (Meq/100g)	2.65 ALTO
Potasio Intercambiable (Meq/100g)	0.36
Sodio Intercambiable (Meq/100g)	0.18 NO SODICO
Suma de Bases Intercambiable (Meq/100g)	11.78 MEDIO
Acidez Intercambiable (Meq/100g)	0.01 BAJO
CICE (Meq/100g)	11.79 MEDIO
Saturación de Bases %	99.92
Relación Calcio/Magnesio	3.24 MEDIO
Relación Magnesio/potasio	7.36 MEDIO
Relación Calcio + Magnesio/Potasio	31.22 MEDIO
Relación Calcio/Potasio	23.86 MEDIO

RECOMENDACIONES DE FERTILIZACION

PAPAYO 1120 PLANTAS/MANZANA.   DISTANCIAMIENTO 2.5 m x 2.5 m.

EDAD	CANTIDAD/ PLANTA	TIPO DE FERTILIZANTE
Transplante	6.0 onzas + 0.5 onzas + 7.0 gramos	Fórmula 16-20-0 + Sulfato de Zinc, $ZnSO_4.7H_2O$ + Sulfato de Cobre, $CuSO_4.5H_2O$
30 Días después del transplante	2.0 onzas + 2.0 onzas	Fórmula 16-20-0 + Sulfato de Amonio
60 Días después del transplante	2.0 onzas + 2.0 onzas	Fórmula 16-20-0 + Sulfato de Amonio
90 Días después del transplante	2.0 onzas + 2.0 onzas	Fórmula 15-15-15 + Sulfato de Amonio
120 Días después del transplante	5.0 onzas	Fórmula 15-15-15
180 Días después del transplante	4.0 onzas	Fórmula 13-0-46
210 Días después del transplante	6.0 onzas	Fórmula 0-0-50-18 (Sulfato de potasio)

ENCALADO

Aplicar 10 ONZAS/PLANTA DE CAL DOLOMÍTICA (20% Calcio y 10% Magnesio) distribuido al momento del ahoyado.

IMPORTANTE: Después de aplicar Cal Dolomítica, debe de realizarse análisis de suelo, antes de hacer nuevas aplicaciones, es importante hacerlo para conocer como aumentó el pH y si los contenidos de Calcio y Magnesio están balanceados con las cantidades de Cal Dolomítica que se han agregado y evitar sobreencalar.

MATERIA ORGANICA:

Aplicar 2 Kilogramos/Planta de Materia Orgánica bien descompuesta, sobre superficie del suelo, 15 días después de trasplantado.

**ING. QUIRINO ARGUETA
TECNICO EN FERTILIDAD DE SUELOS**

La zona nitrogenada luce altamente restringida casi nula. La coloración del cromatograma generalmente asociado a problemas de fuertes desbalances nutricionales, la parte nitrogenada y mineral lucen bastante degradas por un cinturón negro muy pronuciado; muestra un contraste de colores no muy satisfactorio especialmente en la parte mas concentrica, a pesar que la interacción entre cada una de las zonas es ligeramente aceptable; todo lo anterior puede ser un indicador que es ligeramente factible que este suelo puede responder a procesos sistemáticos de mejora. El análisis químico de suelos muestra textura franco arenosa, presenta además bajo contenido de materia orgánica (0.97%), aspecto muy limitante en relación a la fertilidad, el pH es muy fuertemente ácido (4.7) lo cual se convierte en una alta limitante para el desarrollo de la mayor parte de cultivos.

El cromatograma muestra colores e interacción que deben ser mejorados por lo que es necesario implementar acciones tendientes a reducir los niveles de degradación de este suelo; debe darse énfasis a los problemas de pH evitando la aplicación de fertilizantes químicos sintéticos que favorecen la acidéz, así como establecer un programa de enmiendas; debe procurarse el establecimiento de abonos verdes para la fijación de nitrógeno atmosférico y su posterior incorporación para mejorar los niveles de materia orgánica, de igual forma promover la incorporación de abonos naturales como composta, bocashi, gallinaza u otro. En general debe potenciarse las condiciones de fertilidad, realizando aplicaciones de harina de rocas u otras que favorezcan los procesos naturales; realizar obras de conservación especialmente cuando los suelos presentan pendientes que favorecen los procesos de erosión; establecer un programa de rotación de cultivos para lograr un mejor balance nutricional.

CENTRO NACIONAL DE TECNOLOGIA
AGROPECUARIA Y FORESTAL
LABORATORIO DE SUELOS
e-mail centa_labsuelos@yahoo.com
Tel. 23020200 Ext.248

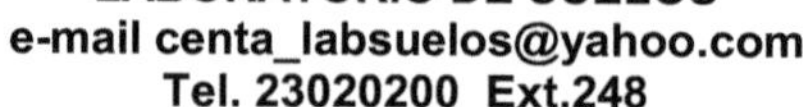

MUNICIPIO: SAN BARTOLOME PERULARIA	
DEPARTAMENTO: CUSCATLAN	

No. Laboratorio	Muestra No. 35
Profundidad de la muestra	0-40 cm.
Utilizará riego Si o No	Si
Cultivo que desea fertilizar	LOROCO
Edad, si es cultivo perenne	11 meses
Topografía del terreno	Plana

RESULTADO DEL ANÁLISIS

Textura	FRANCO ARENOSO
PH en agua	4.7 MUY FUERTEMENTE ACIDO
Fósforo (ppm)	37 MUY ALTO
Potasio (ppm)	149 ALTO
Zinc (ppm)	1.22 BAJO
Manganeso (ppm)	23.64 MUY ALTO
Hierro (ppm)	26.44 MUY ALTO
Cobre (ppm)	0.62 BAJO
Materia Orgánica (%)	0.97 BAJO
Calcio Intercambiable (Meq/100g)	4.93 ALTO
Magnesio Intercambiable (Meq/100g)	1.02 BAJO
Potasio Intercambiable (Meq/100g)	0.38
Sodio Intercambiable (Meq/100g)	0.36 NO SODICO
Suma de bases intercambiable (Meq/100g)	6.69 MEDIO
Acidez Intercambiable (Meq/100g)	1.63 ALTO
CICE (Meq/100g)	8.32 MEDIO
Saturación de bases %	80.41
Relación Calcio/Magnesio	4.83 MEDIO
Relación Magnesio/Potasio	2.68 MEDIO
Relación Calcio + Magnesio/Potasio	15.66 MEDIO
Relación Calcio/Potasio	12.97 MEDIO

RECOMENDACIONES DE FERTILIZACION

TRATAMIENTO ANTE ACIDEZ DEL SUELO
Aplicar e incorporar en medio circulo 3 Quintales/manzana de CAL DOLOMITICA (20% Calcio y 10% Magnesio). Dos meses después repetirlo en el otro medio círculo.

IMPORTANTE: Después de aplicar Cal Dolomítica, debe de realizarse análisis de suelo, antes de hacer nuevas aplicaciones, es importante hacerlo para conocer como aumentó el pH y si los contenidos de Calcio y Magnesio están balanceados con las cantidades de cal Dolomítica que se han agregado y evitar sobreencalar.

ADICION DE MATERIA ORGANICA.
Aplicar e incorporar dos veces por año:
2 Toneladas/manzana de gallinaza bien descompuesta, cada vez.

APLICACIÓN DE FERTILIZANTE CON FRECUENCIA MENSUAL:
1.50 quintales /manzana de Nitrato de Amonio Calcáreo +
0.50 quintales/manzana de SUL-PO-MAG

APLICACIÓN DE FERTILIZANTE CON FRECUENCIA DE 6 MESES:
1.50 quintales/manzana de fórmula 18-46-0

APLICACIÓN DE FERTILIZANTE FOLIAR:
Metalosato de Zinc a razón de 0.50 Litros/manzana/mes
Metalosato de Cobre en dosis de 0.50 Litros/manzana/mes

Ing. M. Sc. RAÚL QUINTANILLA
TÉCNICO EN FERTILIDAD DE SUELOS

La zona nitrogenada luce normalmente desarrollada. La coloración del cromatograma generalmente asociado a desbalances nutricionales, aparece en la zona proteica una raya fina de color negro (llamada en algunas ocasiones raya de lápiz); presenta moderadamente aceptable interacción entre cada una de sus zonas, lo cual puede ser un indicador que es moderadamente factible que este suelo puede responder a procesos de mejora; el análisis químico de suelos muestra textura arcillosa, presenta además un nivel alto de materia orgánica (4.89%) y el pH es ligeramente ácido (6.3), el cual es adecuado para el crecimiento y desarrollo de la mayoría de cultivos.

El cromatograma muestra un contraste de colores relativamente buenos así como interacción, sin embargo esto debe potenciarse implementando acciones tendientes a reducir los niveles de degradación de este suelo; debe procurarse el establecimiento de abonos verdes para la fijación de nitrógeno atmosférico y mantener buenos niveles de materia orgánica, de igual forma promover la incorporación de abonos naturales como composta, bocashi, gallinaza u otro de una forma controlada. En general potenciar las condiciones de fertilidad, realizando aplicaciones de harina de rocas u otras que favorezcan los procesos naturales; realizar obras de conservación especialmente cuando los suelos presentan pendientes que favorecen los procesos de erosión y establecer un programa de rotación de cultivos para evitar que se puedan producir desbalances nutricionales.

MUNICIPIO: METAPAN
DEPARTAMENTO: SANTA ANA

No. Laboratorio	Muestra No. 36
Cultivo que desea fertilizar	TOMATE Y CHILE

RESULTADO DEL ANALISIS

Textura	ARCILLOSO
pH en agua	6.3 LIGERAMENTE ACIDO
Fósforo (ppm)	2 MUY BAJO
Potasio (ppm)	171 ALTO
Zinc (ppm)	16.12 MUY ALTO
Manganeso (ppm)	9.51 ALTO
Hierro (ppm)	66.12 MUY ALTO
Cobre (ppm)	0.86 BAJO
Materia Orgánica (%)	4.89 ALTO
Calcio (Meq/100g)	8.95 ALTO
Magnesio (Meq/100g)	2.81 ALTO
Potasio (Meq/100g)	0.44
Sodio (Meq/100g)	0.17 NO SODICO
Suma de Bases (Meq/100g)	12.37 MEDIO
Acidez (Meq/100g)	0.0 BAJO
CICE (Meq/100g)	12.37 MEDIO
Saturación de Bases (%)	100.0
Relación Calcio/Magnesio	3.19 MEDIO
Relación Magnesio/Potasio	6.39 MEDIO
Relación Calcio+Magnesio/Potasio	26.73 MEDIO
Relación Calcio/Potasio	20.34 MEDIO

RECOMENDACIONES DE FERTILIZACION

TOMATE:

1ª. Fertilización: Al transplante:
440 lb/mz de fórmula 18-46-0 +
14 lb/mz de Sulfato de cobre ($CuSO_4.5H_2O$)

2ª. Fertilización: A la floración
361 lb/mz de Sulfato de Amonio

3ª. Fertilización: Durante el desarrollo del fruto
165 lb/mz de Urea

CHILE:

1ª. Fertilización. Al transplante:
440 lb/mz de fórmula 18-46-0 +
14 lb/mz de Sulfato de cobre ($CuSO_4.5H_2O$)

2ª. Fertilización. A la floración:
383 lb/mz de Sulfato de Amonio

3ª. Fertilización. Durante el desarrollo del fruto:
175 lb/mz de Urea

4ª. Fertilización. Después del primer corte:
130 lb/mz de Urea

ING. QUIRINO ARGUETA
TECNICO EN FERTILIDAD DE SUELOS

Muestra 37

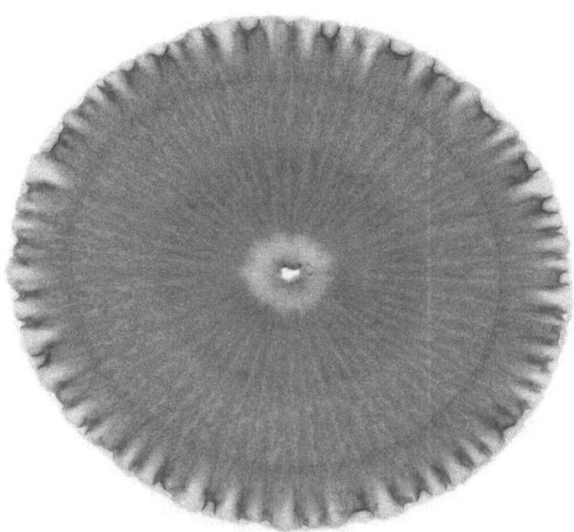

La zona nitrogenada luce normalmente desarrollada. Muestra una coloración e interacción ligeramente aceptable aunque con la predominancia de colores no desables, se observa una raya negra que separa la zona mineral de la proteica así como un área oscura alrededor de la zona nitrogenada. Externamente se observan unas estructuras abiertas interactuando con la zona enzimática. El análisis químico de suelos muestra textura franco arcillo arenosa, un contenido de materia orgánica medio (3.42%) y el pH es moderadamente ácido (5.7), siendo bastante adecuado para el desarrollo de muchos cultivos.

El cromatograma muestra un contraste de colores e interacción que deben ser mejorados por lo que deben potenciarse implementando acciones tendientes a reducir los niveles de degradación de este suelo; debe procurarse el establecimiento de abonos verdes para la fijación de nitrógeno atmosférico y mejorar los niveles de materia orgánica, de igual forma promover la incorporación de abonos naturales como composta, bocashi, gallinaza u otro de una forma controlada. En general potenciar las condiciones de fertilidad, realizando aplicaciones de harina de rocas u otras que favorezcan los procesos naturales; realizar obras de conservación especialmente cuando los suelos presentan pendientes que favorecen los procesos de erosión y establecer un programa de rotación de cultivos para evitar que se puedan producir mayores desbalances nutricionales.

125

**CENTRO NACIONAL DE TECNOLOGIA
AGROPECUARIA Y FORESTAL
LABORATORIO DE SUELOS
e-mail centa_labsuelos@yahoo.com
Tel. 23020200 Ext.248**

**CANTON: LAS MESAS
MUNICIPIO: CHALATENANGO
DEPARTAMENTO: CHALATENANGO**

No. Laboratorio	Muestra No.37
Utilizara Riego Si o No	Si
Cultivo que desea fertilizar	CHILE Y TOMATE EN INVERNADERO

RESULTADO DEL ANÁLISIS

Textura	FRANCO ARCILLO ARENOSO
PH en agua	5.7 MODERADAMENTE ACIDO
Fósforo (ppm)	27 ALTO
Potasio (ppm)	231 MUY ALTO
Zinc (ppm)	8.22 MUY ALTO
Manganeso (ppm)	35.28 MUY ALTO
Hierro (ppm)	25.63 MUY ALTO
Cobre (ppm)	0.57 BAJO
Materia Orgánica (%)	3.42 MEDIO
Calcio Intercambiable (Meq/100g)	9.80 ALTO
Magnesio Intercambiable (Meq/100g)	1.85 BAJO
Potasio Intercambiable (Meq/100g)	0.59
Sodio Intercambiable (Meq/100g)	0.18 NO SODICO
Suma de bases intercambiable (Meq/100g)	12.42 MEDIO
Acidez Intercambiable (Meq/100g)	0.0 BAJO
CICE (Meq/100g)	12.42 MEDIO
Saturación de bases %	100.0
Relación Calcio/Magnesio	5.30 ALTO
Relación Magnesio/Potasio	3.14 MEDIO
Relación Calcio + Magnesio/Potasio	19.75 MEDIO
Relación Calcio/Potasio	16.61 MEDIO

<u>**RECOMENDACIONES DE FERTILIZACION:**</u>

<u>**RECOMENDACIÓN DE ENMIENDA Y FERTILIZANTE PARA TOMATE/MZ.**</u>
Antes de establecer el cultivo y sobre camas de siembra aplicar e incorporar: 5 tn/mz. de una fuente orgánica bien descompuesta.

Cuatro semanas antes del trasplante aplicar e incorporar:
6 qq/mz de Hidróxido de Calcio-Magnesio.

<u>**OPCIÓN FERTIRIEGO:**</u>
Al trasplante aplicar al suelo: 110 lb/mz de formula 18-46-0

Tres semanas después del trasplante aplicar al suelo:
110 lb/mz de Sul-po-mag + 110 lb/mz de formula 18-46-0.

En ferti-riego aplicar cada dos días:
A partir de 3 días después del trasplante: 9 lb/mz de Urea durante 3 semanas.

En ferti-riego aplicar cada dos días:
A partir de la cuarta semana después del trasplante: 29 lb/mz de Nitrato de Calcio durante el resto del ciclo del cultivo.
Nota: suspender al faltar últimas tres cosechas.

Después de un mes del trasplante, aplicar al follaje:
Metalosato de Cobre a razón de 0.50 Lt/mz, con frecuencia de dos semanas.
Nota: aplicaciones de fungicidas a base de Cobre contribuyen al aporte de Cobre a las plantas.

<u>**OPCIÓN NO FERTIRIEGO:**</u>

Momento	Cantidad	Clase de fertilizante
Transplante	220 lb/mz	Formula 18-46-0
3 Semanas después del trasplante	100 lb/mz + 110 lb/mz	Urea + Sul-po-mag
6 Semanas después del trasplante	330 lb/mz	Sulfato de Amonio
9 Semanas después del trasplante	200 lb/mz	Nitrato de Amonio calcáreo
12 Semanas después del trasplante	75 lb/mz	Urea
15 Semanas después del trasplante	75 lb/mz	Urea

RECOMENDACIONES DE FERTILIZACION

Recomendación de fertilizantes para Chile Dulce /mz.
Durante la preparación de camas de siembra aplicar e incorporar 5 tn/mz de una fuente orgánica bien descompuesta.

Cuatro semanas antes del trasplante aplicar e incorporar 6 qq/mz de Hidróxido de Calcio-Magnesio.

OPCIÓN FERTIRIEGO.

Al trasplante aplicar al suelo: 110 lb/mz de Formula 18-46-0.

Un mes después del trasplante aplicar al suelo: 110 lb/mz de Sul-po-mag + 110 lb/mz de Formula 18-46-0.

En ferti-riego aplicar cada dos días; a partir de 3 días después del trasplante:
8 lb/mz de Urea, durante tres semanas.

En ferti-riego aplicar cada dos días:
A partir de la cuarta semana después del trasplante 27 lb/mz de Nitrato de Calcio, durante el resto del ciclo del cultivo.
Nota: suspender al faltar tres últimas cosechas.

Después de un mes del trasplante; aplicar al follaje:
Metalosato de Cobre, en dosis de 0.50 Lt/mz con frecuencia de dos semanas.

OPCIÓN NO FERTI-RIEGO.

Momento	Cantidad	Clase de fertilizante
Trasplante	220 lb/mz	Formula 18-46-0
3 semanas después del trasplante	100 lb/mz	Urea
6 semanas después del trasplante	250 lb/mz	Sulfato de Amonio
9 semanas después del trasplante	200 lb/mz	Nitrato de Amonio calcáreo
12 semanas después del trasplante	200 lb/mz	Formula 15-15-15
15 semanas después del trasplante	60 lb/mz	Urea
18 semanas después del trasplante	60 lb/mz	Urea

ING. M.Sc. RAÚL QUINTANILLA
TECNICO EN FERTILIDAD DE SUELOS

La zona nitrogenada luce no desarrollada. La coloración del cromatograma generalmente asociado a fuertes desbalances nutricionales, muestra tonalidades oscuras, la interacción es ligeramente aceptable, lo cual puede ser un indicador que es necesario ralizar acciones sitemáticas para que este suelo responda a procesos de mejora; el análisis químico de suelos muestra textura franco arcillo arenosa, presenta además un nivel medio de materia orgánica (3.81%) y el pH es muy fuertemente ácido (4.5), el cual es muy limitante para el crecimiento y desarrollo de la mayoría de cultivos.

El cromatograma muestra un contraste de colores poco satisfactorios por el predominio de colores oscuros así como poca interacción por lo que es necesario implementar acciones tendientes a reducir los niveles de degradación de este suelo, dando especial atención a los problemas de acidéz, evitando aplicar productos químicos sintéticos que favorecen este proceso y realizar acciones controladas de enmiendas que permita mejorar el pH; debe procurarse el establecimiento de abonos verdes para la fijación de nitrógeno atmosférico y mejorar los niveles de materia orgánica, de igual forma promover la incorporación de abonos naturales como compostas, bocashi, gallinaza u otro de una forma controlada. En general debe procurarse incentivar la fertilidad que presenta este suelo realizando aplicaciones de harina de rocas u otras que favorezcan los procesos naturales; realizar obras de conservación especialmente cuando los suelos presentan pendientes que favorecen los procesos de erosión y establecer un programa de rotación de cultivos para evitar mayores desbalances nutricionales.

CANTON: LLANO DEL MUERTO
MUNICIPIO: ARAMBALA
DEPARTAMENTO: MORAZAN

No. Laboratorio	Muestra No.38
Profundidad muestra	0.40 cm.
Utilizara Riego Si o No	Si
Area representada por la muestra (mz)	0.5 mz
Cultivo que desea fertilizar	TOMATE, CHILE, PEPINO
Mes en que sembrara	Julio
Topografía del terreno	Semiplano

RESULTADO DEL ANÁLISIS

Textura	FRANCO ARCILLO ARENOSO
PH en agua	4.5 MUY FUERTEMENTE ACIDO
Fósforo (ppm)	2 MUY BAJO
Potasio (ppm)	48 BAJO
Zinc (ppm)	1.80 BAJO
Manganeso (ppm)	5.16 ALTO
Hierro (ppm)	40.07 MUY ALTO
Cobre (ppm)	0.48 BAJO
Materia Orgánica (%)	3.81 MEDIO
Calcio Intercambiable (Meq/100g)	1.01 MUY BAJO
Magnesio Intercambiable (Meq/100g)	0.40 MUY BAJO
Potasio Intercambiable (Meq/100g)	0.12
Sodio Intercambiable (Meq/100g)	0.22 NO SODICO
Suma de bases intercambiable (Meq/100g)	1.75 BAJO
Acidez Intercambiable (Meq/100g)	10.15 ALTO
CICE (Meq/100g)	11.90 MEDIO
Saturación de bases %	14.71
Relación Calcio/Magnesio	2.53 MEDIO
Relación Magnesio/Potasio	3.33 MEDIO
Relación Calcio + Magnesio/Potasio	11.75 MEDIO
Relación Calcio/Potasio	8.42 MEDIO

RECOMENDACIONES DE FERTILIZACION

<u>**CULTIVO: TOMATE**</u>

1ª. Fertilización: Al transplante:
500 lb/mz de Fórmula 15-15-15 +
36 lb/mz de Sulfato de Zinc, $ZnSO_4.7H_2O$ +
19 lb/mz de Sulfato de cobre $(CuSO_4.5H_2O)$+
220 lb/mz de sul-po-mag

2ª. Fertilización: A la floración
250 lb/mz de Formula 18-46-0 +
150 lb/mz de Sulfato de Amonio +
220 lb/mz de Formula 0-0-60

3ª. Fertilización: Durante el desarrollo del fruto
168 lb/mz de Urea

CULTIVO: CHILE DULCE

1ª. Fertilización. Al transplante:
500 lb/mz de fórmula 15-15-15 +
36 lb/mz de Sulfato de Zinc, $ZnSO_4.7H_2O$ +
19 lb/mz de Sulfato de cobre $(CuSO_4.5H_2O)$+
220 lb/mz de sul-po-mag

2ª. Fertilización. A la floración:
250 lb/mz de Formula 18-46-0 +
179 lb/mz de Sulfato de Amonio +
220 lb/mz de Formula 0-0-60

3ª. Fertilización. Durante el desarrollo del fruto:
179 lb/mz de Urea

4ª. Fertilización. Después del primer corte:
130 lb/mz de Urea

<u>**CULTIVO: PEPINO**</u>

1ª. Fertilización: A la siembra:
   533 lb/mz de fórmula 15-15-15 +
   36 lb/mz de Sulfato de zinc ($ZnSO_4.7H_2O$)+
   19 lb/mz de Sulfato de cobre ($CuSO_4.5H_2O$)+
   220 lb/mz de Formula 0-0-60

2ª. Fertilización: 30 Días después de la siembra:
   150 lb/mz de Urea +
   243 lb/mz de Sulfato de Amonio

ENCALADO
Aplicar 15 qq/mz de Cal dolomítica al 20% Calcio y 10% de Magnesio, distribuido por surco en todos los cultivos (tomate, chile verde y pepino) al momento de preparar el terreno.

ING. QUIRINO ARGUETA
TECNICO EN FERTILIDAD DE SUELOS

**

La zona nitrogenada luce normalmente desarrollada. La coloración del cromatograma generalmente asociado a buenas condiciones de fertilidad aunque con limitantes debido a cierta coloración gris que se encuentra en la zona mineral; lo cual puede ser un indicador que es necesario ralizar acciones sitemáticas para que este suelo responda a procesos de mejora (un poco difícil), muestra una línea que separa las zonas mineral de la proteica; resenta además un nivel alto de materia orgánica (4.03%) y el nivel de pH es muy fuertemente ácido (4.7) el cual es muy limitante para el crecimiento y desarrollo de la mayoría de cultivos.

El cromatograma muestra un contraste de colores e interacción que deben ser mejorados por lo que es necesario implementar acciones tendientes a reducir los niveles de degradación de este suelo, dando especial atención a los problemas de acidéz evitando aplicar productos químicos sintéticos que favorecen este proceso y realizar acciones de enmiendas que permita mejorar el pH de acuerdo a los requerimientos del cultivo a establecer; debe procurarse el establecimiento de abonos verdes para la fijación de nitrógeno atmosférico y mantener buenos niveles de materia orgánica, de igual forma promover la incorporación de abonos naturales como composta, bocashi, gallinaza u otro de una forma controlada. En general incentivar las condiciones de fertilidad que presenta este suelo realizando aplicaciones de harina de rocas u otras que favorezcan los procesos naturales; realizar obras de conservación especialmente cuando los suelos presentan pendientes que favorecen los procesos de erosión y establecer un programa de rotación de cultivos para evita mayores desbalances nutricionales existentes.

**CANTON: LOS PLANES
MUNICIPIO: LA PALMA
DEPARTAMENTO: CHALATENANGO**

No. Laboratorio	Muestra No. 39
Cultivo que desea fertilizar	TOMATE
Topografía del terreno	Plana

RESULTADO DEL ANALISIS

Textura	FRANCO
pH en agua	4.7 MUY FUERTEMENTE ACIDO
Fósforo (ppm)	2 MUY BAJO
Potasio (ppm)	300 MUY ALTO
Zinc (ppm)	4.23 ALTO
Manganeso (ppm)	54.42 MUY ALTO
Hierro (ppm)	7.48 BAJO
Cobre (ppm)	2.61 ALTO
Materia Orgánica (%)	4.03 ALTO
Calcio (Meq/100g)	8.58 ALTO
Magnesio (Meq/100g)	2.41 ALTO
Potasio (Meq/100g)	0.77
Sodio (Meq/100g)	0.60 NO SODICO
Suma de Bases (Meq/100g)	12.36 MEDIO
Acidez Intercambiale (Meq/100g)	0.34 BAJO
CICE (Meq/100g)	12.70 MEDIO
Saturación de Bases (%)	97.32
Relacion Calcio/Magnesio	3.56 MEDIO
Relacion Magnesio/Potasio	3.13 MEDIO
Relacion Calcio+Magnesio/Potasio	14.27 MEDIO
Relacion Calcio/Potasio	11.14 MEDIO

RECOMENDACIONES DE FERTILIZACION

<u>TOMATE</u>

APLICACION	DOSIS/MZ	CLASE DE FERTILIZANTE
Preparación de camas	2 tn	Gallinaza bien descompuesta
3 semanas antes del trasplante	7 qq/mz	Nutrical
Trasplante	220 lb/mz	Fórmula 18-46-0
3 semanas después del trasplante	220 lb/mz	Nitrato de Amonio calcáreo
6 semanas después del trasplante	220 lb/mz	Nitrato de Amonio calcáreo
9 semanas después del trasplante	150 lb/mz	Sulfato de Amonio
12 semanas después del trasplante	100 lb/mz	Nitrato de Amonio calcáreo
14 semanas después del trasplante	75 lb/mz	Urea

Dos semanas después del trasplante, iniciar la aplicación foliar de Metalosato multimineral en dosis de 0.60 Lt/mz a intervalo de dos semanas. Además aplicar cada mes Metalosato de hierro en dosis de 0.50 Lt/Mz.

ING. RAUL QUINTANILLA
M.Sc. TÉCNICO EN FERTILIZACIÓN

La zona nitrogenada luce bastante desarrollada. La coloración del cromatograma generalmente asociado a un nivel de fertilidad con desbalances nutricionales; muestra moderadamente aceptable interacción entre cada una de sus zonas, lo cual puede ser un indicador que puede responder a acciones de recuperación que puedan promoverse; externamente se han formado unas estructuras parecidas a dientes de caballo rellenas de color cremosos; el análisis químico de suelos muestra textura franco arcillo arenosa así como un nivel medio de materia orgánica (2.95%) y el pH es fuertemente ácido (5.5), que es limitante para el crecimiento de varios cultivos.

En general el cromatograma muestra buena apariencia en el contratste de colores y la interacción entre cada una de sus partes, un aspecto a manejar es la situación de acidéz, la cual puede trabajarse mediante enmiendas controladas y evitar la aplicación de productos químicos sintéticos que coadyuven a agravar este problema. Es necesario implementar acciones tendientes a reducir los riesgos de degradación de este suelo; debe procurarse el establecimiento de abonos verdes para la fijación de nitrógeno atmosférico y mejorar los contenidos de materia orgánica, de igual forma promover la incorporación de abonos naturales como composta, bocashi, gallinaza u otro de una forma controlada para seguir mejorando los niveles de materia orgánica del suelo. En general incentivar las condiciones de fertilidad que presenta este suelo realizando aplicaciones de harina de rocas u otras que favorezcan los procesos naturales. Realizar obras de conservación especialmente cuando los suelos presentan pendientes que favorecen los procesos de erosión y establecer un programa de rotación de cultivos para evitar mayores desbalances nutricionales.

CENTRO NACIONAL DE TECNOLOGIA
AGROPECUARIA Y FORESTAL
LABORATORIO DE SUELOS
e-mail centa_labsuelos@yahoo.com
Tel. 23020200 Ext.248

CANTON : LOS PLANES
MUNICIPIO: LA PALMA
DEPARTAMENTO: CHALATENANGO

No. Laboratorio	Muestra No.40
Profundidad de la muestra	20 cm
Utilizara riego Si o No	Si
Cultivo que desea fertilizar	CHILE

RESULTADO DEL ANALISIS

Textura	FRANCO ARCILLO ARENOSO
pH en agua	5.5 FUERTEMENTE ACIDO
Fósforo (ppm)	4 MUY BAJO
Potasio (ppm)	351 MUY ALTO
Zinc (ppm)	4.73 ALTO
Manganeso (ppm)	66.72 MUY ALTO
Hierro (ppm)	11.64 ALTO
Cobre (ppm)	1.66 ALTO
Materia Orgánica (%)	2.95 MEDIO
Calcio (Meq/100g)	7.69 ALTO
Magnesio (Meq/100g)	2.03 BAJO
Potasio (Meq/100g)	0.90
Sodio (Meq/100g)	0.47 NO SODICO
Suma de Bases (Meq/100g)	11.09 MEDIO
Acidez Intercambiale (Meq/100g)	0.01 BAJO
CICE (Meq/100g)	11.11 MEDIO
Saturación de Bases (%)	99.82
Relacion Calcio/Magnesio	3.79 MEDIO
Relacion Magnesio/Potasio	2.26 BAJO
Relacion Calcio+Magnesio/Potasio	10.8 MEDIO
Relacion Calcio/Potasio	8.54 MEDIO

137

RECOMENDACIONES DE FERTILIZACION

<u>**RECOMENDACIÓN DE FERTILIZACION PARA CHILE DULCE/MZ.**</u>

APLICACION	DOSIS/MZ	CLASE DE FERTILIZANTE
Preparación de camas	4 tn/mz	Gallinaza bien descompuesta
3 semanas antes del trasplante	4.50 qq/mz	Hidróxido de Calcio-Magnesio
Trasplante	220 lb/mz	Formula 18-46-0
3 semanas después del trasplante	220 lb/mz	Nitrato de Amonio calcáreo.
6 semanas después del trasplante	300 lb/mz + 70 lb/mz	Formula 15-15-15 + Urea
9 semanas después del trasplante	110 lb/mz	Nitrato de Amonio calcáreo.
12 semanas después del trasplante.	100 lb/mz	Nitrato de Amonio calcáreo.
15 semanas después del trasplante	65 lb/mz	Nitrato de Amonio calcáreo.

Dos semanas después del trasplante, iniciar la aplicación de Metalosato multimineral, a razón de 0.60 Lt/mz a intervalos de dos semanas, sobre el follaje en horas tempranas. También aplicar cada mes Metalosato de Hierro en dosis de 0.50 Lt/mz.

ING. RAUL QUINTANILLA
M.Sc. TECNICO EN FERTILIDAD DE SUELOS

La zona nitrogenada luce bastante dasarrollada. La coloración del cromatograma generalmente asociado a desbalances nutricionales; muestra tonalidades y colores claros, lo cual puede ser un indicador que este suelo puede responder a procesos de mejora; la interacción es moderadamente aceptable y externamente presenta unas estructuras abiertas que convinan con la zona enzimática; El análisis químico de suelos muestra textura franco arcillo arenosa, presenta además un nivel alto de materia orgánica (7.09%) y el pH es moderadamente ácido (5.6), lo que resulta ser limitante para el crecimiento y desarrollo de algunos cultivos.

El cromatograma muestra un contraste de colores claros e interacción entre cada una de sus zonas, que pueden ser mejoradas por lo que es necesario implementar acciones tendientes a reducir los niveles de degradación de este suelo, dando atención a los problemas de acidéz evitando aplicar productos químicos sintéticos que favorecen este proceso y realizar acciones controladas de enmiendas que permita mejorar el pH de acuerdo a los requerimientos del cultivo a establecer; debe procurarse el establecimiento de abonos verdes para la fijación de nitrógeno atmosférico y mantener buenos niveles de materia orgánica, de igual forma promover la incorporación de abonos naturales como composta, bocashi, gallinaza u otro de una forma controlada. Deben realizarse aplicaciones de harina de rocas u otras que favorezcan los procesos naturales; realizar obras de conservación especialmente cuando los suelos presentan pendientes que favorecen los procesos de erosión y establecer un programa de rotación de cultivos para evitar mayores deficiencias nutricionales.

**CANTON: LOS PLANES
MUNICIPIO: LA PALMA
DEPARTAMENTO: CHALATENANGO**

No. Laboratorio	Muestra No.41
Identificación muestra	Calle
Profundidad de la muestra	20 cm
Utilizara riego Si o No	Si(goteo)
Cultivo que desea fertilizar	TOMATE
Topografía del terreno	PLANO

RESULTADO DEL ANALISIS

Textura	FRANCO ARCILLO ARENOSO
pH en agua	5.6 MODERADAMENTE ACIDO
Fósforo (ppm)	11 BAJO
Potasio (ppm)	566 MUY ALTO
Zinc (ppm)	16.82 MUY ALTO
Manganeso (ppm)	84.24 MUY ALTO
Hierro (ppm)	4.23 BAJO
Cobre (ppm)	0.65 BAJO
Materia Orgánica (%)	7.09 ALTO
Calcio (Meq/100g)	12.26 ALTO
Magnesio (Meq/100g)	2.37 ALTO
Potasio (Meq/100g)	1.45
Sodio (Meq/100g)	0.15 NO SODICO
Suma de Bases (Meq/100g)	16.23 MEDIO
Acidez Intercambiale (Meq/100g)	0.0 BAJO
CICE (Meq/100g)	16.23 MEDIO
Saturación de Bases (%)	100.0
Relacion Calcio/Magnesio	5.17 ALTO
Relacion Magnesio/Potasio	1.63 BAJO
Relacion Calcio+Magnesio/Potasio	10.09 MEDIO
Relacion Calcio/Potasio	8.46 MEDIO

RECOMENDACIONES DE FERTILIZACION.

<u>**MUESTRA 20336 (CAMA): TOMATE**</u>

APLICACIÓN	DOSIS/MZ	CLASE DE FERTILIZANTE
Preparación de camas	2 tn	Gallinaza bien descompuesta
3 semanas antes del Trasplante	4.50 qq/mz	Hidróxido de Calcio-Magnesio
Trasplante	220 lb/mz	Fórmula 18-46-0
3 semanas después del trasplante	220 lb/mz	Nitrato de Amonio calcáreo
6 semanas después del trasplante	220 lb/mz	Nitrato de Amonio calcáreo
9 semanas después del trasplante	150 lb/mz	Sulfato de Amonio
12 semanas después del trasplante	100 lb/mz	Nitrato de Amonio calcáreo
14 semanas después del trasplante	75 lb/mz	Urea

Dos semanas después del trasplante, iniciar la aplicación foliar de Metalosato multimineral en dosis de 0.60 Lt/mz a intervalo de dos semanas.

Dos semanas después del trasplante, iniciar la aplicación foliar de Metalosato de Hierro y cobre, en dosis de 0.50 Lt/mz a intervalo mensual.

ING. RAUL QUINTANILLA
M.Sc. TÉCNICO EN FERTILIZACIÓN

<h1 style="text-align:center">Muestra 42</h1>

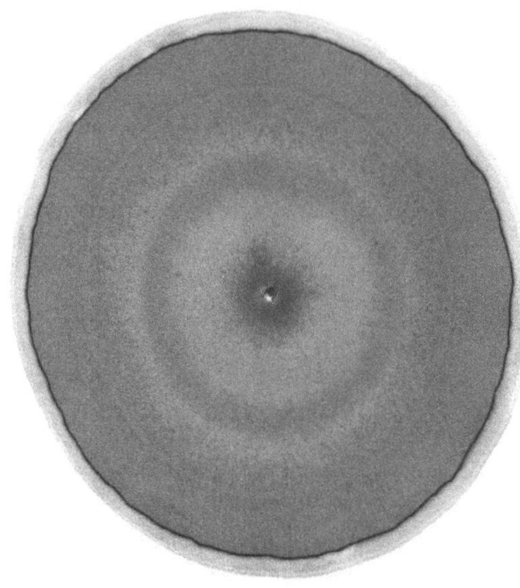

La zona nitrogenada luce sin desarrollarse. La coloración del cromatograma generalmente asociado a problemas de baja fertilidad, muestra tonalidades amarillentas, círculos de diferentes colores y una pariencia no adecuada con nula interacción entre sus partes, lo cual puede ser un indicador que es necesario ralizar acciones sitemáticas para que este suelo responda a procesos de mejora; El análisis químico de suelos muestra textura franco arcillo arenoso, presenta además un nivel bajo de materia orgánica (1.35%) y el pH es neutro (7.0), siendo bastante adecuado para el crecimiento y desarrollo de la mayoría de cultivos.

El cromatograma muestra un contraste de colores poco adecuado así como nula interacción por lo que es necesario implementar acciones tendientes a reducir los niveles de degradación de este suelo; debe procurarse el establecimiento de abonos verdes y su posterior incorporación para favorecer la fijación de nitrógeno atmosférico y mejorar los niveles de materia orgánica, de igual forma promover la incorporación de abonos naturales como composta, bocashi, gallinaza u otro. En general recuperar aquellos minerales que están desbalanceados en el suelo; realizando aplicaciones de harina de rocas u otras que favorezcan los procesos naturales; realizar obras de conservación especialmente cuando los suelos presentan pendientes que favorecen los procesos de erosión y establecer un programa de rotación de cultivos para evitar los desbalances nutricionales.

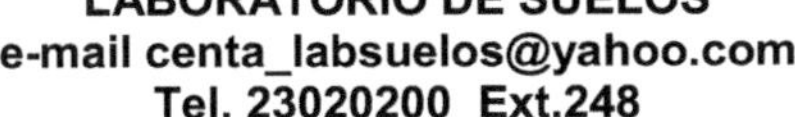

NOMBRE DE LA FINCA: LA NUEVA
CANTON: BRISAS
MUNICIPIO: NUEVA CONCEPCION
DEPARTAMENTO: CHALATENANGO

No. Laboratorio	Muestra No.42
Profundidad de muestra	30 cm.
Utilizará riego	SI
Área representada/muestra	5 mz.
Cultivo que desea fertilizar	ARROZ
Mes en que sembrará	Julio
Topografía del terreno	Plano

RESULTADO DEL ANÁLISIS

Textura	FRANCO ARCILLO ARENOSO
pH en agua	7.0 NEUTRO
Fósforo (ppm)	2 MUY BAJO
Potasio (ppm)	88 ALTO
Zinc (ppm)	0.95 BAJO
Manganeso (ppm)	14.67 MUY ALTO
Hierro (ppm)	20.48 MUY ALTO
Cobre (ppm)	0.82 BAJO
Materia Orgánica (%)	1.35 BAJO
Calcio Intercambiable (Meq/100g)	15.19 ALTO
Magnesio Intercambiable (Meq/100g)	5.34 ALTO
Potasio Intercambiable (Meq/100g)	0.23
Sodio Intercambiable (Meq/100g)	0.43 NO SODICO
Suma de Bases Intercambiable (Meq/100g)	21.19 MEDIO
Acidez Intercambiable (Meq/100g)	0.0 BAJO
CICE (Meq/100g)	21.19 MEDIO
Saturación de Bases %	100.0
Relación Calcio/Magnesio	2.84 MEDIO
Relación Magnesio/potasio	23.22 ALTO
Relación Calcio + Magnesio/Potasio	89.26 ALTO
Relación Calcio/Potasio	66.04 ALTO

RECOMENDACIONES DE FERTILIZACION

ARROZ:

1ª. Fertilización: A la siembra
440 lb/mz de Formula 18-46-0 +
48 lb/mz de Sulfato de Zinc, $ZnSO_4.7H_2O$ +
15 lb/mz de Sulfato de Cobre, $CuSO_4.5H_2O$

2ª. Fertilización: 30 días después de la siembra
361 lb/mz de Sulfato de Amonio +
220 lb/mz de Formula 0-0-60

3ª. Fertilización: 55 días después de la siembra
165 lb/mz de Urea

ING. QUIRINO ARGUETA
TECNICO EN FERTILIDAD DE SUELOS

Muestra 43

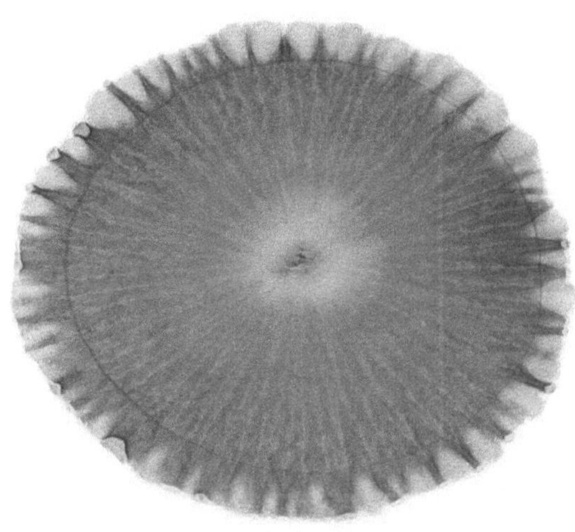

La zona nitrogenada luce normalmente desarrollada. La coloración del cromatograma está generalmente asociada a ligeramente buenas condiciones de fertilidad, además de presentar moderadamente aceptable interacción entre sus partes, a pesar de la presencia de una linea café oscura que se ubica entre la zona mineral y la proteica (parecida a raya de lápiz), externamente presenta unas estructuras como rayos entre los cuales predominan colores cremosos, lo anterior indica que este suelo puede responder positivamente a procesos de mejora. El análisis químico del suelo muestra textura franco arenosa, un alto nivel de materia orgánica (3.64%) y el pH es moderadamente ácido (5.9), el cual es adecuado para el crecimiento y desarrollo de muchos cultivos.

El cromatograma muestra un contraste de colores e interacción que pueden ser mejorados y para potenciar estas condiciones es necesario implementar acciones tendientes a reducir los niveles de degradación de este suelo; como el establecimiento de abonos verdes para la fijación de nitrógeno atmosférico y mantener buenos niveles de materia orgánica, de igual forma promover la incorporación de abonos naturales como composta, bocashi, gallinaza u otro de una forma controlada. En general debe procurarse potenciar las condiciones de fertilidad, realizando aplicaciones de harina de rocas u otras que favorezcan los procesos naturales; efectuar obras de conservación especialmente cuando los suelos presentan pendientes que favorecen los procesos de erosión y establecer un programa de rotación de cultivos para evitar que se acentúen los desbalances nutricionales.

DEPARTAMENTO: LA PAZ

No. Laboratorio	Muestra No. 43
Cultivo que desea fertilizar	MAIZ

RESULTADO DEL ANÁLISIS

Textura	FRANCO ARENOSO
PH en agua	5.9 MODERADAMENTE ACIDO
Fósforo (ppm)	5 MUY BAJO
Potasio (ppm)	587 MUY ALTO
Zinc (ppm)	2.04 BAJO
Manganeso (ppm)	21.93 MUY ALTO
Hierro (ppm)	15.54 ALTO
Cobre (ppm)	1.84 ALTO
Materia Orgánica (%)	3.64 MEDIO
Calcio Intercambiable (Meq/100g)	4.70 ALTO
Magnesio Intercambiable (Meq/100g)	1.77 BAJO
Potasio Intercambiable (Meq/100g)	1.51
Sodio Intercambiable (Meq/100g)	0.20 NO SODICO
Suma de bases intercambiable (Meq/100g)	8.18 MEDIO
Acidez Intercambiable (Meq/100g)	0.0 BAJO
CICE (Meq/100g)	8.18 MEDIO
Saturación de bases %	100.0
Relación Calcio/Magnesio	2.66 MEDIO
Relación Magnesio/Potasio	1.17 BAJO
Relación Calcio + Magnesio/Potasio	3.82 BAJO
Relación Calcio/Potasio	3.11 BAJO

RECOMENDACIONES DE FERTILIZACION

MAIZ

1ª Fertilización: A la siembra
350 lb/mz de Fórmula 18-46-0 +
33 lb/mz de Sulfato de Zinc ($ZnSO_4.7H_2O$)

2ª Fertilización: 30 días después de la siembra
150 lb/mz de Urea +
205 lb/mz de Sulfato de Amonio

CORRECCION DE MAGNESIO
Aplicar 600 lb/mz de Magnesita, al 3% de Calcio y 21% de Magnesio, distribuido uniformemente en el terreno, al momento de preparar el terreno.

ING. QUIRINO ARGUETA
TECNICO EN FERTILIDAD DE SUELOS

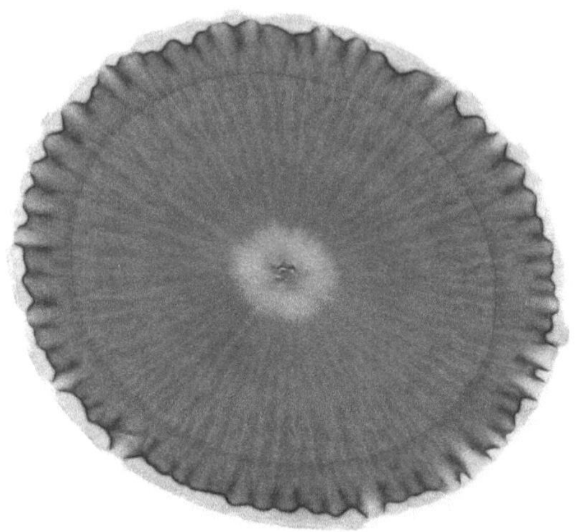

La zona nitrogenada normalmente desarrollada. La coloración del cromatograma generalmente asociado a suelos con desbalances nutricionales, aunque externamente muestra ciertas dificultades mediante la separación entre la zona proteica y la enzimática por una marca delgada color gris oscuro; se observa además una interacción moderadamente aceptable entre la parte mineral y la protéica todo lo anterior suelen ser indicadores que es moderadamente factible que el suelo responda positivamente a la implementación de acciones de recuperación o procesos de mejora. El análisis químico de suelos muestra textura franco arenosa, presenta además un nivel medio de materia orgánica (3.26%) y el pH es fuertemente ácido (4.9), el cual es muy limitante para el crecimiento y desarrollo de la mayoría de cultivos.

Debido a que los colores y la interacción entre las zonas presenta deficiancias, es necesario implementar acciones tendientes a reducir los niveles de degradación de este suelo, dando atención a los problemas de acidéz evitando aplicar productos químicos sintéticos que favorecen este proceso y realizar acciones controladas de enmiendas que permita mejorar el pH de acuerdo a los requerimientos del cultivo a establecer; debe procurarse el establecimiento de abonos verdes para la fijación de nitrógeno atmosférico y mantener buenos niveles de materia orgánica, de igual forma promover la incorporación de abonos naturales como composta, bocashi, gallinaza u otro de una forma controlada. En general recuperar las condiciones de fertilidad y eliminar en lo posible los desbalances existentes, realizando aplicaciones de harina de rocas u otras que favorezcan los procesos naturales; realizar obras de conservación especialmente cuando los suelos presentan pendientes que favorecen los procesos de erosión y establecer un programa de rotación de cultivos para contrarrestar los desbalances nutricionales existentes.

CENTRO NACIONAL DE TECNOLOGIA
AGROPECUARIA Y FORESTAL
LABORATORIO DE SUELOS
e-mail centa_labsuelos@yahoo.com
Tel. 23020200 Ext.248

DEPARTAMENTO: LA PAZ

No. Laboratorio	Muestr No. 44
Cultivo que desea fertilizar	MAIZ

RESULTADO DEL ANÁLISIS

Textura	FRANCO ARENOSO
PH en agua	4.9 MUY FUERTEMENTE ACIDO
Fósforo (ppm)	12 BAJO
Potasio (ppm)	145 ALTO
Zinc (ppm)	2.85 BAJO
Manganeso (ppm)	74.43 MUY ALTO
Hierro (ppm)	31.63 MUY ALTO
Cobre (ppm)	1.98 ALTO
Materia Orgánica (%)	3.26 MEDIO
Calcio Intercambiable (Meq/100g)	3.45 BAJO
Magnesio Intercambiable (Meq/100g)	0.81 MUY BAJO
Potasio Intercambiable (Meq/100g)	0.37
Sodio Intercambiable (Meq/100g)	0.21 NO SODICO
Suma de bases intercambiable (Meq/100g)	4.84 BAJO
Acidez Intercambiable (Meq/100g)	0.38 BAJO
CICE (Meq/100g)	5.22 MEDIO
Saturación de bases %	92.72
Relación Calcio/Magnesio	4.26 MEDIO
Relación Magnesio/Potasio	2.19 BAJO
Relación Calcio + Magnesio/Potasio	11.51 MEDIO
Relación Calcio/Potasio	9.32 MEDIO

RECOMENDACIONES DE FERTILIZACION

<u>MAIZ</u>

1ª Fertilización: A la siembra
440 lb/mz de Fórmula 16-20-0 +
23 lb/mz de Sulfato de Zinc $(ZnSO_4.7H_2O)$

2ª Fertilización: 30 días después de la siembra
150 lb/mz de Urea +
170 lb/mz de Sulfato de Amonio

<u>ENCALADO</u>
Aplicar 15 qq/mz de Cal dolomítica, al 20% de Calcio y 10% de Magnesio, distribuido uniformemente, al momento de preparar el terreno.

IMPORTANTE: Después de aplicar Cal Dolomítica, debe de realizarse análisis de suelo, antes de hacer nuevas aplicaciones, es importante hacerlo para conocer como aumentó el pH y si los contenidos de Calcio y Magnesio están balanceados con las cantidades de cal Dolomítica que se han agregado y evitar sobreencalar.

**ING. QUIRINO ARGUETA
TECNICO EN FERTILIDAD DE SUELOS**

Muestra 45

La zona nitrogenada luce bastante desarrollada. La coloración del cromatograma generalmente asociado a desbalances nutricionales, a pesar de existir una ligeramente aceptable interacción entre sus zonas. Externamente presenta ciertas estructuras como dientes de caballo, la apariencia general es una tendencia a ser bueno; lo cual puede ser un indicador que este suelo es ligermente factible que puede responder positivamente a procesos de mejora. El análisis químico del suelo señala textura franco arenosa, un nivel de materia orgánica alto (5.22%) y el pH es ligeramente ácido (6.4), el cual es adecuado para el crecimiento y desarrollo de la mayoría de cultivos.

El cromatograma muestra colores e interacción que deben ser mejorados y para mejora estas condiciones es necesario implementar acciones tendientes a reducir los niveles de degradación de este suelo; debe procurarse el establecimiento de abonos verdes para la fijación de nitrógeno atmosférico y mantener buenos niveles de materia orgánica; de igual forma promover la incorporación de abonos naturales como composta, bocashi, gallinaza u otro de una forma controlada. En general mejorar las condiciones de fertilidad, realizando aplicaciones de harina de rocas u otras que favorezcan los procesos naturales; realizar obras de conservación especialmente cuando los suelos presentan pendientes que favorecen los procesos de erosión y establecer un programa de rotación de cultivos para evitar favorecer los desbalances nutricionales.

**CENTRO NACIONAL DE TECNOLOGIA
AGROPECUARIA Y FORESTAL
LABORATORIO DE SUELOS
e-mail centa_labsuelos@yahoo.com
Tel. 23020200 Ext.248**

DEPARTAMENTO: LA PAZ

No. Laboratorio	Muestra No. 45
Cultivo que desea fertilizar	MAIZ

RESULTADO DEL ANÁLISIS

Textura	FRANCO ARENOSO
PH en agua	6.4 LIGERAMENTE ACIDO
Fósforo (ppm)	7 MUY BAJO
Potasio (ppm)	415 MUY ALTO
Zinc (ppm)	2.48 BAJO
Manganeso (ppm)	7.29 ALTO
Hierro (ppm)	4.52 BAJO
Cobre (ppm)	0.70 BAJO
Materia Orgánica (%)	5.22 ALTO
Calcio Intercambiable (Meq/100g)	9.14 ALTO
Magnesio Intercambiable (Meq/100g)	3.69 ALTO
Potasio Intercambiable (Meq/100g)	1.06
Sodio Intercambiable (Meq/100g)	0.22 NO SODICO
Suma de bases intercambiable (Meq/100g)	14.11 MEDIO
Acidez Intercambiable (Meq/100g)	0.0 BAJO
CICE (Meq/100g)	14.11 MEDIO
Saturación de bases %	100.0
Relación Calcio/Magnesio	2.48 MEDIO
Relación Magnesio/Potasio	3.48 MEDIO
Relación Calcio + Magnesio/Potasio	12.10 MEDIO
Relación Calcio/Potasio	8.62 MEDIO

RECOMENDACIONES DE FERTILIZACION:MAIZ

1ª Fertilización: A la siembra
300 lb/mz de Fórmula 18-46-0 +
27 lb/mz de Sulfato de Zinc, $(ZnSO_4.7H_2O)$
178 lb/mz de Sulfato de Hierro, $(FeSO_4.7H_2O)$
16 lb/mz de Sulfato de Cobre, $(CuSO_4.5H_2O)$

2ª Fertilización: 30 días después de la siembra
150 lb/mz de Urea + 170 lb/mz de Sulfato de Amonio

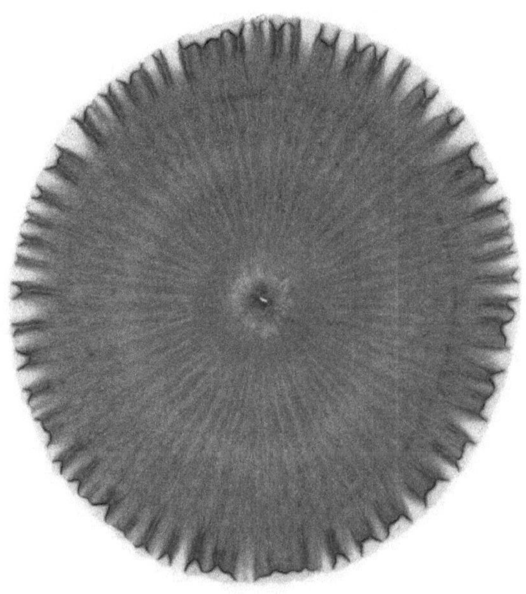

La zona nitrogenada luce poco limitada. La coloración del cromatograma es ligeramente aceptable; muestra una interacción entre cada una de sus zonas que moderadamente aceptable, aunque muestra un contraste de colores bastante oscuros y una delimitación bastante marcada especialmente entre la zona mineral y proteica, esternamente aparecen unas estructuras abiertas que interaccionan con la zona enzimática, todo loanterior puede ser un indicador que en este suelo es difícil su respuesta a los procesos de mejora. El análisis químico de suelos presenta una textura franco arcillosa, presenta además un nivel bajo de materia orgánica (1.60%) y el pH es fuertemente ácido (5.4), el cual es limitante para el crecimiento y desarrollo de la mayoría de cultivos.

Debido a que los colores e interacción entre sus zonas no es la deseable, es necesario implementar acciones tendientes a reducir los niveles de degradación de este suelo, con énfasis en el pH evitando la aplicación de fertilizantes químicos sintéticos que favorezcan la acidéz, asi como impulsar un plan de enmiendas; debe procurarse el establecimiento de abonos verdes para la fijación de nitrógeno atmosférico y mejorar los niveles de materia orgánica, de igual forma promover la incorporación de abonos naturales como composta, bocashi, gallinaza u otro. En general mejorar las condiciones de fertilidad, realizando aplicaciones de harina de rocas u otras que favorezcan los procesos naturales; realizar obras de conservación especialmente cuando los suelos presentan pendientes que favorecen los procesos de erosión; establecer un programa de rotación de cultivos para evitar que se puedan producir mayores desbalances nutricionales.

CENTRO NACIONAL DE TECNOLOGIA
AGROPECUARIA Y FORESTAL
LABORATORIO DE SUELOS
e-mail centa_labsuelos@yahoo.com
Tel. 23020200 Ext.248

CANTON:Tierra Blanca
MUNICIPIO: Zacatecoluca
DEPARTAMENTO:La Paz

No. Laboratorio	Muestra No.46
Profundidad de muestra	30 centimetros
Utilizara riego si o no	Si
Cultivo que desea fertilizar	Chile dulce
Mes en que sembrara	Julio
Topografía del terreno	Plana

RESULTADO DEL ANALISIS

Textura	FRANCO ARCILLOSO
pH en agua	5.4 FUERTEMENTE ACIDO
Fósforo (ppm)	14 ALTO
Potasio (ppm)	142 ALTO
Zinc (ppm)	2.19 BAJO
Manganeso (ppm)	17.31 MUY ALTO
Hierro (ppm)	28.6 MUY ALTO
Cobre (ppm)	0.79 BAJO
Materia organica (ppm)	1.60 BAJO
Calcio intercambiable (Meq/100g)	6.04 ALTO
Magnesio intercambiable (Meq/100g)	1.24 BAJO
Potasio intercambiable (Meq/100g)	0.36
Sodio intercambiable (Meq/100g)	0.32 NO SODICO
Suma de Bases (Meq/100g)	7.96 MEDIO
Acidez Intercambiable (Meq/100g)	0.04 BAJO
CICE (Meq/100g)	8.0 MEDIO
Saturación de Bases (%)	99.50
Relacion Calcio/Magnesio	4.87 MEDIO
Relacion Magnesio/Potasio	3.44 MEDIO
Relacion Calcio+Magnesio/Potasio	20.22 MEDIO
Relacion Calcio/Potasio	16.78 MEDIO

154

RECOMENDACIONES DE FERTILIZACION

CULTIVO: CHILE DULCE

MOMENTO	DOSIS/ MZ	FRECUENCIA	CLASE DE FERTILIZANTE
Preparación de cama	10 tn	1	Gallinaza bien descompuesta
Un mes antes del trasplante	7 qq	1	Hidróxido de Calcio-Magnesio
Trasplante	4.5 qq 2.2 qq	1 1	Formula 13-46-0 mas Formula 0-0-60
Primer mes después de trasplante	20 lb	Cada 3	díassulfato de Amonio
Segundo mes después del trasplante	50 lb	Cada 3	Nitrato calcio
Tercer mes después del trasplante	15 lb	Cada 3	Urea
Cuarto mes después del trasplante	9 lb	Cada 3	Urea

Nota:
Después de un mes del trasplante; aplicar al follaje cada dos semanas metalosato de cobre y de zinc, a razón de 0.50 lt/mz

Ing. Raúl Quintanilla
Técnico de fertilidad de suelos

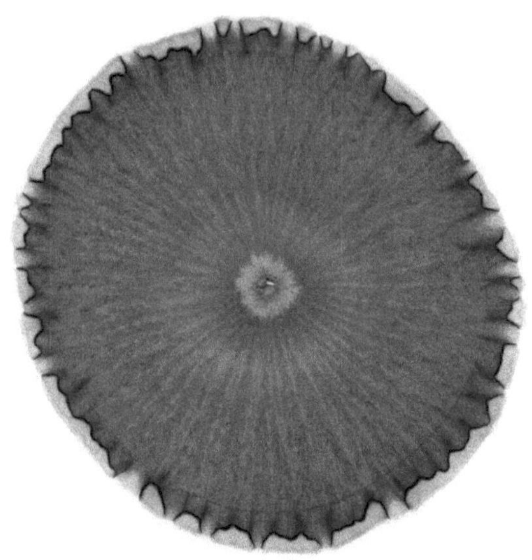

La zona nitrogenada luce poco desarrollada. La coloración del cromatograma generalmente asociado a desbalances nutricionales aunque ligeramente aceptables, presenta una raya gris oscura en la zona próxima a la enzimática, así como ciertas estructuras abiertas que hacen interactuar la zona proteica con la enzimática, externamente muestra algunas tonalidades oscuras, aunque con un nivel de interacción ligeramente aceptable lo cual puede ser un indicador de que es factible que el suelo responda a procesos de mejora; el análisis químico de suelo presenta textura franca, un nivel medio de materia orgánica (3.97%) y el pH es moderadamente ácido (5.8).

El cromatograma muestra un contraste de colores e interacción que deben ser fortalecidos por lo que es necesario implementar acciones tendientes a reducir los niveles de degradación de este suelo; debe procurarse el establecimiento de abonos verdes para la fijación de nitrógeno atmosférico y mantener buenos niveles de materia orgánica, de igual forma promover la incorporación de abonos naturales como composta, bocashi, gallinaza u otro de una forma controlada. En general incentivar las condiciones de fertilidad que presenta este suelo realizando aplicaciones de harina de rocas u otras que favorezcan los procesos naturales; realizar obras de conservación especialmente cuando los suelos presentan pendientes que favorecen los procesos de erosión y establecer un programa de rotación de cultivos para contrarrestar los desbalances nutricionales existentes.

**CENTRO NACIONAL DE TECNOLOGIA
AGROPECUARIA Y FORESTAL
LABORATORIO DE SUELOS
e-mail centa_labsuelos@yahoo.com
Tel. 23020200 Ext.248**

**CANTON: JOYA DEL MATAZANO
MUNICIPIO: CHILANGA
DEPARTAMENTO: MORAZAN**

No. Laboratorio	Muestra No.47
Utilizara riego	Si
Cultivo que desea fertilizar	TOMATE, CHILE
Topografía del terreno	Semiplano

RESULTADO DEL ANÁLISIS

Textura	FRANCO
PH en agua	5.8 MODERADAMENTE ACIDO
Fósforo (ppm)	1 MUY BAJO
Potasio (ppm)	25 BAJO
Zinc (ppm)	1.76 BAJO
Manganeso (ppm)	12.96 MUY ALTO
Hierro (ppm)	7.89 BAJO
Cobre (ppm)	0.36 BAJO
Materia Orgánica (%)	3.97 MEDIO
Calcio Intercambiable (Meq/100g)	23.99 ALTO
Magnesio Intercambiable (Meq/100g)	8.92 ALTO
Potasio Intercambiable (Meq/100g)	0.06
Sodio Intercambiable (Meq/100g)	0.29 NO SODICO
Suma de bases intercambiable (Meq/100g)	33.26 ALTO
Acidez Intercambiable (Meq/100g)	0.0 BAJO
CICE (Meq/100g)	33.26 ALTO
Saturación de bases %	100.0
Relación Calcio/Magnesio	2.69 MEDIO
Relación Magnesio/Potasio	148.67 ALTO
Relación Calcio + Magnesio/Potasio	548.5 ALTO
Relación Calcio/Potasio	399.83 ALTO

RECOMENDACIONES DE FERTILIZACION

<u>CULTIVO: TOMATE</u>

1ª. Fertilización: Al transplante:
500 lb/mz de fórmula 15-15-15 +
220 lb/mz de Fórmula 0-0-60 +
37 lb/mz de Sulfato de Zinc, $ZnSO_4.7H_2O$ +
123 lb/mz de Sulfato de Hierro, $FeSO_4.7H_2O$ +
20 lb/mz de Sulfato de Cobre, $CuSO_4.5H_2O$

2ª. Fertilización: A la floración
300 lb/mz de fórmula 18-46-0 +
100 lb/mz de Sulfato de Amonio +
220 lb/mz de Formula 0-0-60

3ª. Fertilización: Durante el desarrollo del fruto
168 lb/mz de Urea

<u>CULTIVO: CHILE</u>

1ª. Fertilización: Al transplante:
500 lb/mz de fórmula 15-15-15 +
220 lb/mz de Fórmula 0-0-60 +
37 lb/mz de Sulfato de Zinc, $ZnSO_4.7H_2O$ +
123 lb/mz de Sulfato de Hierro, $FeSO_4.7H_2O$ +
20 lb/mz de Sulfato de Cobre, $CuSO_4.5H_2O$

2ª. Fertilización: A la floración:
300 lb/mz de fórmula 18-46-0 +
135 lb/mz de Sulfato de Amonio +
220 lb/mz de Formula 0-0-60

3ª. Fertilización: Durante el desarrollo del fruto:
175 lb/mz de Urea

4ª. Fertilización: Después del primer corte: 130 lb/mz de Urea

ING. QUIRINO ARGUETA
TECNICO EN FERTILIDAD DE SUELOS

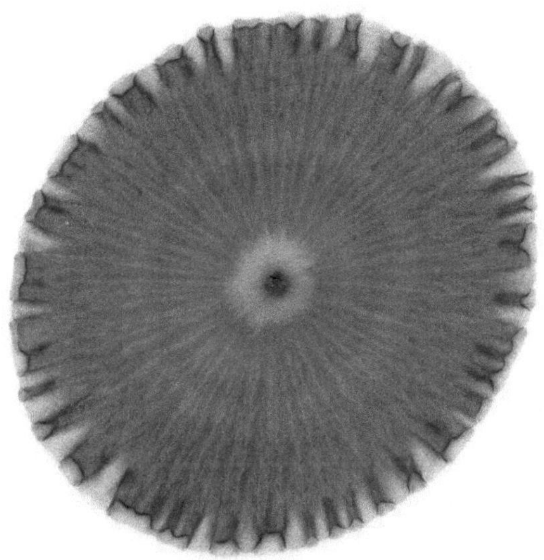

La zona nitrogenada luce normalmente desarrollada. La coloración del cromatograma generalmente asociado a un nivel de fertilidad ligeramente bueno y la interacción entra la zona proteica y la enzimática es ligeramente aceptable, dichas cualidades indican que es moderadamente factible que este suelo responda a procesos de mejora. El análisis químico de suelo muestra textura franco arcillosa, un alto nivel de materia orgánica (4.25%) y el pH es moderadamente ácido (5.7), que es adecuado para el crecimiento y desarrollo de muchos cultivos.

Será necesario implementar acciones tendientes a reducir los riesgos de degradación de este suelo así como su recuperación; establecer abonos verdes para la fijación de nitrógeno atmosférico y mantener buenos niveles de materia orgánica; de igual forma promover acciones como la incorporación de abonos naturales como composta, bocashi, gallinaza u otro de una forma controlada. En general incentivar las condiciones de fertilidad que presenta este suelo realizando aplicaciones de harina de rocas u otras que favorezcan los procesos naturales; realizar obras de conservación especialmente cuando los suelos presentan pendientes que favorecen los procesos de erosión y establecer un programa de rotación de cultivos para contrarrestar los desbalances nutricionales existentes.

**CENTRO NACIONAL DE TECNOLOGIA
AGROPECUARIA Y FORESTAL
LABORATORIO DE SUELOS
e-mail centa_labsuelos@yahoo.com
Tel. 23020200 Ext.248**

**CANTON: SAN LUCAS
MUNICIPIO: GUALOCOCTI
DEPARTAMENTO: MORAZAN**

No. Laboratorio	Muestra No.48
Utilizara riego	Si
Cultivo que desea fertilizar	TOMATE,PEPINO Y CHILE
Topografía del terreno	Semiplana

RESULTADO DEL ANÁLISIS

Textura	FRANCO ARCILLOSO
PH en agua	5.7 MODERADAMENTE ACIDO
Fósforo (ppm)	10 BAJO
Potasio (ppm)	246 MUY ALTO
Zinc (ppm)	5.46 ALTO
Manganeso (ppm)	34.59 MUY ALTO
Hierro (ppm)	13.53 ALTO
Cobre (ppm)	2.03 ALTO
Materia Orgánica (%)	4.25 ALTO
Calcio Intercambiable (Meq/100g)	8.90 ALTO
Magnesio Intercambiable (Meq/100g)	2.52 ALTO
Potasio Intercambiable (Meq/100g)	0.63
Sodio Intercambiable (Meq/100g)	0.23 NO SODICO
Suma de bases intercambiable (Meq/100g)	12.28 MEDIO
Acidez Intercambiable (Meq/100g)	0.0 BAJO
CICE (Meq/100g)	12.28 MEDIO
Saturación de bases %	100.0
Relación Calcio/Magnesio	3.53 MEDIO
Relación Magnesio/Potasio	4.0 MEDIO
Relación Calcio + Magnesio/Potasio	18.13 MEDIO
Relación Calcio/Potasio	14.13 MEDIO

RECOMENDACIONES DE FERTILIZACION

CULTIVO: TOMATE

1ª. Fertilización: Al transplante:
385 lb/mz de Fórmula 18-46-0

2ª. Fertilización: A la floración
383 lb/mz de Sulfato de Amonio

3ª. Fertilización: Durante el desarrollo del fruto
175 lb/mz de Urea

CULTIVO: PEPINO

1ª. Fertilización: A la siembra:
500 lb/mz de Fórmula 16-20-0

2ª. Fertilización: 30 Días después de la siembra:
150 lb/mz de Urea +
243 lb/mz de Sulfato de Amonio

CULTIVO: CHILE

1ª. Fertilización: Al transplante:
333 lb/mz de fórmula 18-46-0

2ª. Fertilización: A la floración:
429 lb/mz de Sulfato de Amonio

3ª. Fertilización: Durante el desarrollo del fruto:
195 lb/mz de Urea

4ª. Fertilización: Después del primer corte:
130 lb/mz de Urea

**ING. QUIRINO ARGUETA
TECNICO EN FERTILIDAD DE SUELO**

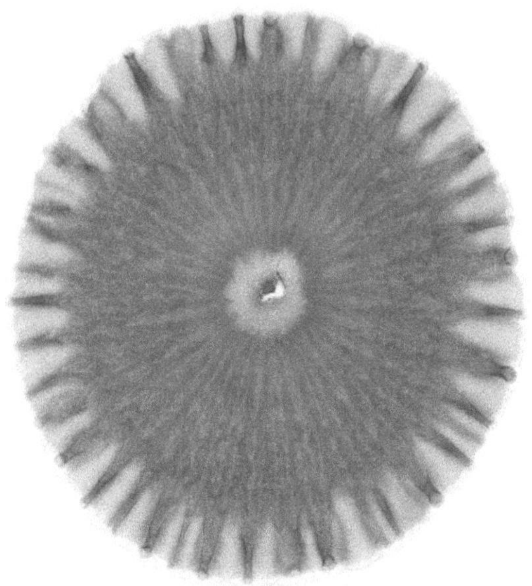

La zona nitrogenada luce normalmente desarrollada. La coloración y la interacción del cromatograma es moderadamente aceptable; se muestra bastante balanceado en cuanto a la distribución de colores e interacción entra cada una de sus zonas, lo cual puede ser un indicador que puede responder a procesos de recuperación que puedan promoverse; a pesar que se observa un circulo oscuro en la zona próxima a la enzimática; el análisis químico del suelo muestra textura arcillosa, un alto nivel alto de materia orgánica (4.11%) y el pH es muy fuertemente ácido (4.8), que es limitante para el crecimiento de la mayoría de cultivos.

El cromatograma muestra colores e interacción entre cada una de sus partes, que pueden ser mejoradas por lo que es necesario implementar acciones tendientes a reducir los riesgos de degradación de este suelo; con énfasis en el pH evitando el uso de productos químicos sintéticos que acidifique los sulos, asi como establecer un plan de enmiendas para contrarrestar los graves problemas de acidéz; debe procurarse el establecimiento de abonos verdes para la fijación de nitrógeno atmosférico y mantener buenos niveles de materia orgánica, de igual forma promover la incorporación de abonos naturales como composta, bocashi, gallinaza u otro de una forma controlada para seguir mejorando los niveles de materia orgánica del suelo. En general incentivar las condiciones de fertilidad que presenta este suelo realizando aplicaciones de harina de rocas u otras que favorezcan los procesos naturales; realizar obras de conservación especialemente cuando los suelos presentan pendientes que favorecen los procesos de erosión; establecer un programa de rotación de cultivos para evitar desbalances nutricionales.

CENTRO NACIONAL DE TECNOLOGIA
AGROPECUARIA Y FORESTAL
LABORATORIO DE SUELOS
e-mail centa_labsuelos@yahoo.com
Tel. 23020200 Ext.248

CANTON: EL VOLCAN
MUNICIPIO: DELICIAS DE CONCEPCION
DEPARTAMENTO: MORAZAN

No. Laboratorio	Muestra No.49
Utilizara riego	Si
Cultivo que desea fertilizar	TOMATE,CHILE,PEPINO Y EJOTE
Topografía del terreno	Quebrada

RESULTADO DEL ANÁLISIS

Textura	ARCILLOSO
PH en agua	4.8 MUY FUERTEMENTE ACIDO
Fósforo (ppm)	17 ALTO
Potasio (ppm)	89 ALTO
Zinc (ppm)	2.09 BAJO
Manganeso (ppm)	95.34 MUY ALTO
Hierro (ppm)	14.10 ALTO
Cobre (ppm)	1.54 ALTO
Materia Orgánica (%)	4.11 ALTO
Calcio Intercambiable (Meq/100g)	21.05 ALTO
Magnesio Intercambiable (Meq/100g)	10.08 ALTO
Potasio Intercambiable (Meq/100g)	0.23
Sodio Intercambiable (Meq/100g)	0.26 NO SODICO
Suma de bases intercambiable (Meq/100g)	31.62 ALTO
Acidez Intercambiable (Meq/100g)	5.46 ALTO
CICE (Meq/100g)	37.08 ALTO
Saturación de bases %	85.28
Relación Calcio/Magnesio	2.09 MEDIO
Relación Magnesio/Potasio	43.83 ALTO
Relación Calcio + Magnesio/Potasio	135.35 ALTO
Relación Calcio/Potasio	91.52 ALTO

RECOMENDACIONES DE FERTILIZACION

<u>**CULTIVO: TOMATE**</u>

1ª. Fertilización: Al transplante:
450 lb/mz de fórmula 15-15-15 +
32 lb/mz de Sulfato de Zinc, $ZnSO_4.7H_2O$

2ª. Fertilización: A la floración
383 lb/mz de Sulfato de Amonio

3ª. Fertilización: Durante el desarrollo del fruto
175 lb/mz de Urea

<u>**CULTIVO: CHILE**</u>

1ª. Fertilización: Al transplante:
400 lb/mz de fórmula 15-15-15 +
32 lb/mz de Sulfato de Zinc, $ZnSO_4.7H_2O$

2ª. Fertilización: A la floración:
429 lb/mz de Sulfato de Amonio

3ª. Fertilización: Durante el desarrollo del fruto:
195 lb/mz de Urea

4ª. Fertilización: Después del primer corte:
130 lb/mz de Urea

<u>**CULTIVO: PEPINO**</u>

1ª. Fertilización: A la siembra:
533 lb/mz de fórmula 15-15-15 +
32 lb/mz de Sulfato de Zinc, $ZnSO_4.7H_2O$

2ª. Fertilización: 30 Días después de la siembra:
150 lb/mz de Urea +
243 lb/mz de Sulfato de Amonio

<u>**CULTIVO: EJOTE**</u>

1ª. Fertilización: A la siembra:
350 lb/mz de fórmula 15-15-15 +
32 lb/mz de Sulfato de Zinc, $ZnSO_4.7H_2O$

2ª. Fertilización: A la floración:
158 lb/mz de Urea

ENCALADO

Aplicar 14 Quintales/Manzana de Cal Dolomítica (20% Calcio y 10% Magnesio), distribuido uniformemente al momento de preparar el terreno.

IMPORTANTE: Después de aplicar Cal Dolomítica, debe de realizarse análisis de suelo, antes de hacer nuevas aplicaciones, es importante hacerlo para conocer como aumentó el pH y si los contenidos de Calcio y Magnesio están balanceados con las cantidades de Cal Dolomítica que se han agregado y evitar sobreencalar.

ING. QUIRINO ARGUETA
TECNICO EN FERTILIDAD DE SUELOS

La zona nitrogenada luce bastante desarrollada. La coloración del cromatograma generalmente asociado a un nivel de fertilidad ligeramente bueno; muestra un contraste de colores con énfasis en la zona enzimática donde predominan colores cremosos y anaranjados, muestra además una ligeramente aceptable interacción entre las diferentes zonas, lo cual puede ser un indicador que es moderadamente factible obtener una respuesta satisfactoria a procesos de mejora que puedan promoverse; El análisis químico del suelo señala textura franco arenosa, presenta además un nivel alto de materia orgánica (6.35%), por lo que debe cultivarse dicha situación y el pH es extremadamente ácido (4.4), el cual es altamente limitante para el crecimiento y desarrollo de la mayoría de cultivos.

El cromatograma muestra un contraste de colores e interacción entre cada una de sus partes que pueden ser mejorados, implementando acciones tendientes a reducir los riesgos de degradación de este suelo, dando especial atención a los problemas de acidéz evitando aplicar productos químicos sintéticos, que acidifican los suelos, así como el establecimietno de un plan de enmiendas; debe procurarse el establecimiento de abonos verdes para la fijación de nitrógeno atmosférico y mantener buenos niveles de materia orgánica, de igual forma promover la incorporación de abonos naturales como composta, bocashi, gallinaza u otro de una forma controlada. En general incentivar las condiciones de fertilidad que presenta este suelo realizando aplicaciones de harina de rocas u otras que favorezcan los procesos naturales; realizar obras de conservación especialmente cuando los suelos presentan pendientes que favorecen los procesos de erosión y establecer un programa de rotación de cultivos para reducir los desbalances nutricionales.

CANTON: LOS NARANJOS
MUNICIPIO: JUAYUA
DEPARTAMENTO: SONSONATE

No. Laboratorio	Muestra No.50
Profundidad de la muestra	10 cm.
Cultivo que desea fertilizar	CAFÉ

RESULTADO DEL ANALISIS

Textura	FRANCO ARENOSO
pH en agua	4.4 EXTREMADAMENTE ACIDO
Fósforo (ppm)	78 MUY ALTO
Potasio (ppm)	137 ALTO
Zinc (ppm)	2.78 BAJO
Manganeso (ppm)	3.66 BAJO
Hierro (ppm)	62.64 MUY ALTO
Cobre (ppm)	3.68 MUY ALTO
Azufre (ppm)	30 MUY ALTO
Materia Orgánica (%)	6.35 ALTO
Calcio (Meq/100g)	2.13 MUY BAJO
Magnesio (Meq/100g)	0.69 MUY BAJO
Potasio (Meq/100g)	0.35
Sodio (Meq/100g)	0.28 NO SODICO
Suma de Bases (Meq/100g)	3.45 BAJO
Acidez Intercambiable (Meq/100g)	2.31 ALTO
CICE (Meq/100g)	5.76 MEDIO
Saturación de Bases (%)	59.89
Relación Calcio/Magnesio	3.09 MEDIO
Relación Magnesio/Potasio	1.97 BAJO
Relación Calcio + Magnesio/Potasio	8.06 BAJO
Relación Calcio/Potasio	6.09 MEDIO

La zona nitrogenada no se manifiesta. La coloración del cromatograma generalmente asociado a problemas de baja fertilidad; muestra colores amarillentos, gris oscuro y diferentes círculos con tonalidades oscuras, la interacción es ligeramente aceptable, lo cual muestra que es ligeramente factible que este suelo responda a procesos de mejora; el análisis químico de suelo muestra textura arena franca, presenta además un nivel bajo de materia orgánica (0.97%) y el pH es moderadamente ácido (5.6), el cual es adecuado para el crecimiento y desarrollo de varios cultivos.

En general el cromatograma muestra un contraste de colores e interacción que deben ser mejorados por lo que es necesario implementar acciones tendientes a reducir los niveles de degradación de este suelo, dando atención a los problemas de acidéz evitando aplicar productos químicos sintéticos que favorecen este proceso y realizar acciones controladas de enmiendas que permita mejorar el pH según el cultivo a establecer; debe procurarse el establecimiento de abonos verdes para la fijación de nitrógeno atmosférico y mejorar los niveles de materia orgánica, de igual forma promover la incorporación de abonos naturales como composta, bocashi, gallinaza u otro de una forma controlada. Recuperar las condiciones de fertilidad y eliminar en lo posible los desbalances existentes, realizando aplicaciones de harina de rocas u otras que favorezcan los procesos naturales; realizar obras de conservación especialmente cuando los suelos presentan pendientes que favorecen los procesos de erosión y establecer un programa de rotación de cultivos para contrarrestar los desbalances nutricionales existentes.

**CANTON: ISTAHUA
MUNICIPIO: SAN PEDRO PERULAPAN
DEPARTAMENTO: CUSCATLAN**

No. Laboratorio	Muestra No.51
Utilizará riego SI o No	Si
Área representada/muestra(Mz)	1/2 mz.
Cultivo que desea fertilizar	CHILE VERDE
Topografía del terreno	Plano

RESULTADO DEL ANALISIS

Textura	ARENA FRANCA
pH en agua	5.6 MODERADAMENTE ACIDO
Fósforo (ppm)	84 MUY ALTO
Potasio (ppm)	207 MUY ALTO
Zinc (ppm)	2.99 BAJO
Manganeso (ppm)	16.89 MUY ALTO
Hierro (ppm)	34.84 MUY ALTO
Cobre (ppm)	0.92 BAJO
Materia Orgánica (%)	0.97 BAJO
Calcio (Meq/100 g)	3.63 BAJO
Magnesio (Meq/100 g)	0.73 MUY BAJO
Potasio (Meq/100 g)	0.53
Sodio (Meq/100 g)	0.24 NO SODICO
Suma de Bases (Meq/100 g)	5.13 MEDIA
Acidez Intercambiable (Meq/100 g)	0.00 BAJO
CICE (Meq/100 g)	5.13 MEDIO
Saturación de Bases (%)	100
Relación Calcio/Magnesio	4.97 MEDIO
Relación Magnesio/Potasio	1.38 BAJO
Relación Calcio+Magnesio/Potasio	8.23 BAJO
Relación Calcio/Potasio	6.85 MEDIO

RECOMENDACIONES DE FERTILIZACION

<u>**CULTIVO: CHILE DULCE**</u>

MOMENTO	DOSIS/MZ	FRECUENCIA	CLASE DE FERTILIZANTE
Un mes antes del cultivo	7 Quintal	1	Hidróxido de calcio-magnesio
Preparación de camas de siembra	4 Tonelada	1	Gallinaza bien descompuesta
Trasplante a un mes	30 Libra 1 Libra ½ Libra	Cada 3 días	Sulfato de amonio Sulfato de zinc Sulfato de cobre
De uno a 1½ meses después del trasplante	19 Libra 2 Libra 1 Libra	Cada 3 días	Urea Sulfato de zinc Sulfato de cobre
De 1½ a 2 meses después del trasplante	50 Libra 220 Libra	Cada 3 días Directo al suelo	Nitrato de calcio Sul-po-mag
De 2 a 2½ meses después del trasplante	19 Libra 1 Libra ½ Libra	Cada 3 días	Urea Sulfato de zinc Sulfato de cobre
De 2½ a 3½ meses después del trasplante	15 Libra	Cada 3 días	Urea
Aplicar al follaje cada 2 semanas: solución al 0.2 % de Sulfato de zinc y de cobre			

ING. M. Sc. RAÚL QUINTANILLA
ESPECIALISTA EN FERTILIDAD DE SUELOS

La zona nitrogenada luce poco desarrollada. La coloración del cromatograma está generalmente asociada a problemas de fertilidad, muestra un contraste de colores poco satisfactorios por el predominio de tonalidades oscuros y una barrera que separa la zona proteica de la enzimática; sin embargo se observa una moderadamente aceptable intercción entre la zona mineral y proteica, indicando la necesidad de ralizar acciones sitemáticas para que este suelo responda a procesos de mejora; como puede verse en el análisis químico de suelos la textura es arcillosa, presenta además un nivel medio de materia orgánica (2.04%) y el pH es ligeramente acido (6.5), que es muy bueno para el crecimiento y desarollo de la mayoría de cultivos.

Debido a que los colores y la interacción, presentan dificultades, es necesario implementar acciones tendientes a reducir los niveles de degradación de este suelo; debe procurarse el establecimiento de abonos verdes para la fijación de nitrógeno atmosférico y mejorar los niveles de materia orgánica, de igual forma promover la incorporación de abonos naturales como composta, bocashi, gallinaza u otro de una forma controlada. Realizar aplicaciones de harina de rocas u otras que favorezcan los procesos naturales; efectuar obras de conservación especialmente cuando los suelos presentan pendientes que favorecen los procesos de erosión; establecer un programa de rotación de cultivos para recuperar los elementos que se encuentran deficientes.

**CANTON: ATILUYA
MUNICIPIO: ISHUATAN
DEPARTAMENTO: SONSONATE**

No. Laboratorio	Muestra No.52
Profundidad de la muestra	30 cm.
Cultivo que desea fertilizar	CAFÉ
Topografía del terreno	Inclinado

RESULTADO DEL ANÁLISIS

Textura	ARCILLOSO
PH en agua	6.5 LIGERAMENTE ACIDO
Fósforo (ppm)	1 MUY BAJO
Potasio (ppm)	342 MUY ALTO
Zinc (ppm)	2.61 BAJO
Manganeso (ppm)	26.94 MUY ALTO
Hierro (ppm)	25.30 MUY ALTO
Cobre (ppm)	5.68 MUY ALTO
Materia Orgánica (%)	2.04 MEDIO
Calcio Intercambiable (Meq/100g)	8.55 ALTO
Magnesio Intercambiable (Meq/100g)	1.98 BAJO
Potasio Intercambiable (Meq/100g)	0.88
Sodio Intercambiable (Meq/100g)	0.23 NO SODICO
Suma de bases intercambiable(Meq/100g)	11.64 MEDIO
Acidez Intercambiable (Meq/100g)	0.0 BAJO
CICE (Meq/100g)	11.64 MEDIO
Saturación de bases (%)	100
Relación Calcio/Magnesio	4.32 MEDIO
Relación Magnesio/Potasio	2.25 BAJO
Relación Calcio + Magnesio/Potasio	11.97 MEDIO
Relación Calcio/Potasio	9.72 MEDIO

RECOMENDACIONES DE FERTILIZACION:

<u>CAFÉ POBLACION 2000 PLANTAS</u>

EDAD	EPOCA	CANTIDAD/ PLANTA	TIPO DE FERTILIZANTE
1$^{ER.}$ AÑO	TRANSPLANTE	3 ONZAS + 6 GRAMOS + 4 ONZAS	FORMULA 16-20-0 + SULFATO DE ZINC, $ZnSO_4.7H_2O$+ SULFATO DE CALCIO Y MAGNESIO (Nutrical)
	SEPTIEMBRE	2.5 ONZAS	FORMULA 16-20-0
	OCTUBRE	1.5 ONZAS	UREA
2º.AÑO	MAYO-JUNIO	3 ONZAS	FORMULA 16-20-0
	JULIO-AGOSTO	1.5 ONZAS	UREA
	SEPTIEMBRE- OCTUBRE	1.5 ONZAS	UREA
3$^{ER.}$ AÑO	MAYO-JUNIO	3 ONZAS	FORMULA 18-46-0
	JULIO-AGOSTO	2 ONZAS	UREA
	SEPTIEMBRE- OCTUBRE	2 ONZAS	UREA
2º. Y 3$^{ER.}$ año aplicar 5 onzas/planta de Sulfato de Calcio y Magnesio, distribuido 15 días antes de hacer la fertilización de mayo-junio			

ING. QUIRINO ARGUETA
TECNICO EN FERTILIDAD DE SUELOS

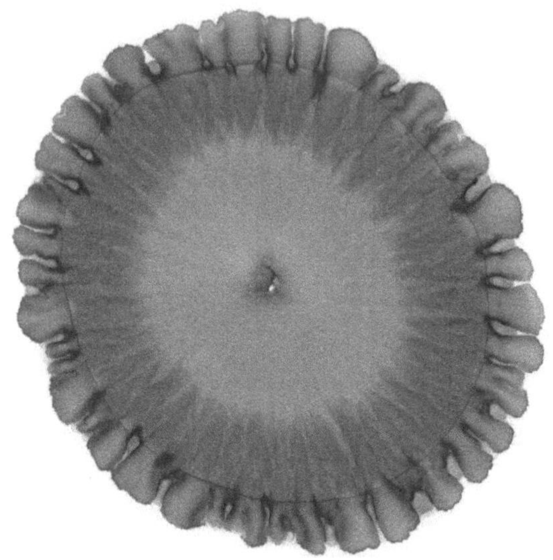

La zona nitrogenada luce bien desarrollada. La coloración del cromatograma es moderadamente aceptable y la interacción entre cada una de sus partes es ligeramente aceptable; externamente aparecen estructuras parecidas a "dientes de caballo"; todol oanterior indica que es moderadamente factible que este suelo responda a procesos de mejora que puedan promoverse. Como puede verse en el análisis químico de suelos la textura es franca, el contenido de materia orgánica es alto (9.96%) y el pH es moderadamente ácido (5.8), el cual es aceptable para el crecimiento y desarrollo de la mayoría de cultivos.

Los colores e interacción que presenta el cromatograma pueden potenciarse implementando acciones tendientes a reducir los riesgos de degradación de este suelo, procurando mantener o mejorar la acidéz de acuerdo a las necesidades del cultivo a establecer, evitando aplicar productos químicos sintéticos que favorecen este proceso; debe procurarse el establecimiento de abonos verdes para la fijación de nitrógeno atmosférico y mantener buenos niveles de materia orgánica, de igual forma promover la incorporación de abonos naturales como composta, bocashi, gallinaza u otro de una forma controlada. Incentivar las condiciones de fertilidad que presenta este suelo realizando aplicaciones de harina de rocas u otras que ayuden a los procesos naturales; realizar obras de conservación especialmente cuando los suelos presentan pendientes que favorecen la erosión y establecer un programa de rotación de cultivos para evitar mayores desbalances nutricionales.

CANTON: SAN JUAN DE DIOS
MUNICIPIO: JUAYUA
DEPARTAMENTO: SONSONATE

No. Laboratorio	Muestra No.53
Utilizará riego SI o No	SI
Área representada/muestra(Mz)	3 mz.
Cultivo que desea fertilizar	Apio, lechuga, zanahoria, brócoli, coliflor
Topografía del terreno	Laderas

RESULTADO DEL ANALISIS

Textura	FRANCO
pH en agua	5.8 MODERADAMENTE ACIDO
Fósforo (ppm)	1 MUY BAJO
Potasio (ppm)	445 MUY ALTO
Zinc (ppm)	2.50 BAJO
Manganeso (ppm)	14.79 MUY ALTO
Hierro (ppm)	4.71 BAJO
Cobre (ppm)	0.43 BAJO
Materia Orgánica (%)	9.96 ALTO
Calcio (Meq/100 g)	10.14 ALTO
Magnesio (Meq/100 g)	1.65 BAJO
Potasio (Meq/100 g)	1.14
Sodio (Meq/100 g)	0.21 NO SODICO
Suma de Bases (Meq/100 g)	13.14 MEDIO
Acidez Intercambiable (Meq/100 g)	0.0 BAJO
CICE (Meq/100 g)	13.14 MEDIO
Saturación de Bases (%)	100
Azufre (ppm)	17 ALTO
Relación Calcio/Magnesio	6.15 ALTO
Relación Magnesio/Potasio	1.48 BAJO
Relación Calcio + Magnesio/Potasio	10.34 MEDIO
Relación Calcio/Potasio	8.89 MEDIO

RECOMENDACIONES DE FERTILIZACION

<u>**CULTIVO: APIO**</u>

MOMENTO	DOSIS/m^2	CLASE DE FERTILIZANTE
Un mes antes del cultivo	1 ½ ONZA	Hidróxido de calcio-magnesio
Transplante	1 ½ ONZA	Fórmula 18-46-0
1 Semana después del Trasplante	6 GRAMOS + 3 GRAMOS + 2 ml./LITRO	Sulfato de Zinc Sulfato de Cobre Quelato Férrico
2 Semana después del Trasplante	2 ½ ONZAS	Sulfato de Amonio
5 Semana después del Trasplante	1 ½ ONZAS	Urea
A partir de 2 semanas después del transplante aplicar al follaje: Metalosato multimineral a razón de 0.60 Litros/manzana.		

<u>**CULTIVO: LECHUGA**</u>

MOMENTO	DOSIS/m^2	CLASE DE FERTILIZANTE
Un mes antes del cultivo	1 ½ ONZA	Hidróxido de calcio-magnesio
Transplante	1 ONZA	Fórmula 18-46-0
1 Semana después del Trasplante	6 GRAMOS + 3 GRAMOS + 2 ml./LITRO	Sulfato de Zinc Sulfato de Cobre Quelato Férrico
2 Semana después del Trasplante	1 ONZAS	Sulfato de Amonio
5 Semana después del Trasplante	1 ½ ONZAS	Urea
A partir de 2 semanas después del transplante aplicar al follaje: Metalosato multimineral a razón de 0.60 Litros/manzana.		

CULTIVO: ZANAHORIA

MOMENTO	DOSIS/m²	CLASE DE FERTILIZANTE
Un mes antes del cultivo	1 ½ ONZA	Hidróxido de calcio-magnesio
Siembra	1 ½ ONZA	Fórmula 18-46-0
3 Semanas después de la Siembra	1 ONZA + 6 GRAMOS + 3 GRAMOS + 2 ml./LITRO	Sulfato de Amonio Sulfato de Zinc Sulfato de Cobre Quelato Férrico
7 Semanas después de la Siembra	1 ONZA	Urea
11 Semanas después de la Siembra	1 ONZA	Urea
A partir de 4 semanas después de siembra aplicar al follaje: Metalosato multimineral a razón de 0.60 Litros/manzana.		

CULTIVO: COLIFLOR

MOMENTO	DOSIS/Mz	CLASE DE FERTILIZANTE
Un mes antes del cultivo	450 LIBRAS	Hidróxido de calcio-magnesio
Transplante	440 LIBRAS	Fórmula 18-46-0
3 Semanas después del Trasplante	300 LIBRAS + 50 LIBRAS + 25 LIBRAS + 5 LITROS	Sulfato de Amonio Sulfato de Zinc Sulfato de Cobre Quelato Férrico
7 Semanas después del Trasplante	150 LIBRAS	Urea
A partir de 3 semanas después del transplante aplicar al follaje: Metalosato multimineral a razón de 0.60 Litros/manzana.		

CULTIVO: BROCOLI

MOMENTO	DOSIS/Mz	CLASE DE FERTILIZANTE
Un mes antes del cultivo	450 LIBRAS	Hidróxido de calcio-magnesio
Transplante	440 LIBRAS	Fórmula 18-46-0
3 Semanas después del Trasplante	330 LIBRAS + 50 LIBRAS + 25 LIBRAS + 5 LITROS	Sulfato de Amonio Sulfato de Zinc Sulfato de Cobre Quelato Férrico
7 Semanas después del Trasplante	200 LIBRAS	Urea
A partir de 3 semanas después del transplante aplicar al follaje: Metalosato multimineral a razón de 0.60 Litros/manzana.		

ING. M. Sc. RAÚL QUINTANILLA
ESPECIALISTA EN FERTILIDAD DE SUELOS

Muestra 54

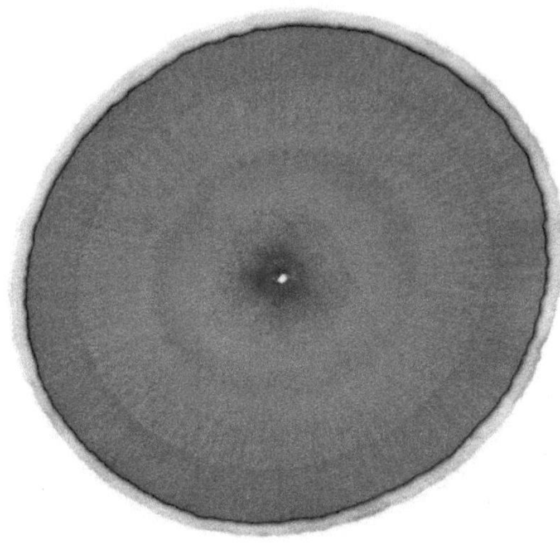

La zona nitrogenada es nula completamente. La coloración del cromatograma generalmente asociado a problemas de fertilidad; presentando colores poco satisfactorios por el predominio de colores oscuros con amarillentos, siendo poco usual, además la intección entre sus parte es no aceptable y entre la zona proteica con la enzimática aparece una fuerte raya café oscuro que las separa, lo que podría indicar que es necesario ralizar acciones sitemáticas para que este suelo responda a procesos de mejora. El análisis químico de sueloos muestra textura arcillosa, presenta también un nivel medio de materia orgánica (2.93%) y el pH es ligeramente ácido (6.2) el cual es adecuado para el crecimiento y desarrollo de la mayoría de cultivos.

Debido a que los colores y la interacción, son no deseables, es necesario implementar acciones tendientes a reducir los niveles de degradación de este suelo, procurar el establecimiento de abonos verdes para la fijación de nitrógeno atmosférico y mejorar los niveles de materia orgánica, de igual forma promover la incorporación de abonos naturales como composta, bocashi, gallinaza u otro de una forma controlada. Realizar aplicaciones periódicas de harina de rocas u otras que favorezcan los procesos naturales; realizar obras de conservación especialmente cuando los suelos presentan pendientes que favorecen los procesos de erosión y establecer un programa de rotación de cultivos para contrarrestar las deficiencias nutricionales existentes.

CENTRO NACIONAL DE TECNOLOGIA
AGROPECUARIA Y FORESTAL
LABORATORIO DE SUELOS
e-mail centa_labsuelos@yahoo.com
Tel. 23020200 Ext.248

MUNICIPIO: SAN ISIDRO
DEPARTAMENTO: CABAÑAS

No. Laboratorio	Muestra No.54
Profundidad de la muestra	0-30 cm
Utilizará riego SI o NO	SI
Area representada/muestra (mz)	8 mz
Cultivo que desea fertilizar	TECA
Topografía del terreno	Plano

RESULTADO DEL ANALISIS

Textura	ARCILLOSO
pH en agua	6.2 LIGERAMENTE ACIDO
Fósforo (ppm)	6 MUY BAJO
Potasio (ppm)	216 MUY ALTO
Materia Orgánica (%)	2.93 MEDIO
Calcio (Meq/100g)	31.94 ALTO
Magnesio (Meq/100g)	7.28 ALTO
Potasio (Meq/100g)	0.55
Relacion Calcio/Magnesio	4.39 MEDIO
Relacion Magnesio/Potasio	13.24 MEDIO
Relacion Calcio+Magnesio/Potasio	71.31 ALTO
Relacion Calcio/Potasio	58.07 ALTO

RECOMENDACIONES DE FERTILIZACION

<u>**CULTIVO: TECA**</u>

EDAD	EPOCA	CANTIDAD/PLANTA	TIPO DE FERTILIZANTE
1 AÑO	**Transplante**	2.0 onzas	Fórmula 18-46-0
	3 meses después del transplante	14 onza	Sulfato de amonio
	6 meses después del transplante	1.0 onza	Urea
2 AÑOS	**Mayo-Junio** **Julio-Agosto** **Septiembre-Octubre**	3.0 onzas 2.0 onzas 1.5 onzas	Fórmula 18-46-0 Sulfato de amonio Urea
3 AÑOS	**Mayo-Junio** **Septiembre-Octubre**	4.0 onzas 3.0 onzas	Fórmula 18-46-0 Urea

ING. QUIRINO ARGUETA
TECNICO EN FERTILIDAD DE SUELOS

La zona nitrogenada no está desarrollada. La coloración del cromatograma es ligeramente aceptable, con tonalidades oscuras y amarillentas poco deseadas, intercción moderadamente aceptable entre sus partes, excepto entre la zona proteica con la enzimática que están divididas completamente y esta ultima se muestra poco desarrollada, lo anterior puede ser un indicador que es necesario ralizar acciones sitemáticas para que este suelo responda a procesos de mejora que puedan promoverse a futuro. Como puede verse en el análisis químico de suelos la textura es arena franca, presenta un nivel bajo de materia orgánica (1.90%) y el pH es ligeramente ácido (6.2), siendo bastante adecuado para el crecimiento y desarrollo de la mayoría de cultivos.

El cromatograma muestra un contraste de colores poco satisfactorios así como interacción por lo que es necesario implementar acciones tendientes a reducir los niveles de degradación de este suelo, evitando realizar acciones que conduzcan a que el suelo se vuelva ácido como evitar aplicar productos químicos sintéticos que favorecen este proceso; debe procurarse el establecimiento de abonos verdes para la fijación de nitrógeno atmosférico y mejorar significativamente los niveles de materia orgánica, de igual forma promover la incorporación de abonos naturales como composta, bocashi, gallinaza u otro de una forma controlada. Recuperar y mejorar la fertilidad que presenta este suelo nivelando algunos factores importantes, realizando aplicaciones de harina de rocas u otras que favorezcan los procesos naturales; realizar obras de conservación especialmente cuando los suelos presentan pendientes que ayudan a los procesos de erosión; establecer un programa de rotación de cultivos para recuperar las deficiencias nutricionales existentes.

CENTRO NACIONAL DE TECNOLOGIA
AGROPECUARIA Y FORESTAL
LABORATORIO DE SUELOS
e-mail centa_labsuelos@yahoo.com
Tel. 23020200 Ext.248

MUNICIPIO: POLOROS
DEPARTAMENTO: LA UNIÓN

No. Laboratorio	Muestra No. 55
Identificación de la muestra	San Pedro
Profundidad de la muestra	15 cm.
Utilizará riego Si o No	Si
Cultivo que desea fertilizar	Tomate, chile, pepino, rábano
Mes en que sembrará	Octubre
Topografía del terreno	Plana

RESULTADO DEL ANÁLISIS

Textura	ARENA FRANCA
PH en agua	6.2 LIGERAMENTE ACIDO
Fósforo (ppm)	29 ALTO
Potasio (ppm)	192 ALTO
Zinc (ppm)	2.07 BAJO
Manganeso (ppm)	11.67 MUY ALTO
Hierro (ppm)	13.60 ALTO
Cobre (ppm)	0.28 BAJO
Materia Orgánica (%)	1.90 BAJO
Calcio Intercambiable (Meq/100g)	11.44 ALTO
Magnesio Intercambiable (Meq/100g)	1.81 BAJO
Potasio Intercambiable (Meq/100g)	0.49
Sodio Intercambiable (Meq/100g)	0.25 NO SODICO
Suma de bases intercambiable (Meq/100g)	13.99 MEDIO
Acidez Intercambiable (Meq/100g)	0.00 BAJO
CICE (Meq/100g)	13.99 MEDIO
Saturación de bases %	100
Relación Calcio/Magnesio	6.32 ALTO
Relación Magnesio/Potasio	3.69 MEDIO
Relación Calcio + Magnesio/Potasio	27.04 MEDIO
Relación Calcio/Potasio	23.35 MEDIO

RECOMENDACIONES DE FERTILIZANTES

MOMENTO	DOSIS EN LIBRAS/Mz/CULTIVO				CLASE DE FERTILIZANTE
	TOMATE	CHILE	PEPINO	RABANO	
1 mes antes del encamado	700	700	700	700	Hidróxido de calcio-magnesio
Preparación de camas	20 Ton	20 Ton	10 Ton	10 Ton	Estiércol bovino descompuesto
1 semana después de siembra			220 20 10	220 20 10	Fórmula 15-15-15 Sulfato de cobre Sulfato de zinc
Trasplante	220	220			Fórmula 18-46-0
2 semanas después de siembra				220	Nitrato de amonio
3 semanas después de siembra			220 10 5		Nitrato de amonio Sulfato de cobre Sulfato de zinc
1 mes después del trasplante	220 220 20 10	200 220 20 10			Nitrato de amonio Fórmula 15-15-15 Sulfato de cobre Sulfato de zinc
6 semanas después de siembra			150		Urea
8 semanas después de trasplante	200 220 10 5	180 220 10 5			Nitrato de amonio Fórmula 15-15-15 Sulfato de cobre Sulfato de zinc
10 semanas después de trasplante	220	200			Nitrato de amonio
12 semanas después de trasplante		75			Urea
Nota: Después de un mes de siembra y trasplante (Tomate, chile dulce, pepino) aplicar cada dos semanas al follaje: Metalosato multimineral a razón de 0.60 litro por manzana					
Nota: Aplicar en fertiriego el sulfato de cobre y de zinc, distribuida la dosis recomendada a intervalo de una semana					

ING. M. Sc. RAUL QUINTANILLA
ESPECIALISTA EN FERTILIDAD DE SUELO

Muestra 56

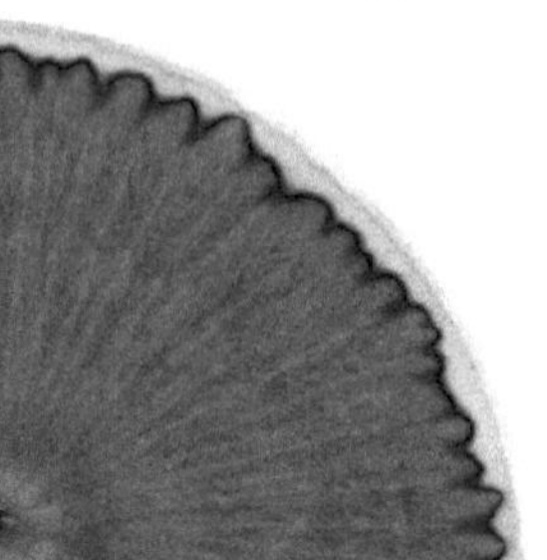

La zona nitrogenada luce poco desarrollada (muy limitada). La coloración del cromatograma es ligeramente aceptable, presentando tonalidades oscuras no deseadas en las diferentes zonas, pese a ello se observa una moderadamente aceptable interccion entre sus partes, con una marcada delimitación entre las zonas proteica y enzimática, lo que indica la necesidad de realizar acciones sitemáticas para que este suelo responda a procesos de mejora; como puede verse en el análisis químico de suelos la textua es franco arenosa, presenta además un nivel medio de materia orgánica (2.90%) y el pH es moderadamente ácido (5.8), siendo bastante adecuado para el crecimiento y desarrollo de la mayoría de cultivos.

El cromatograma muestra coloes e interacción que deben ser mejorados por lo que es necesario implementar acciones tendientes a reducir los niveles de degradación de este suelo, dando atención a los problemas de acidéz que puedan generarse, evitando aplicar productos químicos sintéticos que favorecen este proceso; debe procurarse el establecimiento de abonos verdes para la fijación de nitrógeno atmosférico y mejorar los niveles de materia orgánica, de igual forma promover la incorporación de abonos naturales como composta, bocashi, gallinaza u otro. Mejorar la fertilidad que presenta este suelo, realizando aplicaciones de harina de rocas u otras que favorezcan los procesos naturales; realizar obras de conservación especialmente cuando los suelos presentan pendientes que favorecen los procesos de erosión; establecer un programa de rotación de cultivos para contrarrestar las deficiencias nutricionales existentes.

CENTRO NACIONAL DE TECNOLOGIA AGROPECUARIA Y FORESTAL
LABORATORIO DE SUELOS
e-mail centa_labsuelos@yahoo.com
Tel. 23020200 Ext.248

CANTON: JAYUCA
MUNICIPIO: SAN LUIS TALPA
DEPARTAMENTO: LA PAZ

No. Laboratorio	Muestra No.56
Profundidad muestra	10-20 cm.
Utilizara Riego Si o No	No
Área representada por La muestra (mz)	25 mz.
Cultivo que desea fertilizar	ROSA DE JAMAICA

RESULTADO DEL ANALISIS

Textura	FRANCO ARENOSO
Ph en agua	5.8 MODERADAMENTE ACIDO
Fósforo (ppm)	10 BAJO
Potasio (ppm)	251 MUY ALTO
Materia Orgánica (%)	2.90 MEDIO
Calcio Intercambiable (Meq/100g)	7.54 ALTO
Magnesio Intercambiable (Meq/100g)	1.80 BAJO
Potasio Intercambiable (Meq/100g)	0.64
Relación Calcio/Magnesio	4.19 MEDIO
Relación Magnesio/Potasio	2.81 MEDIO
Relación Calcio+Magnesio/Potasio	14.60 MEDIO
Relación Calcio/Potasio	11.78 MEDIO

RECOMENDACIONES DE FERTILIZACION

CULTIVO: ROSA DE JAMAICA

1ª. Fertilización: A la siembra:
200 lb/mz de Fórmula 18-46-0

2ª. Fertilización: 20 días después de la siembra:
150 lb/mz de Sulfato de Amonio

3ª. Fertilización: 40 días después de la siembra:
150 lb/mz de Sulfato de amonio

4ª. Fertilización: 60 días después de la siembra:
100 lb/mz de Urea

CORRECCIÓN DE MAGNESIO:
Aplicar 821 lb/mz de Sulfato de calcio y magnesio (nutrical), distribuido uniformemente al momento de preparar el terreno.

ING. QUIRINO ARGUETA
TECNICO EN FERTILIDAD DE SUELOS

**

La zona nitrogenada luce poco desarrollada. La coloración es ligeramente aceptable al igual que la interacción, mostrando tonalidades oscuras en contraste con colores amarillentos no deseados; también se observa una fuerte delimitación entre la zona protéica y enzimática, lo que expresa la necesidad de realizar acciones sitemáticas para que este suelo responda a procesos de mejora. Como puede verse en el análisis químico de suelos, la textura es franco arcillo arenosa, presenta además un nivel medio de materia orgánica (3.45%) y el pH es moderadamente ácido (6.0), adecuado para el crecimiento y desarrollo de muchos cultivos.

El cromatograma muestra un contraste de colores poco satisfactorios así como limitada interacción por lo que es necesario implementar acciones tendientes a reducir los niveles de degradación de este suelo; debe procurarse el establecimiento de abonos verdes para la fijación de nitrógeno atmosférico y mejorar los niveles de materia orgánica, de igual forma promover la incorporación de abonos naturales como composta, bocashi, gallinaza u otro de una forma controlada. Balancear la fertilidad que presenta este suelo realizando aplicaciones de harina de rocas u otras que favorezcan los procesos naturales; realizar obras de conservación especialmente cuando los suelos presentan pendientes que favorecen los procesos de erosión; establecer un programa de rotación de cultivos para recuperar las deficiencias nutricionales existentes.

CANTON: RIO FRIO
MUNICIPIO: ATIQUIZAYA
DEPARTAMENTO: AHUACHAPAN

No. Laboratorio	Muestra 57
Cultivo que desea fertilizar	CAÑA DE AZUCAR

RESULTADO DEL ANALISIS

Textura	FRANCO ARCILLO ARENOSO
pH en agua	6.0 MODERADAMENTE ACIDO
Fósforo (ppm)	1 MUY BAJO
Potasio (ppm)	64 ALTO
Zinc (ppm)	1.50 BAJO
Manganeso (ppm)	28.89 MUY ALTO
Hierro (ppm)	26.32 MUY ALTO
Cobre (ppm)	3.04 ALTO
Materia Orgánica (%)	3.45 MEDIO
Calcio (Meq/100g)	11.79 ALTO
Magnesio (Meq/100g)	5.64 ALTO
Potasio (Meq/100g)	0.16
Sodio (Meq/100g)	0.26 NO SODICO
Suma de Bases (Meq/100g)	17.85 MEDIO
Acidez Intercambiale (Meq/100g)	0.0 BAJO
CICE (Meq/100g)	17.85 MEDIO
Saturación de Bases (%)	100.0
Relacion Calcio/Magnesio	2.09 MEDIO
Relacion Magnesio/Potasio	35.25 ALTO
Relacion Calcio+Magnesio/Potasio	108.94 ALTO
Relacion Calcio/Potasio	73.69 ALTO

RECOMENDACIONES DE FERTILIZACION

15   <u>CAÑA DE AZUCAR</u>

1ª Fertilización: A la siembra
600 lb/mz de Fórmula 12-24-12 +
40 lb/mz de Sulfato de Zinc, $ZnSO_4.7H_2O$

2ª Fertilización: Inicio de lluvias
500 lb/mz de Fórmula 15-15-15 +
350 lb/mz de SUL-PO-MAG

3ª Fertilización: 6 semanas después
200 lb/mz de Urea sulfatada

ING. QUIRINO ARGUETA
TECNICO EN FERTILIDAD DE SUELOS

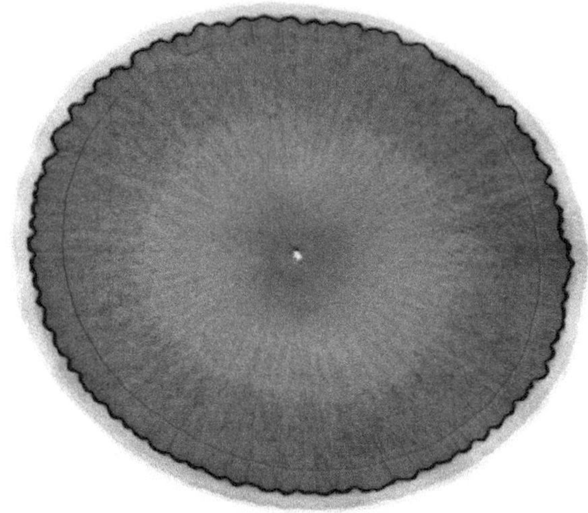

Muestra 58

La zona nitrogenada no está desarrollada. La coloración del cromatograma es no aceptable, así como una ligeramente aceptable interacción lo cual está generalmente asociado a problemas de baja fertilidad, presentando un contraste con colores amarillentos y una fuerte delimitación entre la zona proteica y enzimática, lo cual puede ser un indicador que es necesario ralizar acciones sitemáticas para que este suelo responda a procesos de mejora; el análisis químico de suelo muestra textura franco arcillo arenosa, presenta además un nivel bajo de materia orgánica (1.90%) y el pH es ligeramente ácido (6.1), adecuado para el crecimiento y desarrollo de la mayoría de cultivos.

El cromatograma muestra un contraste de colores e interacción que deben ser mejorados por lo que es necesario implementar acciones tendientes a reducir los niveles de degradación de este suelo; debe procurarse el establecimiento de abonos verdes para la fijación de nitrógeno atmosférico y mejorar significativamente los niveles de materia orgánica, de igual forma promover la incorporación de abonos naturales como composta, bocashi, gallinaza u otro de una forma controlada. En general mejorar la fertilidad que presenta este suelo realizando aplicaciones de harina de rocas u otras que favorezcan los procesos naturales; realizar obras de conservación especialmente cuando los suelos presentan pendientes que favorecen los procesos de erosión; establecer un programa de rotación de cultivos para contrarrestar las deficiencias nutricionales existentes.

MUNICIPIO: EL PAISNAL
DEPARTAMENTO: SAN SALVADOR

No. Laboratorio	Muestra 58
Profundidad de muestra	30 cm.
Utiliza riego SI o NO	No
Área representada por la muestra (mz)	1 mz
Cultivo que desea fertilizar	CAÑA DE AZUCAR
Mes en que sembrará	Noviembre
Topografía del terreno	Plana

RESULTADO DEL ANALISIS

Textura	FRANCO ARCILLO ARENOSO
pH en agua	6.1 LIGERAMENTE ACIDO
Fósforo (ppm)	132 MUY ALTO
Potasio (ppm)	54 BAJO
Zinc (ppm)	2.02 BAJO
Cobre (ppm)	0.85 BAJO
Materia Orgánica (%)	1.90 BAJO
Calcio Intercambiable (Meq/100 g)	12.19 ALTO
Magnesio Intercambiable (Meq/100 g)	3.51 ALTO

RECOMENDACIONES DE FERTILIZACION PARA

<u>**CAÑA DE AZUCAR POR MANZANA**</u>

MOMENTO	DESCRIPCION
EN PREPARACION DE SUELOS	Incorporar una tonelada de gallinaza bien descompuesta
A LA SIEMBRA	1.50 qq de nitrato de amonio + 3.00 qq de sulpomag
INICIO DE LLUVIAS	2.00 qq de nitrato de amonio + 4.50 qq de formula 0-0-60 + 30 libras de sulfato de zinc + 25 libras de sulfato de cobre
2 MESES DESPUES DE ANTERIOR FERTILIZACION	3.00 qq de nitrato de amonio + 3.00 qq de sulpomag +15 libras de sulfato de zinc + 10 libras de sulfato de cobre
1½ MESES DESPUES DE ANTERIOR FERTILIZACION	2.00 qq de nitrato de amonio + 3.00 qq de sulpomag

ING. M. Sc. RAUL QUINTANILLA
TECNICO EN FERTILIDAD DE SUELOS

Muestra 59

La zona nitrogenada luce normalmente desarrolada. La coloración del cromatograma es moderadamente aceptable y su interacción ligeramente aceptable; presenta una fuerte delimitación entre las zonas proteica y enzimática, lo cual puede ser un indicador que es moderadamente factible que responda a procesos de mejora. El análisis químico de suelo muestra textura franca, un nivel medio de materia orgánica (3.78%) y el pH (6.1) es ligeramente acido y es adecuado para el crecimiento y desarrollo de la mayoría de cultivos.

Para mejorar el color y la interacción es necesario implementar acciones tendientes a reducir los niveles de degradación de este suelo; debe procurarse el establecimiento de abonos verdes para la fijación de nitrógeno atmosférico y mantener los niveles de materia orgánica, de igual forma promover la incorporación de abonos naturales como composta, bocashi, gallinaza u otro de una forma controlada. En general incentivar la fertilidad que presenta este suelo realizando aplicaciones de harina de rocas u otras que favorezcan los procesos naturales; realizar obras de conservación especialmente cuando los suelos presentan pendientes que favorecen los procesos de erosión y establecer un programa de rotación de cultivos para mantener los niveles de fertilidad.

193

**CENTRO NACIONAL DE
TECNOLOGIA
AGROPECUARIA Y FORESTAL
LABORATORIO DE SUELOS
e-mail centa_labsuelos@yahoo.com
Tel. 23020200 Ext.248**

**MUNICIPIO: JIQUILISCO
DEPARTAMENTO: USULUTAN**

No. Laboratorio	Muestra 59
Profundidad de muestra	30 cm.
Utiliza riego SI o NO	No
Área representada por la muestra (mz)	6 mz
Cultivo que desea fertilizar	CAÑA DE AZUCAR
Mes en que sembrará	Noviembre
Topografía del terreno	Plana

RESULTADO DEL ANALISIS

Textura	FRANCO ARENOSO
pH en agua	6.1 LIGERAMENTE ACIDO
Fósforo (ppm)	40 MUY ALTO
Potasio (ppm)	502 MUY ALTO
Zinc (ppm)	5.91 ALTO
Cobre (ppm)	1.65 ALTO
Materia Orgánica (%)	3.78 MEDIO
Calcio Intercambiable (Meq/100 g)	12.29 ALTO
Magnesio Intercambiable (Meq/100 g)	3.31 ALTO

**RECOMENDACIONES DE FERTILIZACION
<u>CULTIVO DE CAÑA DE AZUCAR POR MANZANAMUESTRA 20440-</u>**

MOMENTO	DESCRIPCION
A LA SIEMBRA	2.20 qq de formula 18-46-0
INICIO DE LLUVIAS	1.50 qq de nitrato de amonio + 15 libras de sulfato de cobre
2 MESES DESPUES DE ANTERIOR FERTILIZACION	2.00 qq de nitrato de amonio + 10 libras de sulfato de cobre
1½ MESES DESPUES DE ANTERIOR FERTILIZACION	1.10 qq de nitrato de amonio

**ING. M. Sc: RAUL QUINTANILLA
TECNICO EN FERTILIDAD DE SUELO**

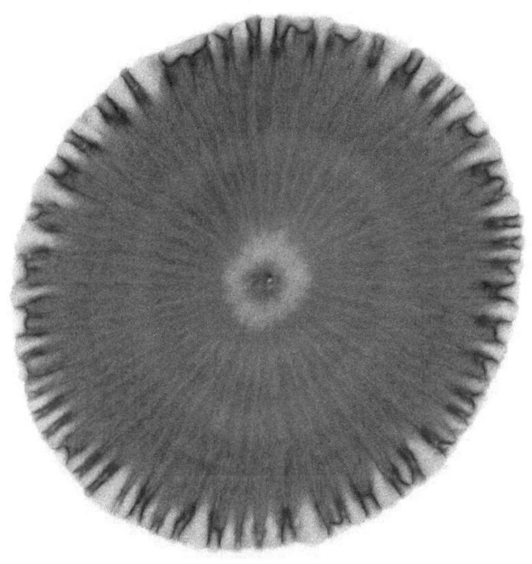

Muestra 60

La zona nitrogenada se observa poco desarrollada. La coloración es moderadamente aceptable y la interacción moderadamente aceptable, alrededor de la zona nitrogenada se observa una franja oscura, de igual forma el color café se acentúa más conforme se aproxima a la zona enzimática limitando hasta cierto punto su interacción, a pesar de esto es moderadaemnte fatible su respuesta a procesos de mejora; el análisis químico de suelo muestra textura franca, presenta además un nivel medio de materia orgánica (3.64%) y el pH (6.2) es ligeramente ácido, el cual es adecuado para el crecimiento y desarrollo de la mayoría de cultivos.

El cromatograma muestra un contraste de colores e interacción que deben ser mejoradas por lo que es necesario implementar acciones tendientes a reducir los niveles de degradación de este suelo; debe procurarse el establecimiento de abonos verdes para la fijación de nitrógeno atmosférico y mantener o mejorar los niveles de materia orgánica, de igual forma promover la incorporación de abonos naturales como composta, bocashi, gallinaza u otro de una forma controlada. En general potenciar las condiciones de fertilidad, realizando aplicaciones de harina de rocas u otras que favorezcan los procesos naturales; realizar obras de conservación especialmente cuando los suelos presentan pendientes que favorecen los procesos de erosión; establecer un programa de rotación de cultivos para evitar que se puedan producir desbalances nutricionales.

**CENTRO NACIONAL DE
TECNOLOGIA
AGROPECUARIA Y FORESTAL
LABORATORIO DE SUELOS
e-mail centa_labsuelos@yahoo.com
Tel. 23020200 Ext.248**

**CANTON: EL CONGO
MUNICIPIO: SANTA ANA
DEPARTAMENTO: SANTA ANA**

No. Laboratorio	Muestra 60
Profundidad de muestra	30 centimetros
Utlizará riego Si o No	No
Area representa/muestra(mz)	2 mz
Cultivo que desea fertilizar	CAÑA
Topografía del terreno	Semiplano

RESULTADO DEL ANALISIS

Textura	FRANCO
pH en agua	6.2 LIGERAMENTE ACIDO
Fósforo (ppm)	11 BAJO
Potasio (ppm)	181 ALTO
Zinc (ppm)	4.18 ALTO
Cobre (ppm)	1.96 ALTO
Materia Orgánica (%)	3.64 MEDIO
Calcio (Meq/100g)	10.46 ALTO
Magnesio (Meq/100g)	2.41 ALTO

RECOMENDACIONES DE FERTILIZACION

CAÑA DE AZUCAR:
1ª. Fertilización. A la siembra:
430 lb/mz de Fórmula 10-30-10

2ª. Fertilización. Inicio de las lluvias
400 lb/mz de fórmula 16-20-0

3ª. Fertilización. 6 semanas después:
200 lb/mz de Urea

**ING. QUIRINO ARGUETA
TECNICO EN FERTILIDAD DE SUELOS**

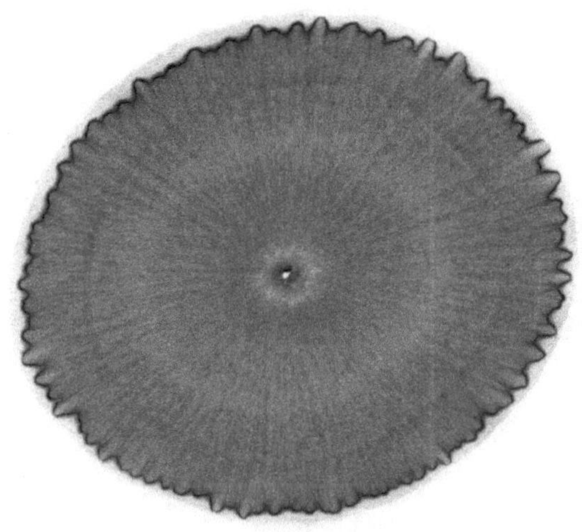

La zona nitrogenada luce poco desarrollada. La coloración del cromatograma ligeramente aceptable y la interacción moderadamente aceptable, con tonalidades ligeramente oscuras, un contraste de colores no deseados tendientes a oscuros entre sus partes, lo que puede ser un indicador de la necesidad de ralizar acciones sitemáticas para que este suelo responda a procesos de mejora. El análisis químico de suelo muestra textura franco limosa y el pH (6.7) es moderadamente acido.

Para mejorar el color y la interacción es necesario implementar acciones tendientes mantener y mejora la fertilidad del suelo de tal forma que en el cromatograma prevalezcan colores un poco mas claros y una mejor interacción entre cada una de sus zonas. Es recomendable el establecimiento de abonos verdes para la fijación de nitrógeno atmosférico y mejorar los niveles de materia orgánica, de igual forma promover la incorporación de abonos naturales como composta, bocashi, gallinaza u otro. En general fortalecer las condiciones de fertilidad, realizando aplicaciones de harina de rocas u otras que favorezcan los procesos naturales; realizar obras de conservación especialmente cuando los suelos presentan pendientes que favorecen los procesos de erosión y establecer un programa de rotación de cultivos para contrarrestar los desbalances nutricionales existentes.

CENTRO NACIONAL DE TECNOLOGIA
AGROPECUARIA Y FORESTAL
LABORATORIO DE SUELOS
e-mail centa_labsuelos@yahoo.com
Tel. 23020200 Ext.248

CANTON: GARITA PALMERA
MUNICIPIO: SAN FRANCISCO MENENDEZ
DEPARTAMENTO: AHUACHAPAN

No. Laboratorio	Muestra No.61
Profundidad de muestra	20 cm.
Utilizará riego	SI
Área representada/muestra (mz.)	1 mz.
Cultivo que desea fertilizar	TOMATE
Mes en que sembrará	Octubre
Topografía del terreno	Plana

RESULTADO DEL ANÁLISIS

Textura	FRANCO LIMOSO
pH en agua	6.7 NEUTRO
Fósforo (ppm)	70 MUY ALTO
Potasio (ppm)	851 MUY ALTO
Calcio Intercambiable (Meq/100g)	16.26 ALTO
Magnesio Intercambiable (Meq/100g)	7.07 ALTO
Potasio Intercambiable (Meq/100g)	2.18
Relación Calcio/Magnesio	2.30 MEDIO
Relación Magnesio/potasio	3.24 MEDIO
Relación Calcio + Magnesio/Potasio	10.70 MEDIO
Relación Calcio/Potasio	7.46 MEDIO

RECOMENDACIONES DE FERTILIZACION

16   CULTIVO: TOMATE

1ª. Fertilización: 8 Días después del transplante:
330/mz de Sulfato de Amonio

2ª. Fertilización: A la floración:
385 lb/mz de Sulfato de Amonio

3ª. Fertilización: Durante el desarrollo del fruto:
175 lb/mz de Urea

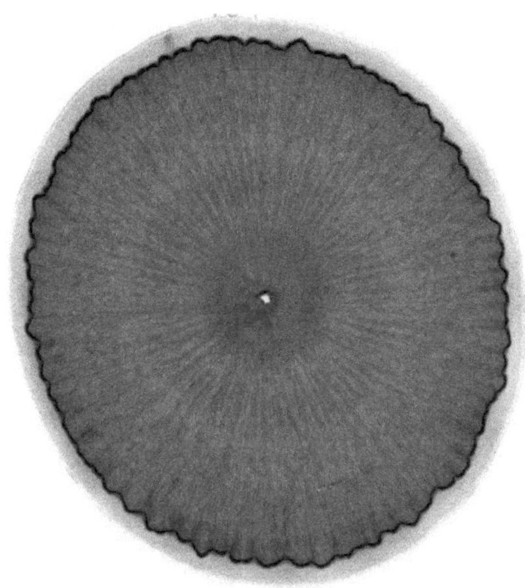

La zona nitrogenada no está desarrollada. La coloración del cromatograma es ligeramente aceptable el cual es generalmente asociado a problemas de fertilidad, muestra tonalidades oscuras en contraste con colores marrones y una fuerte delimitación entre la zona proteica y enzimática, de igual forma la interaccion entre las diferentes partes es ligeramente aceptable, lo que podría indicar la necesidad de ralizar acciones sitemáticas para que este suelo responda a procesos de mejora. Como se presenta en el análisis químico de suelo la textura es arcilloso, el nivel de materia orgánica es medio (2.59%) y el pH es ligeramente ácido (6.4), adecuado para el crecimiento y desarrollo de la mayoría de cultivos.

Este análisis cualitativo muestra un contraste de colores poco satisfactorios por el predominio de colores oscuros así como la limitada interacción, debido a esto es necesario implementar acciones tendientes a reducir los niveles de degradación de este suelo; debe procurarse el establecimiento de abonos verdes para la fijación de nitrógeno atmosférico y mejorar los niveles de materia orgánica, de igual forma promover la incorporación de abonos naturales como composta, bocashi, gallinaza u otro de una forma controlada. Mejorar la fertilidad que presenta este suelo realizando aplicaciones de harina de rocas u otras que favorezcan los procesos naturales; realizar obras de conservación especialmente cuando los suelos presentan pendientes que favorecen los procesos de erosión y establecer un programa de rotación de cultivos para recuperar las deficiencias nutricionales existentes.

 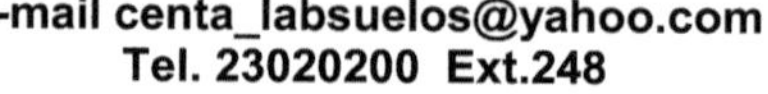 

CENTRO NACIONAL DE TECNOLOGIA AGROPECUARIA Y FORESTAL
LABORATORIO DE SUELOS
e-mail centa_labsuelos@yahoo.com
Tel. 23020200 Ext.248

CANTON: MIRAVALLE
MUNICIPIO: SONSONATE
DEPARTAMENTO: SONSONATE

No. Laboratorio	Muestra No.62
Profundidad de muestra	35 cm.
Utilizará riego	SI
Área representada/muestra (mz.)	30 mz.
Cultivo que desea fertilizar	MAIZ
Mes en que sembrará	Noviembre
Topografía del terreno	Plana

RESULTADO DEL ANALISIS

Textura	ARCILLOSO
pH en agua	6.4 LIGERAMENTE ACIDO
Fósforo (ppm)	96 MUY ALTO
Potasio (ppm)	51 BAJO
Zinc (ppm)	1.34 BAJO
Manganeso (ppm)	29.79 MUY ALTO
Hierro (ppm)	34.83 MUY ALTO
Cobre (ppm)	3.40 MUY ALTO
Materia Orgánica (%)	2.59 MEDIO
Calcio Intercambiable (Meq/100g)	16.22 ALTO
Magnesio Intercambiable (Meq/100g)	7.90 ALTO
Potasio Intercambiable (Meq/100g)	0.13
Relación Calcio/Magnesio	2.05 MEDIO
Relación Magnesio/Potasio	60.77 ALTO
Relación Calcio+Magnesio/Potasio	186.0 ALTO
Relación Calcio/Potasio	125.0 ALTO

RECOMENDACIONES DE FERTILIZACIÓN:

<u>MAIZ</u>

1ª Fertilización: A la siembra
350 lb/mz de Fórmula 20-3-20 +
220 lb/mz de Fórmula 0-0-60 +
43 lb/mz de Sulfato de Zinc, $ZnSO_4.7H_2O$

2ª Fertilización: 30 días después de la siembra
300 lb/mz de Sulfato de Amonio

3ª Fertilización: 45 días después de la siembra
150 lb/mz de Urea.

ING. QUIRINO ARGUETA
TECNICO EN FERTILIDAD DE SUELOS

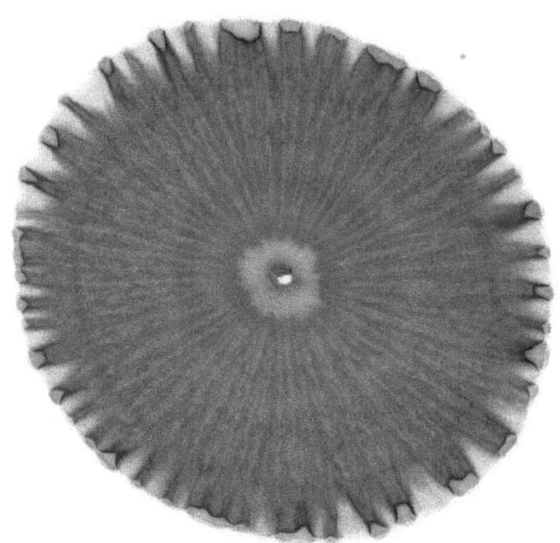

La zona nitrogenada se poco desarrollada. La coloración del cromatograma es ligeramente aceptable, debido a las coloraciones oscuras presente en las diferentes zonas, sin embargo la zona mineral presenta una franja de coloración grisácea, e interacción entre cada una de sus partes, moderadamente aceptable, lo que demuestra que este suelo puede responder positivamente a procesos de mejora; externamente se observan estructuras abiertas que interactúan con la zona enzimática; el análisis químico de suelos muestra textura franco arcillo arenosa, presenta además un nivel medio de materia orgánica (3.81%) y el pH es moderadamente ácido (5.6), el cual es adecuado para el crecimiento y desarrollo de la mayoría de cultivos.

El cromatograma muestra un contraste de colores relativamente buenos excepto por las tonalidades muy oscuras y una interacción que pueden ser mejoradas por lo que es necesario implementar acciones tendientes a reducir los niveles de degradación de este suelo; debe procurarse el establecimiento de abonos verdes para la fijación de nitrógeno atmosférico y mantener o mejorar los niveles de materia orgánica, de igual forma promover la incorporación de abonos naturales como composta, bocashi, gallinaza u otro de una forma controlada. En general deben potenciarse las condiciones de fertilidad, realizando aplicaciones de harina de rocas u otras que favorezcan los procesos naturales; realizar obras de conservación especialmente cuando los suelos presentan pendientes que favorecen los procesos de erosión; establecer un programa de rotación de cultivos para evitar que se puedan producir desbalances nutricionales.

CENTRO NACIONAL DE TECNOLOGIA
AGROPECUARIA Y FORESTAL
LABORATORIO DE SUELOS
e-mail centa_labsuelos@yahoo.com
Tel. 23020200 Ext.248

CANTON: EL ZAPOTE
MUNICIPIO:SUCHITOTO
DEPARTAMENTO: CUSCATLÁN

No. Laboratorio	Muestra 63
Profundidad de muestra	20 cm
Area representada/muestra(mz)	1mz
Cultivo que desea fertilizar	CAFÉ
Edad si es cultivo perenne	6 años
Topografía del terreno	Semiplano

RESULTADO DEL ANALISIS

Textura	FRANCO ARCILLO ARENOSO
pH en agua	5.6 MODERADAMENTE ACIDO
Fósforo (ppm)	1 MUY BAJO
Potasio (ppm)	177 ALTO
Zinc (ppm)	0.88 BAJO
Manganeso (ppm)	26.97 MUY ALTO
Hierro (ppm)	9.20 BAJO
Cobre (ppm)	1.27 ALTO
Materia Orgánica (%)	3.81 MEDIO
Calcio intercambiable (Meq/100g)	6.86 ALTO
Magnesio intercambiable (Meq/100g)	2.16 ALTO
Potasio intercambiable (Meq/100g)	0.45
Sodio intercambiable (Meq/100g)	
Suma de Bases (Meq/100g)	
CICE (Meq/100g)	
Relacion Calcio/Magnesio	15.24 ALTO
Relacion Magnesio/Potasio	4.80 MEDIO
Relacion Calcio+Magnesio/Potasio	20.04 MEDIO
Relacion Calcio/Potasio	15.24 MEDIO

RECOMENDACIÓN DE FERTILIZACIÓN

<u>**CULTIVO: CAFÉ**</u>

EDAD	EPOCA	CANTIDAD/ PLANTA	TIPO DE FERTILIZANTE
6 AÑO	Septiembre - Octubre	3　onzas + 0.5　onzas + 20　gramos	Formula 18-46-0 + $ZnSO_4.7H_2O$ + Sulfato de Hierro, $FeSO_4.7H_2O$
7 AÑO	Mayo-Junio Julio-Agosto Septiembre-Octubre	4　onzas + 2.5　onzas 2.5　onzas	Formula 15-15-15 + Urea+ Urea

ING. QUIRINO ARGUETA
TECNICO EN FERTILIDAD DE SUELOS

Muestra 64

La zona nitrogenada luce bastante desarrollada. La coloración del cromatograma es moderadaemnte aceptable ya que muestra colores de marrón a claro y contraste de colores relativamente buenos. Además la intercción entre las diferentes partes es moderadamente aceptable, sin embargo se observa cierta separación entre la zona proteica y la enzimática. Su apariencia general lleva una tendencia a ser bueno; el análisis químico de suelo muestra textura franco arenosa, un nivel alto de materia orgánica (6.32%) y pH es moderadamente ácido (5.6), el cual es adecuado para el crecimiento y desarrollo de muchos cultivos.

Es necesario implementar acciones tendientes a reducir los niveles de degradación de este suelo; mediante el establecimiento de abonos verdes para la fijación de nitrógeno atmosférico y mantener los niveles de materia orgánica, de igual forma promover la incorporación de abonos naturales como composta, bocashi, gallinaza u otro de una forma controlada. En general debe procurarse mejorar las condiciones de fertilidad, realizando aplicaciones de harina de rocas u otras acciones que favorezcan los procesos naturales; realizar obras de conservación especialmente cuando los suelos presentan pendientes que favorecen los procesos de erosión y establecer un programa de rotación de cultivos para evitar favorecer mayores desbalances nutricionales.

MUNICIPIO: PUERTO EL TRIUNFO
DEPARTAMENTO: USULUTAN

No. Laboratorio	Muestra 64
Cultivo que desea fertilizar	LIMON

RESULTADO DEL ANALISIS

Textura	FRANCO ARENOSO
pH en agua	5.6 MODERADAMENTE ACIDO
Fósforo (ppm)	9 BAJO
Potasio (ppm)	205 MUY ALTO
Zinc (ppm)	1.89 BAJO
Manganeso (ppm)	14.61 MUY ALTO
Hierro (ppm)	7.21 BAJO
Cobre (ppm)	0.30 BAJO
Materia Orgánica (%)	6.32 ALTO
Calcio (Meq/100g)	6.18 ALTO
Magnesio (Meq/100g)	1.48 BAJO
Potasio (Meq/100g)	0.53
Sodio (Meq/100g)	0.20 NO SODICO
Suma de Bases (Meq/100g)	8.39 MEDIO
Acidez Intercambiable (Meq/100g)	0.0 BAJO
CICE (Meq/100g)	8.39 MEDIO
Saturación de Bases (%)	100.0
Relación Calcio/Magnesio	4.18 MEDIO
Relación Magnesio/Potasio	2.79 MEDIO
Relación Calcio + Magnesio/Potasio	14.45 MEDIO
Relación Calcio/Potasio	11.66 MEDIO

RECOMENDACIONES DE FERTILIZACION

CULTIVO: LIMÓN

EDAD	EPOCA	CANTIDAD/ PLANTA	TIPO DE FERTILIZANTE
3ER. AÑO	Noviembre	7 onzas + 2 onzas + 7 onzas + 1 onzas	Fórmula 18-46-0 + Sulfato de Zinc, $ZnSO_4.7H_2O$ + Sulfato de Hierro, $FeSO_4.7H_2O$+ Sulfato de Cobre, $CuSO_4.5H_2O$
	Febrero	6 onzas	Sulfato de Amonio
	Mayo	7 onzas	Formula 18-46-0
	Agosto	2.5 onzas	Urea
4°. AÑO	Noviembre	13 onzas	Formula 13-0-46
	Febrero	8 onzas	Sulfato de Amonio
	Mayo	12 onzas	Fórmula 15-15-15
	Agosto	8 onzas	Sulfato de Amonio
5°. AÑO	Noviembre	2 Libras	Formula 16-20-0
	Febrero	1.3 Libras	Sulfato de Amonio
	Mayo	2 Libras	Sulfato de Amonio
	Agosto	0.85 Libras	Urea
6°. AÑO	Noviembre	3 Libras	Formula 16-20-0
	Febrero	2.3 Libras	Sulfato de Amonio
	Mayo	3 Libras	Fórmula 15-15-15
	Agosto	1 Libras	Urea

ENCALADO

Aplicar 1.5 LIBRAS/PLANTA DE CAL DOLOMÍTICA (20% Calcio y 10% Magnesio) 15 días después de la fertilización de noviembre

IMPORTANTE: Después de aplicar Cal Dolomítica, debe de realizarse análisis de suelo, antes de hacer nuevas aplicaciones, es importante hacerlo para conocer como aumentó el pH y si los contenidos de Calcio y Magnesio están balanceados con las cantidades de Cal Dolomítica que se han agregado y evitar sobreencalar.

ING. QUIRINO ARGUETA
TECNICO EN FERTILIDAD DE SUELOS

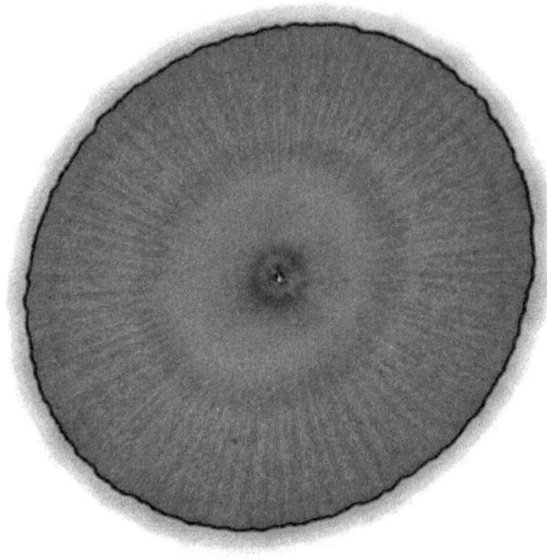

La zona nitrogenada luce no desarrollada. La coloración del cromatograma generalmente asociado a problemas de baja fertilidad, presentando tonalidades oscuras en contraste con colores amarillentos y una fuerte delimitación entre la zona proteica y enzimática, la interacción es ligeramente aceptable, todo lo anterior puede ser indicador que es necesario ralizar acciones sitemáticas para que este suelo responda a procesos de mejora, Como puede observarse en el análisis químico de suelos, la textura es arenosa, presenta un nivel bajo de materia orgánica (1.71%) y el pH es fuertemente ácido (5.4), el cual es muy limitante para el crecimiento y desarrollo de muchos cultivos.

El cromatograma muestra un contraste de colores poco satisfactorios por el predominio de colores oscuros, así como la interacción por lo que es necesario implementar acciones tendientes a reducir los niveles de degradación de este suelo, principalmente los problemas de acidéz, evitando aplicar productos químicos sintéticos que favorecen este proceso y realizar acciones controladas de enmiendas que permita mejorar el pH de acuerdo al requerimieto del cultivo a establecer; debe procurarse el establecimiento de abonos verdes para la fijación de nitrógeno atmosférico y mejorar los niveles de materia orgánica, de igual forma promover la incorporación de abonos naturales como composta, bocashi, gallinaza u otro de una forma controlada, realizando aplicaciones de harina de rocas u otras que favorezcan los procesos naturales; realizar obras de conservación especialmente cuando los suelos presentan pendientes que favorecen los procesos de erosión y establecer un programa de rotación de cultivos para recuperar las deficiencias nutricionales existentes.

MUNICIPIO: CANGREJERA
DEPARTAMENTO: LA LIBERTAD

No. Laboratorio	Muestra 65
Cultivo que desea fertilizar	ARECA

RESULTADO DEL ANALISIS

Textura	ARENOSO
pH en agua	5.4 FUERTEMENTE ACIDO
Fósforo (ppm)	120 MUY ALTO
Potasio (ppm)	231 MUY ALTO
Zinc (ppm)	2.33 BAJO
Manganeso (ppm)	26.55 MUY ALTO
Hierro (ppm)	24.40 MUY ALTO
Cobre (ppm)	0.83 BAJO
Materia Orgánica (%)	1.71 BAJO
Calcio (Meq/100g)	7.08 ALTO
Magnesio (Meq/100g)	2.61 ALTO
Potasio (Meq/100g)	0.59
Sodio (Meq/100g)	0.21 NO SODICO
Suma de Bases (Meq/100g)	10.49 MEDIO
Acidez Intercambiable (Meq/100g)	0.19 BAJO
CICE (Meq/100g)	10.68 MEDIO
Saturación de Bases (%)	98.22
Relación Calcio/Magnesio	2.71 MEDIO
Relación Magnesio/Potasio	4.42 MEDIO
Relación Calcio + Magnesio/Potasio	16.42 MEDIO
Relación Calcio/Potasio	12.0 MEDIO

RECOMENDACIONES DE FERTILIZACION

<u>CULTIVO ARECA POBLACION: 3,500 PLANTAS POR MANZANA</u>

MOMENTO	DOSIS POR PLANTA	CLASE DE FERTILIZANTE	APLICACION
NOVIEMBRE	1/4 LIBRA 1 ONZA	HIDROXIDO DE CALCIO- MAGNESIO + NITRATO DE AMONIO	½ CIRCULO ½ CIRCULO
DICIEMBRE	1/4 LIBRA 1 ONZAS	HIDROXIDO DE CALCIO- MAGNESIO + NITRATO DE AMONIO	½ CIRCULO ½ CIRCULO
ENERO	3 LIBRA 1 ONZA 1/3 ONZAS	ESTIERCOL BOVINO BIEN DESCOMPUESTO+ NITRATO DE AMONIO + SULFATO DE ZINC	½ CIRCULO ½ CIRCULO
FEBRERO	3 LIBRA 1 ONZA 1/4 ONZAS	ESTIERCOL BOVINO BIEN DESCOMPUESTO+ NITRATO DE AMONIO + SULFATO DE COBRE	½ CIRCULO ½ CIRCULO
MARZO	1/4 LIBRA 2 ONZAS	HIDROXIDO DE CALCIO- MAGNESIO + FORMULA 15-15-15	½ CIRCULO ½ CIRCULO
ABRIL	1/4 LIBRA 2 ONZAS	HIDROXIDO DE CALCIO- MAGNESIO + FORMULA 15-15-15	½ CIRCULO ½ CIRCULO
NOTA	Aplicar cada dos semanas fertilizante foliar a base de zinc y cobre		
	En el mismo orden repetir la aplicacion para los siguientes seis meses		
	Nitrato de amonio se puede mezclar con sulfato de zinc o sulfato de cobre en el mismo medio circulo		

ING. M. Sc. RAUL QUINTANILLA
TECNICO EN FERTILIDAD DE SUELOS

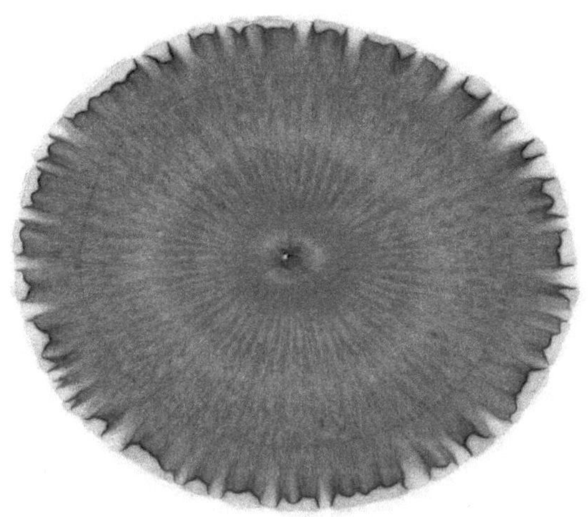

La zona nitrogenada luce poco desarrollada. La coloración y la interacción del cromatograma son ligeramente aceptable, generalmente asociado a problemas de fertilidad, en la zona mineral se observa una coloración grisácea,con ciertas tonalidades no deseadas y mejorando la situación entre las zonas proteica y enzimática donde aparecen ciertas aestructuras abiertas que interaccionan, lo que muestra que este suelo es moderadamente factible que responda a procesos de mejora; el análisis químico del suelo muestra textura franco arenosa, presenta además un nivel medio de materia orgánica (3.0%) y el pH es ligeramente ácido (6.1), el cual es adecuado para el crecimiento y desarrollo de la mayoría de cultivos.

El cromatograma muestra un contraste de colores e interacción que deben ser mejorados por lo que es necesario implementar acciones tendientes a reducir los niveles de degradación de este suelo; debe procurarse el establecimiento de abonos verdes para la fijación de nitrógeno atmosférico y mejorar los niveles de materia orgánica, de igual forma promover la incorporación de abonos naturales como composta, bocashi, gallinaza u otro de una forma controlada. En general deben potenciarse las condiciones de fertilidad, realizando aplicaciones de harina de rocas u otras que favorezcan los procesos naturales; realizar obras de conservación especialmente cuando los suelos presentan pendientes que favorecen los procesos de erosión y establecer un programa de rotación de cultivos para evitar que se puedan producir desbalances nutricionales.

CENTRO NACIONAL DE TECNOLOGIA
AGROPECUARIA Y FORESTAL
LABORATORIO DE SUELOS
e-mail centa_labsuelos@yahoo.com
Tel. 23020200 Ext.248

MUNICIPIO: SAN FRANCISCO LEMPA
DEPARTAMENTO: CHALATENANGO

No. Laboratorio	Muestra No.66
Identificación de la muestra	1
Profundidad de la muestra	20 cm.
Utilizará riego SI o No	SI
Área representada/muestra(Mz)	0.75 Mz
Cultivo que desea fertilizar	PAPAYA

RESULTADO DEL ANALISIS

Textura	FRANCO ARENOSO	
Ph en agua	6.1	LIGERAMENTE ACIDO
Fósforo (ppm)	113	MUY ALTO
Potasio (ppm)	237	MUY ALTO
Zinc (ppm)	5.40	ALTO
Manganeso (ppm)	24.81	MUY ALTO
Hierro (ppm)	40.53	MUY ALTO
Cobre (ppm)	0.62	BAJO
Materia Orgánica (%)	3.00	MEDIO
Calcio (Meq/100g)	9.87	ALTO
Magnesio (Meq/100g)	3.44	ALTO
Potasio (Meq/100g)	0.61	
Sodio (Meq/100g)	0.28	NO SODICO
Suma de Bases (Meq/100g)	14.2	MEDIO
Acidez Intercambiable (Meq/100g)	0.0	BAJO
CICE (Meq/100g)	14.2	MEDIO
Saturación de Bases (%)	100.0	
Relación Calcio/Magnesio	2.87	MEDIO
Relación Magnesio/Potasio	5.64	MEDIO
Relación Calcio + Magnesio/Potasio	21.82	MEDIO
Relación Calcio/Potasio	16.18	MEDIO

RECOMENDACIONES DE FERTILIZACION

 CULTIVO: PAPAYA

EDAD	CANTIDAD/ PLANTA	TIPO DE FERTILIZANTE
Transplante	6.0 onzas + 10 gramos	Fórmula 17-3-17 + Sulfato de Cobre, $CuSO_4.5H_2O$
30 Días después del transplante	2.0 onzas + 2.0 onzas	Fórmula 16-20-0 + Sulfato de Amonio
60 Días después del transplante	2.0 onzas + 2.0 onzas	Fórmula 16-20-0 + Sulfato de Amonio
90 Días después del transplante	2.0 onzas + 2.0 onzas	Fórmula 15-15-15 + Sulfato de Amonio
120 Días después del transplante	5.0 onzas	Fórmula 15-15-15
180 Días después del transplante	4.0 onzas	Nitrato de Potasio Fórmula 13-0-46
210 Días después del transplante	6.0 onzas	(Sulfato de Potasio) Fórmula 0-0-50-18

ING. QUIRINO ARGUETA
TECNICO EN FERTILIDAD DE SUELOS

Muestra 67

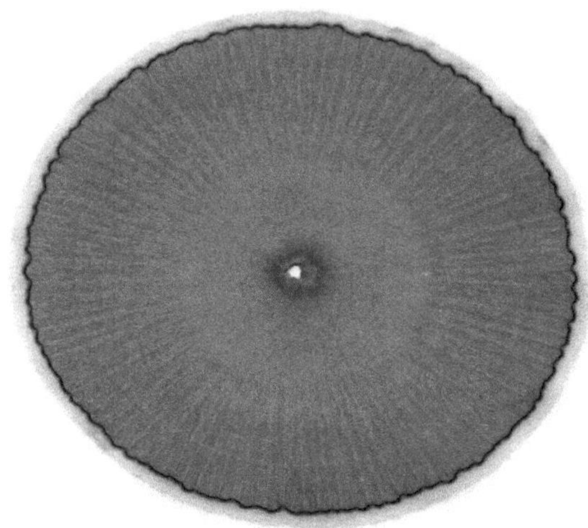

La zona nitrogenada luce no desarrollada. La coloración del cromatograma generalmente está asociado a problemas de fertilidad, presentando tonalidades oscuras en contraste con colores amarillentos y grisáceos, lo que indica que es ligeramente factible que este suelo responda a procesos de mejora, la interacción es ligeramente aceptable a pesar que se observa una marcada delimitación entre la zona proteica y enzimática. El análisis químico de suelo muestra textura areno franca, presenta además un nivel bajo de materia orgánica (1.21%) y el pH es ligeramente ácido (6.2), que es adecuado para la mayoría de cultivos.

El cromatograma muestra un contraste de colores e interacción poco satisfactorios por lo que es necesario implementar acciones tendientes a reducir los niveles de degradación de este suelo; debe procurarse el establecimiento de abonos verdes para la fijación de nitrógeno atmosférico y mejorar significativamente los niveles de materia orgánica, de igual forma promover la incorporación de abonos naturales como composta, bocashi, gallinaza u otro de una forma controlada. En general debe recuperarse la fertilidad, realizando aplicaciones de harina de rocas u otras que favorezcan los procesos naturales; realizar obras de conservación especialmente cuando los suelos presentan pendientes que favorecen los procesos de erosión; establecer un programa de rotación de cultivos para contrarrestar las deficiencias nutricionales existentes.

**CANTON: METAYATE
MUNICIPIO: NUEVA CONCEPCION
DEPARTAMENTO: CHALATENANGO**

No. Laboratorio	Muestra No.67
Identificación de la muestra	1
Profundidad de la muestra	0-30 cm.
Utilizará riego SI o No	SI
Área representada/muestra(Mz)	1 Mz
Cultivo que desea fertilizar	PAPAYA

RESULTADO DEL ANALISIS

Textura	ARENA FRANCA	
Ph en agua	6.2	LIGERAMENTE ACIDO
Fósforo (ppm)	45	MUY ALTO
Potasio (ppm)	120	ALTO
Zinc (ppm)	1.75	BAJO
Manganeso (ppm)	9.27	ALTO
Hierro (ppm)	12.84	ALTO
Cobre (ppm)	0.31	BAJO
Materia Orgánica (%)	1.21	BAJO
Calcio (Meq/100g)	8.71	ALTO
Magnesio (Meq/100g)	3.16	ALTO
Potasio (Meq/100g)	0.31	
Sodio (Meq/100g)	0.32	NO SODICO
Suma de Bases (Meq/100g)	12.5	MEDIO
Acidez Intercambiable (Meq/100g)	0.0	BAJO
CICE (Meq/100g)	12.5	MEDIO
Saturación de Bases (%)	100.0	
Relación Calcio/Magnesio	2.76	MEDIO
Relación Magnesio/Potasio	10.19	MEDIO
Relación Calcio + Magnesio/Potasio	38.29	MEDIO
Relación Calcio/Potasio	28.10	ALTO

RECOMENDACIONES DE FERTILIZACION

CULTIVO: PAPAYA

EDAD	CANTIDAD/ PLANTA	TIPO DE FERTILIZANTE
Transplante	6.0 onzas + 21 gramos+ 13 gramos	Fórmula 18-6-12 + Sulfato de Zinc, $ZnSO_4.7H_2O$ + Sulfato de Cobre, $CuSO_4.5H_2O$
30 Días después Del transplante	2.0 onzas + 2.0 onzas	Fórmula 18-6-12 + Sulfato de Amonio
60 Días después del transplante	2.0 onzas + 2.0 onzas	Fórmula 18-6-12 + Sulfato de Amonio
90 Días después del transplante	2.0 onzas + 2.0 onzas	Fórmula 15-15-15 + Sulfato de Amonio
120 Días después del transplante	5.0 onzas	Fórmula 15-15-15
180 Días después del transplante	4.0 onzas	Nitrato de Potasio Fórmula 13-0-46
210 Días después del transplante	6.0 onzas	(Sulfato de Potasio) Fórmula 0-0-50-18
Aplicar 5 lb/planta de Materia Orgánica bien descompuesta, 15 días después de la primera fertilización.		

ING. QUIRINO ARGUETA
TECNICO EN FERTILIDAD DE SUELOS

La zona nitrogenada luce poco desarrollada. La coloración del cromatograma está generalmente asociada a problemas de fertilidad, ya que muestra un contraste de colores ligeramente aceptables por el predominio de colores oscuros, especialmente el gris que rodea la zona nitrogenada así como el círculo que separa la zona mineral de la proteica, se observa una ligeramente aceptable interacción entre sus partes, lo que indica, que es ligeramente factible que este suelo responda a procesos de mejora. Como puede verse en el análisis químico de suelos la textura es franco arenosa, presenta un nivel bajo de materia orgánica (0.83%) y el pH es fuertemente ácido (5.3), siendo limitante para el crecimiento y desarrollo de la mayoría de cultivos.

Para mejorar los colores e interacción en futuros cromatogramas de este suelo es necesario implementar acciones tendientes a reducir los niveles de degradación, evitando aplicar productos químicos sintéticos que favorecen la acidez y realizar acciones de enmiendas que permita mejorar el pH acorde a los requerimientos del cultivo a establecer; debe procurarse el establecimiento de abonos verdes para la fijación de nitrógeno atmosférico y mejorar significativamente los niveles de materia orgánica, de igual forma promover la incorporación de abonos naturales como composta, bocashi, gallinaza u otro de una forma controlada. Realizar obras de conservación especialmente cuando los suelos presentan pendientes que favorecen los procesos de erosión y establecer un programa de rotación de cultivos para recuperar las deficiencias nutricionales existentes.

CENTRO NACIONAL DE TECNOLOGIA AGROPECUARIA Y FORESTAL
LABORATORIO DE SUELOS
e-mail
centa_labsuelos@yahoo.com
Tel. 23020200 Ext.248

MUNICIPIO: ZACATECOLUCA
DEPARTAMENTO: LA PAZ

No. Laboratorio	Muestra No. 68
Cultivo que desea fertilizar	CAÑA DE AZUCAR
Topografía del terreno	Plano

RESULTADO DEL ANALISIS

Textura	FRANCO ARENOSO
pH en agua Relación 1:2.5	5.3 FUERTEMENTE ACIDO
pH en KCl 1N Relación 1:2.5	3.8 EXTREMADAMENTE ACIDO
Fósforo (ppm)	46 MUY ALTO
Potasio (ppm)	154 ALTO
Zinc (ppm)	0.44 MUY BAJO
Cobre (ppm)	0.73 BAJO
Materia Orgánica (%)	0.83 BAJO
Calcio Intercambiable (Meq/100g)	1.54 MUY BAJO
Magnesio Intercambiabl(Meq/100 g)	0.55 MUY BAJO

RECOMENDACIONES DE FERTILIZACION

CAÑA DE AZUCAR

1ª. Fertilización. A la siembra:
450 lb/mz de Fórmula 17-6-18-4MgO-0.33B_2O_3 +
55 lb/mz de Sulfato de zinc ($ZnSO_4.7H_2O$) +
16 lb/mz de Sulfato de cobre ($CuSO_4.5H_2O$).

2ª. Fertilización. Inicio de lluvias:
500 lb/mz de 17-6-18-4MgO-0.33B_2O_3

3ª. Fertilización. 6 semanas después:
225 lb/mz de Urea.

ENCALADO:
Aplicar 11 qq/Mz de Cal dolomítica al 20% de Calcio y 10% de Magnesio, distribuido por surco inmediatamente después de sembrado.
IMPORTANTE: Después de aplicar Cal dolomítica, debe de realizarse análisis de suelo, antes de hacer nuevas aplicaciones, es importante hacerlo para conocer si los contenidos de Calcio y Magnesio están balanceados con las cantidades de Cal dolomítica que se han agregado.

ING. QUIRINO ARGUETA
TECNICO EN FERTILIDAD DE SUELOS

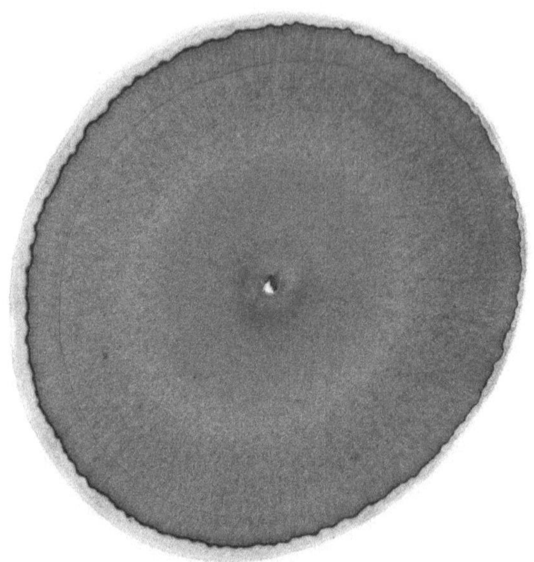

Muestra 69

La zona nitrogenada no se ha desarrollado. La coloración del cromatograma es no aceptable así como la interacción, lo cual está generalmente asociado a problemas de desbalances nutricionales; muestra tonalidades oscuras en contraste con colores amarillentos así como una fuerte delimitación entre la zona proteica y enzimática, lo cual puede ser un indicador que es ligeramente factible que responda a procesos de mejora. El análisis químico del suelo presenta textura arcillosa; el contenido de materia orgánica es medio (2.46%) y el pH es ligeramente ácido (6.2).

Para mejorar la coloración y la interacción de futuros cromatogrmas que puedan realizarse a este suelo es necesario implementar acciones tendientes a reducir los niveles de degradación, debe procurarse el establecimiento de abonos verdes para la fijación de nitrógeno atmosférico y mejorar los niveles de materia orgánica, de igual forma promover la incorporación de abonos naturales como composta, bocashi, gallinaza u otro de una forma controlada. En general debe procurarse balancear la fertilidad que presenta este suelo realizando aplicaciones de harina de rocas u otras que favorezcan los procesos naturales; realizar obras de conservación especialmente cuando los suelos presentan pendientes que favorecen los procesos de erosión; establecer un programa de rotación de cultivos para contrarrestar las deficiencias nutricionales existentes.

CENTRO NACIONAL DE TECNOLOGIA
AGROPECUARIA Y FORESTAL
LABORATORIO DE SUELOS
e-mail centa_labsuelos@yahoo.com
Tel. 23020200 Ext.248

CANTON: SAN NICOLAS
MUNICIPO: CHALCHUAPA
DEPARTAMENTO: SANTA ANA

No. Laboratorio	Muestra No.69
Cultivo que desea Fertilizar	CAÑA DE AZUCAR

RESULTADO DEL ANALISIS

Textura	ARCILLOSO
pH en agua	6.2 LIGERAMENTE ACIDO
Fósforo (ppm)	1 MUY BAJO
Potasio (ppm)	69 ALTO
Zinc (ppm)	1.70 BAJO
Manganeso (ppm)	18.39 MUY ALTO
Hierro (ppm)	5.30 BAJO
Cobre (ppm)	1.66 ALTO
Materia Orgánica (%)	2.46 MEDIO
Calcio (Meq/100g)	27.29 ALTO
Magnesio (Meq/100g)	9.47 ALTO
Potasio (Meq/100g)	0.18
Sodio (Meq/100g)	0.56 NO SODICO
Suma de Bases (Meq/100g)	37.50 ALTO
Acidez (Meq/100g)	0.0 BAJO
CICE (Meq/100g)	37.50 ALTO
Saturación de Bases (%)	100.0
Relación Calcio/Magnesio	2.88 MEDIO
Relación Magnesio/Potasio	52.61 ALTO
Relación Calcio + Magnesio/Potasio	204.22 ALTO
Relación Calcio/Potasio	151.61 ALTO

RECOMENDACIONES DE FERTILIZACION

<u>CAÑA DE AZUCAR:</u>

1ª. Fertilización. A la siembra:
  500 lb/mz de Fórmula 15-15-15 +
  220 lb/mz de Fórmula 0-0-60 +
   38 lb/mz de Sulfato de Zinc, $ZnSO_4.7H_2O$ +
  165 lb/mz de Sulfato de Hierro, $FeSO_4.7H_2O$ +

2ª. Fertilización. Inicio de lluvias:
  310 lb/mz de Fórmula 18-46-0 +
  440 lb/mz de Fórmula 0-0-60

3ª. Fertilización. 6 semanas después:
  225 lb/mz de Urea.

<u>ENCALADO</u>
Aplicar 11 qq/mz de Cal dolomítica, al 20% de Calcio y 10% de Magnesio, distribuido por surco después de sembrado.

IMPORTANTE: Después de aplicar Cal Dolomítica, debe de realizarse análisis de suelo, antes de hacer nuevas aplicaciones, es importante hacerlo para conocer como aumentó el pH y si los contenidos de Calcio y Magnesio están balanceados con las cantidades de Cal Dolomítica que se han agregado y evitar sobreencalar.

ING. QUIRINO ARGUETA
TECNICO EN FERTILIDAD DE SUELOS

La zona nitrogenada luce normalmente desarrollada. La coloración del cromatograma y la interacción son moderadamente aceptables, lo cual es asociado a un buen nivel de fertilidad, por lo que es bastante factible que este suelo puede responder a procesos de mejora que puedan promoverse. Externamente aparecen unas estructuras parecidas a "dientes de caballo" de color café calro. Como puede verse en el análisis químico de suelos, presenta textura franco arcillo limosa, un nivel alto de materia orgánica (5.46%) y el pH es moderadamente ácido (5.7), que es adecuado para varios cultivos.

Los colores e interacción pueden potenciarse mediante el establecimiento de acciones tendientes a reducir los riesgos de degradación de este suelo, evitando aplicar productos químicos sintéticos que favorecen la acidéz; debe procurarse el establecimiento de abonos verdes para la fijación de nitrógeno atmosférico y mantener buenos niveles de materia orgánica, de igual forma promover la incorporación de abonos naturales como composta, bocashi, gallinaza u otro de una forma controlada. En general incentivar las condiciones de fertilidad que presenta este suelo realizando aplicaciones de harina de rocas u otras que favorezcan los procesos naturales; realizar obras de conservación especialmente cuando los suelos presentan pendientes que favorecen los procesos de erosión y establecer un programa de rotación de cultivos para evitar desbalances nutricionales.

CANTON: LA MONTAÑA
MUNICIPIO: OSICALA
DEPARTAMENTO: MORAZAN

No. Laboratorio	Muestra No.70
Identificación de la muestra	1
Profundidad de la muestra	30 cm.
Utilizará riego SI o No	SI
Área representada/muestra(Mz)	1 Mz
Cultivo que desea fertilizar	TOMATE, CHILE, PEPINO Y EJOTE

RESULTADO DEL ANALISIS

Textura	FRANCO ARCILLO LIMOSO
Ph en agua	5.7 MODERADAMENTE ACIDO
Fósforo (ppm)	8 MUY BAJO
Potasio (ppm)	463 MUY ALTO
Zinc (ppm)	3.18 ALTO
Manganeso (ppm)	40.41 MUY ALTO
Hierro (ppm)	8.79 BAJO
Cobre (ppm)	1.05 ALTO
Materia Orgánica (%)	5.46 ALTO
Calcio (Meq/100g)	12.77 ALTO
Magnesio (Meq/100g)	3.71 ALTO
Potasio (Meq/100g)	1.19
Sodio (Meq/100g)	0.19 NO SODICO
Suma de Bases (Meq/100g)	17.86 MEDIO
Acidez Intercambiable (Meq/100g)	0.0 BAJO
CICE (Meq/100g)	17.86 MEDIO
Saturación de Bases (%)	100.0
Relación Calcio/Magnesio	3.44 MEDIO
Relación Magnesio/Potasio	3.12 MEDIO
Relación Calcio + Magnesio/Potasio	13.85 MEDIO
Relación Calcio/Potasio	10.73 MEDIO

RECOMENDACIONES DE FERTILIZACION/MZ

<u>RECOMENDACIÓN GENERAL</u>
Un mes antes de establecer el cultivo aplicar sobre camas de siembra 440 lb/mz de Hidróxido de Calcio y magnesio.

<u>CULTIVO TOMATE:</u>
Al transplante:
440 lb/mz de fórmula 18-46-0 + 15 lb/mz de Sulfato de Hierro, $FeSO_4.7H_2O$

Un mes después del transplante:
300 lb/mz de Nitrato de Amonio + 25 lb/mz de Sulfato de Hierro, $FeSO_4.7H_2O$

Siete semanas después del transplante: 150 lb/mz de Urea

<u>CULTIVO CHILE DULCE</u>
Al transplante: 440 lb/mz de fórmula 18-46-0 + 15 lb/mz de Sulfato de Hierro, $FeSO_4.7H_2O$

Un mes después del transplante: 220 lb/mz de Nitrato de Amonio + 25 lb/mz de Sulfato de Hierro, $FeSO_4.7H_2O$

Siete semanas después del transplante: 220 lb/mz de Nitrato de Amonio

10 Semanas después del transplante: 110 lb/mz de Urea

<u>CULTIVO: PEPINO</u>
Una semana después de siembra: 330 lb/mz de fórmula 18-46-0 + 15 lb/mz de Sulfato de Hierro, $FeSO_4.7H_2O$

Tres semanas después de siembra: 220 lb/mz de Nitrato de Amonio +15 lb/mz de Sulfato de Hierro, $FeSO_4.7H_2O$

Seis semanas después de siembra: 125 lb/mz de Urea.

<u>CULTIVO: EJOTE</u>
Una semana después de siembra:
220 lb/mz de fórmula 18-46-0 + 25 lb/mz de Sulfato de Hierro, $FeSO_4.7H_2O$
Cinco semanas después de siembra: 220 lb/mz de Urea.

NOTA: A partir de un mes después de establecer cada cultivo, aplicar al follaje a intervalo de 15 días: Metalosato Multimineral.

**Ing. M. Sc. RAÚL QUINTANILLA
TÉCNICO EN FERTILIDAD DE SUELOS**

La zona nitrogenada luce poco desarrollada. La coloración del cromatograma es ligeramente aceptable y la interacción es moderadamente aceptable, los cuales generalmente son asociados a un nivel de fertilidad ligeramente bueno, ya que se observa en las zonas mineral y proteica buena apariencia en el contraste de colaraciones claras a café marrón; sin embargo presenta bien marcada la separación entre la zona proteica y la enzimática; todo lo anterior indica que es bastante factible que este suelo responda a procesos de recuperación que puedan promoverse. Como puede observarse en el análisis químico de suelos la textura es franco arenosa, el nivel de materia orgánica es medio (3.34%) y el pH es ligeramente ácido (6.1), siendo adecuado para el desarrollo de la mayoría de cultivos.

Los colores e interacción muestran que es necesario implementar acciones tendientes a reducir los riesgos de degradación de este suelo; debe procurarse el establecimiento de abonos verdes para la fijación de nitrógeno atmosférico y mejorar el contenido de materia orgánica, de igual forma promover la incorporación de abonos naturales como composta, bocashi, gallinaza u otro de una forma controlada. En general deben incentivarse las condiciones de fertilidad que presenta este suelo realizando aplicaciones de harina de rocas u otras que favorezcan los procesos naturales y realizar obras de conservación especialmente cuando los suelos presentan pendientes que favorecen los procesos de erosión así como establecer un programa de rotación de cultivos para evitar desbalances nutricionales

CENTRO NACIONAL DE TECNOLOGIA
AGROPECUARIA Y FORESTAL
LABORATORIO DE SUELOS
e-mail centa_labsuelos@yahoo.com
Tel. 23020200 Ext.248

CANTON: LA MONTAÑA
MUNICIPIO: OSICALA
DEPARTAMENTO: MORAZAN

No. Laboratorio	Muestra No.71
Identificación de la muestra	1
Profundidad de la muestra	30 cm
Utilizará riego SI o No	SI
Área representada/muestra(Mz)	1 Mz
Cultivo que desea fertilizar	TOMATE, CHILE, PEPINO Y EJOTE

RESULTADO DEL ANALISIS

Textura	FRANCO ARENOSO
Ph en agua	6.1 LIGERAMENTE ACIDO
Fósforo (ppm)	14 ALTO
Potasio (ppm)	275 MUY ALTO
Zinc (ppm)	1.12 BAJO
Manganeso (ppm)	29.82 MUY ALTO
Hierro (ppm)	8.15 BAJO
Cobre (ppm)	1.19 ALTO
Materia Orgánica (%)	3.34 MEDIO
Calcio (Meq/100g)	18.18 ALTO
Magnesio (Meq/100g)	5.57 ALTO
Potasio (Meq/100g)	0.71
Sodio (Meq/100g)	0.23 NO SODICO
Suma de Bases (Meq/100g)	24.69 MEDIO
Acidez Intercambiable (Meq/100g)	0.0 BAJO
CICE (Meq/100g)	24.69 MEDIO
Saturación de Bases (%)	100.0
Relación Calcio/Magnesio	3.26 MEDIO
Relación Magnesio/Potasio	7.85 MEDIO
Relación Calcio + Magnesio/Potasio	33.45 MEDIO
Relación Calcio/Potasio	25.61 ALTO

227

UN MES ANTES DE ESTABLECER EL CULTIVO, APLICAR SOBRE CAMAS DE SIEMBRA: 440 LIBRAS DE HIDRÓXIDO DE CALCIO-MAGNESIO/Mz

RECOMENDACIONES DE FERTILIZACION/MZ

APLICAR A PARTIR DEL ESTABLECIMIENTO DEL CULTIVO DE TOMATE:

TRASPLANTE: 440 libras de Fórmula 18-46-0 + 10 libras de Sulfato de zinc + 15 libras de Sulfato de hierro

CUATRO SEMANAS: 330 libras de Nitrato de amonio + 15 libras de Sulfato de zinc   + 20 libras de Sulfato de hierro

SIETE SEMANAS: 200 libras de Urea

APLICAR A PARTIR DEL ESTABLECIMIENTO DEL CULTIVO DE CHILE DULCE:
TRASPLANTE: 440 libras de Fórmula 18-46-0 + 10 libras de Sulfato de zinc + 15 libras de Sulfato de hierro

CUATRO SEMANAS: 220 libras de Nitrato de amonio + 15 libras de Sulfato de zinc   + 20 libras de Sulfato de hierro

SIETE SEMANAS: 220 libras de Nitrato de amonio

DIEZ SEMANAS: 110 libras de Urea

APLICAR A PARTIR DEL ESTABLECIMIENTO DEL CULTIVO DE PEPINO:
UNA SEMANA: 330 libras de Fórmula 18-46-0 + 10 libras de Sulfato de zinc + 15 libras de Sulfato de hierro

TRES SEMANAS: 220 libras de Nitrato de amonio +   15 libras de Sulfato de zinc   + 20 libras de Sulfato de hierro

SEIS SEMANAS: 125 libras de Urea

APLICAR A PARTIR DEL ESTABLECIMIENTO DEL CULTIVO DE EJOTE:
UNA SEMANA: 220 libras de Fórmula 18-46-0 + 10 libras de Sulfato de zinc + 15 libras de Sulfato de hierro
CINCO SEMANAS: 220 libras de Urea

NOTA: A partir de un mes después de establecer cada cultivo, aplicar al follaje a intervalo de 15 días: Metalosato multimineral

**Ing. M. Sc. RAÚL QUINTANILLA
TÉCNICO EN FERTILIDAD DE SUELOS**

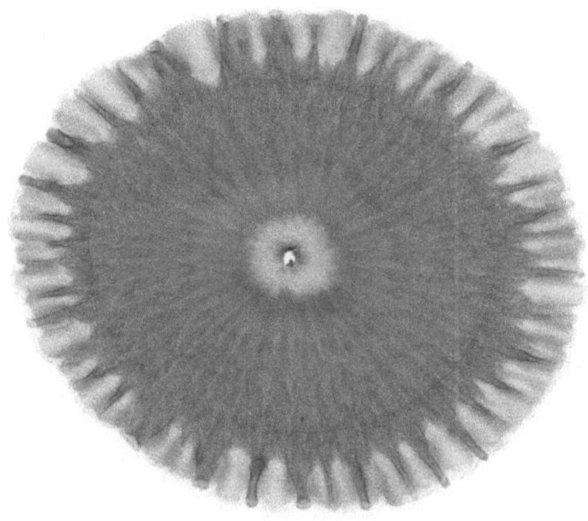

La zona nitrogenada luce normalmente desarrollada. La coloración y la interacción del cromatograma oscilan entre ligera y moderadamente aceptable, los cuales están generalmente asociados a un nivel de fertilidad en desequilibrio, ya que se observa una separación (circulo oscuro) entre las zonas mineral y proteica, también externamente se observan unas estructuras parecidas a "dientes de caballo" con colores café cremoso internamente, dando la apariencia de radiaciones; todo lo anterior indica que es moderadamente factible que este suelo responda a procesos de recuperación que puedan promoverse. Como puede verse en el análisis químico de suelos, la textura es arcillo arenosa, presenta además un nivel alto de materia orgánica (5.60%), por lo que debe conservarse dicha situación y el pH es moderadamente ácido (6.0) que es muy favorable para el crecimiento y desarrollo de la mayoría de cultivos.

Es necesario implementar acciones tendientes a reducir los riesgos de degradación de este suelo; debe procurarse el establecimiento de abonos verdes para la fijación de nitrógeno atmosférico y mantener los contenidos de materia orgánica, de igual forma promover la incorporación de abonos naturales como composta, bocashi, gallinaza u otro de una forma controlada. Deben incentivarse las condiciones de fertilidad que presenta este suelo realizando aplicaciones de harina de rocas u otras que favorezcan los procesos naturales y realizar obras de conservación especialmente cuando los suelos presentan pendientes que favorecen los procesos de erosión así como establecer un programa de rotación de cultivos para redicor los desbalances nutricionales.

CENTRO NACIONAL DE TECNOLOGIA AGROPECUARIA Y FORESTAL
LABORATORIO DE SUELOS
e-mail centa_labsuelos@yahoo.com
Tel. 23020200 Ext.248

CANTON: EL VOLCAN
MUNICIPIO: YOLOAIQUIN
DEPARTAMENTO: MORAZAN

No. Laboratorio	Muestra No.72
Identificación de la muestra	1
Profundidad de la muestra	30 cm.
Utilizará riego SI o No	SI
Área representada/muestra(Mz)	1 Mz
Cultivo que desea fertilizar	TOMATE, CHILE, PEPINO Y EJOTE

RESULTADO DEL ANALISIS

Textura	ARCILLO ARENOSO	
Ph en agua	6.0	MODERADAMENTE ACIDO
Fósforo (ppm)	3	MUY BAJO
Potasio (ppm)	205	MUY ALTO
Zinc (ppm)	1.33	BAJO
Manganeso (ppm)	30.39	MUY ALTO
Hierro (ppm)	7.67	BAJO
Cobre (ppm)	1.36	ALTO
Materia Orgánica (%)	5.60	ALTO
Calcio (Meq/100g)	8.28	ALTO
Magnesio (Meq/100g)	2.85	ALTO
Potasio (Meq/100g)	0.53	
Sodio (Meq/100g)	0.18	NO SODICO
Suma de Bases (Meq/100g)	11.84	MEDIO
Acidez Intercambiable (Meq/100g)	0.0	BAJO
CICE (Meq/100g)	11.84	MEDIO
Saturación de Bases (%)	100.0	
Relación Calcio/Magnesio	2.91	MEDIO
Relación Magnesio/Potasio	5.38	MEDIO
Relación Calcio + Magnesio/Potasio	21.0	MEDIO
Relación Calcio/Potasio	15.62	MEDIO

RECOMENDACIONES DE FERTILIZACION/MZ

UN MES ANTES DE ESTABLECER EL CULTIVO, APLICAR SOBRE CAMAS DE SIEMBRA: 440 LIBRAS DE HIDRÓXIDO DE CALCIO-MAGNESIO/Mz

APLICAR A PARTIR DEL ESTABLECIMIENTO DEL CULTIVO DE TOMATE:
TRASPLANTE: 440 libras de Fórmula 18-46-0 + 10 libras de Sulfato de zinc + 15 libras de Sulfato de hierro

CUATRO SEMANAS: 300 libras de Nitrato de amonio +220 libras de Fórmula 0-0-60 + 15 libras de Sulfato de zinc + 20 libras de Sulfato de hierro

SIETE SEMANAS: 200 libras de Urea

APLICAR A PARTIR DEL ESTABLECIMIENTO DEL CULTIVO DE CHILE DULCE:
TRASPLANTE: 440 libras de Fórmula 18-46-0 + 10 libras de Sulfato de zinc + 15 libras de Sulfato de hierro

CUATRO SEMANAS: 220 libras de Nitrato de amonio + 220 libras de Fórmula 0-0-60   + 15 libras de Sulfato de zinc   + 20 libras de Sulfato de hierro

SIETE SEMANAS: 220 libras de Nitrato de amonio
DIEZ SEMANAS: 110 libras de Urea

APLICAR A PARTIR DEL ESTABLECIMIENTO DEL CULTIVO DE PEPINO:

UNA SEMANA: 330 libras de Fórmula 18-46-0 + 10 libras de Sulfato de zinc + 15 libras de Sulfato de hierro

TRES SEMANAS: 220 libras de Nitrato de amonio + 15 libras de Sulfato de zinc   + 20 libras de Sulfato de hierro

SEIS SEMANAS: 125 libras de Urea

APLICAR A PARTIR DEL ESTABLECIMIENTO DEL CULTIVO DE EJOTE:

UNA SEMANA: 220 libras de Fórmula 18-46-0 + 10 libras de Sulfato de zinc + 15 libras de Sulfato de hierro
CINCO SEMANAS: 220 libras de Urea

NOTA: A partir de un mes después de establecer cada cultivo, aplicar al follaje a intervalo de 15 días: Metalosato multimineral

Ing. M. Sc. RAÚL QUINTANILLA
TÉCNICO EN FERTILIDAD DE SUELOS

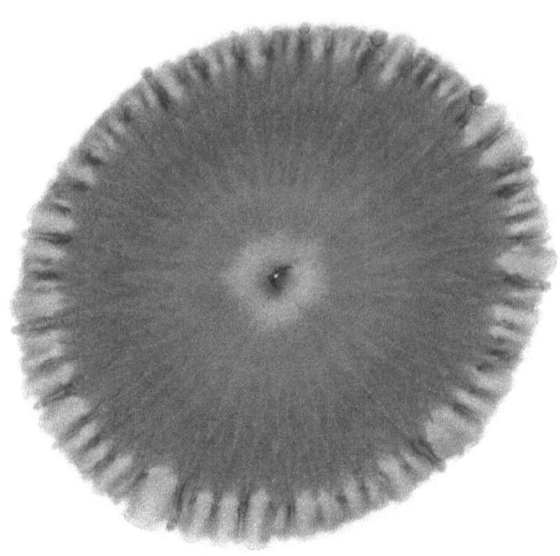

Muestra 73

La zona nitrogenada luce normalmente desarrollada. La coloración del cromatograma está generalmente asociada a buenas condiciones de fertilidad, dicha situación se ve limitada por la presencia de un grueso círculo oscuro que se ubica en la zona proteica. La interacción es moderadamente aceptable, externamente se observan estructuras parecidas a "dientes de caballo" con colores cremosos, lo anterior indica que es bastante factible que pueda responder a procesos de mejora. El análisis químico de suelo muestra textura franca arenosa, un nivel alto de materia orgánica (5.46) y el pH es fuertemente acido (5.5), el cual es inadecuado para el crecimiento y desarrollo de muchos cultivos.

El cromatograma muestra un contraste de colores relativamente buenos y para potenciar estas condiciones es necesario implementar acciones tendientes a reducir los niveles de degradación de este suelo, especialmente mejorar las condiciones del pH con un plan de enmiendas que permita mejorar las condiciones de pH de acuerdo a los requerimientos del cultivo a establecer y evitando el uso de productos químicos sintéticos que incentivan la acidéz en el suelo; además deben establecerse abonos verdes para la fijación de nitrógeno atmosférico y potenciar los niveles de materia orgánica, de igual forma promover la incorporación de abonos naturales como composta, bocashi, gallinaza u otro de una forma controlada. En general mejorar las condiciones de fertilidad, realizando aplicaciones de harina de rocas u otras que favorezcan los procesos naturales; realizar obras de conservación especialmente cuando los suelos presentan pendientes que favorecen los procesos de erosión; establecer un programa de rotación de cultivos para evitar favorecer desbalances nutricionales.

CANTON: EL VOLCAN
MUNICIPIO: YOLOAIQUIN
DEPARTAMENTO: MORAZAN

No. Laboratorio	Muestra No.73
Identificación de la muestra	1
Profundidad de la muestra	30 cm.
Utilizará riego SI o No	SI
Área representada/muestra(Mz)	1 Mz
Cultivo que desea fertilizar	TOMATE, CHILE, PEPINO Y EJOTE

RESULTADO DEL ANALISIS

Textura	FRANCO ARENOSO
Ph en agua	5.5 FUERTEMENTE ACIDO
Fósforo (ppm)	1 MUY BAJO
Potasio (ppm)	43 BAJO
Zinc (ppm)	13.92 MUY ALTO
Manganeso (ppm)	32.40 MUY ALTO
Hierro (ppm)	8.71 BAJO
Cobre (ppm)	0.91 BAJO
Materia Orgánica (%)	5.46 ALTO
Calcio (Meq/100g)	9.55 ALTO
Magnesio (Meq/100g)	3.22 ALTO
Potasio (Meq/100g)	0.11
Sodio (Meq/100g)	0.23 NO SODICO
Suma de Bases (Meq/100g)	13.11 MEDIO
Acidez Intercambiable (Meq/100g)	0.15 BAJO
CICE (Meq/100g)	13.26 MEDIO
Saturación de Bases (%)	98.87
Relación Calcio/Magnesio	2.97 MEDIO
Relación Magnesio/Potasio	29.27 ALTO
Relación Calcio + Magnesio/Potasio	116.09 ALTO
Relación Calcio/Potasio	86.82 ALTO

UN MES ANTES DE ESTABLECER EL CULTIVO, APLICAR SOBRE CAMAS DE SIEMBRA: 440 LIBRAS DE HIDRÓXIDO DE CALCIO-MAGNESIO/Mz

RECOMENDACIONES DE FERTILIZACION/MZ

<u>APLICAR A PARTIR DEL ESTABLECIMIENTO DEL CULTIVO DE TOMATE:</u>

TRASPLANTE: 440 libras de Fórmula 15-15-15 + 15 libras de Sulfato de hierro + 10 libras de Sulfato de cobre

CUATRO SEMANAS: 330 libras de Nitrato de amonio + 25 libras de Sulfato de hierro + 15 libras de Sulfato de cobre   + 440 libras de Sulpomag

SIETE SEMANAS: 200 libras de Urea + 150 libras de Sulpomag

<u>APLICAR A PARTIR DEL ESTABLECIMIENTO DEL CULTIVO DE CHILE DULCE:</u>
TRASPLANTE: 440 libras de Fórmula 15-15-15   +15 libras de Sulfato de hierro + 10 libras de Sulfato de cobre

CUATRO SEMANAS: 250 libras de Nitrato de amonio +25 libras de Sulfato de hierro +15 libras de Sulfato de cobre + 300 libras de Sulpomag
SIETE SEMANAS: 220 libras de Nitrato de amonio + 150 libras de Sulpomag
DIEZ SEMANAS: 110 libras de Urea

<u>APLICAR A PARTIR DEL ESTABLECIMIENTO DEL CULTIVO DE PEPINO:</u>
UNA SEMANA: 400 libras de Fórmula 15-15-15   +15 libras de Sulfato de hierro + 10 libras de Sulfato de cobre

TRES SEMANAS: 220 libras de Nitrato de amonio + 20 libras de Sulfato de hierro + 15 libras de Sulfato de cobre + 440 libras de Sulpomag

SEIS SEMANAS: 125 libras de Urea

<u>APLICAR A PARTIR DEL ESTABLECIMIENTO DEL CULTIVO DE EJOTE:</u>
UNA SEMANA: 300 libras de Fórmula 15-15-15 + 15 libras de Sulfato de hierro + 10 libras de Sulfato de cobre + 300 libras de Sulpomag

CINCO SEMANAS: 220 libras de Urea
NOTA: A partir de un mes después de establecer cada cultivo, aplicar al follaje a intervalo de 15 días: Fertilizante foliar a base de hierro y cobre

**Ing. M. Sc. RAÚL QUINTANILLA
TÉCNICO EN FERTILIDAD DE SUELOS**

Muestra 74

La zona nitrogenada luce normalmente desarrollada. La coloración del cromatograma presenta un contraste de colores moderddamente aceptable así como interacción ligeramente aceptable, que son indicadores de un suelo ligeramente bueno en cuanto a fertilidad, externamente se han formado unas estructuras parecidas a "dientes de caballo" con predominancia de color cremoso, así como cierta radiación lo que podría indicar que es moderadamente factible que este suelo responda a procesos de mejora que puedan promoverse. El análisis químico del suelo muestra textura franca, presenta además un nivel alto de materia orgánica (4.66%) y el pH es neutro (6.7).

El cromatograma muestra buena apariencia en el contraste de colores y la interacción entre cada una de sus partes, por lo que es necesario implementar acciones tendientes a reducir los riesgos de degradación de este suelo; debe procurarse el establecimiento de abonos verdes para la fijación de nitrógeno atmosférico y mantener los contenidos de materia orgánica, de igual forma promover la incorporación de abonos naturales como composta, bocashi, gallinaza u otro de una forma controlada. En general mejorar las condiciones de fertilidad, realizando aplicaciones de harina de rocas u otras que favorezcan los procesos naturales; realizar obras de conservación especialmente cuando los suelos presentan pendientes que favorecen los procesos de erosión y establecer un programa de rotación de cultivos para evitar favorecer desbalances nutricionales.

CENTRO NACIONAL DE TECNOLOGIA
AGROPECUARIA Y FORESTAL
LABORATORIO DE SUELOS
e-mail centa_labsuelos@yahoo.com
Tel. 23020200 Ext.248

CANTON: LA MONTAÑA
MUNICIPIO: OSICALA
DEPARTAMENTO: MORAZAN

No. Laboratorio	Muestra No.74
Profundidad de la muestra	30 cm.
Utilizará riego SI o No	SI
Área representada/muestra(Mz)	1 Mz
Cultivo que desea fertilizar	TOMATE, CHILE Y PEPINO

RESULTADO DEL ANALISIS

Textura	FRANCO	
Ph en agua	6.7	NEUTRO
Fósforo (ppm)	4	MUY BAJO
Potasio (ppm)	315	MUY ALTO
Zinc (ppm)	1.42	BAJO
Manganeso (ppm)	35.13	MUY ALTO
Hierro (ppm)	5.30	BAJO
Cobre (ppm)	0.22	BAJO
Materia Orgánica (%)	4.66	ALTO
Calcio (Meq/100g)	28.28	ALTO
Magnesio (Meq/100g)	8.10	ALTO
Potasio (Meq/100g)	0.81	
Sodio (Meq/100g)	0.25	NO SODICO
Suma de Bases (Meq/100g)	37.44	ALTO
Acidez Intercambiable (Meq/100g)	0.0	BAJO
CICE (Meq/100g)	37.44	ALTO
Saturación de Bases (%)	100.0	
Relación Calcio/Magnesio	3.49	MEDIO
Relación Magnesio/Potasio	10.0	MEDIO
Relación Calcio + Magnesio/Potasio	44.91	ALTO
Relación Calcio/Potasio	34.91	ALTO

UN MES ANTES DE ESTABLECER EL CULTIVO, APLICAR SOBRE CAMAS DE SIEMBRA: 440 LIBRAS DE HIDRÓXIDO DE CALCIO-MAGNESIO/Mz

RECOMENDACIONES DE FERTILIZACION POR MANZANA

APLICAR A PARTIR DEL ESTABLECIMIENTO DEL CULTIVO DE TOMATE:

TRASPLANTE: 440 libras de Fórmula 18-46-0 + 10 libras de Sulfato de zinc   + 15 libras de Sulfato de hierro + 10 libras de Sulfato de cobre

CUATRO SEMANAS: 330 libras de Nitrato de amonio +15 libras de Sulfato de zinc + 20 libras de Sulfato de hierro + 15 libras de Sulfato de cobre

SIETE SEMANAS: 200 libras de Urea

APLICAR A PARTIR DEL ESTABLECIMIENTO DEL CULTIVO DE CHILE DULCE:

TRASPLANTE: 440 libras de Fórmula 18-46-0   + 10 libras de Sulfato de zinc   + 15 libras de Sulfato de hierro + 10 libras de Sulfato de cobre

CUATRO SEMANAS: 220 libras de Nitrato de amonio + 15 libras de Sulfato de zinc   + 20 libras de Sulfato de hierro + 15 libras de Sulfato de cobre

SIETE SEMANAS: 220 libras de Nitrato de amonio

DIEZ SEMANAS: 110 libras de Urea

APLICAR A PARTIR DEL ESTABLECIMIENTO DEL CULTIVO DE PEPINO:

UNA SEMANA: 330 libras de Fórmula 18-46-0   + 10 libras de Sulfato de zinc   + 15 libras de Sulfato de hierro + 10 libras de Sulfato de cobre

TRES SEMANAS: 220 libras de Nitrato de amonio + 15 libras de Sulfato de zinc + 20 libras de Sulfato de hierro + 15 libras de Sulfato de cobre

SEIS SEMANAS: 125 libras de Urea

NOTA: A partir de un mes después de establecer cada cultivo, aplicar al follaje a intervalo de 15 días: Metalosato multimineral

**ING. M. Sc. RAÚL QUINTANILLA
TECNICO EN FERTILIDAD DE SUELOS**

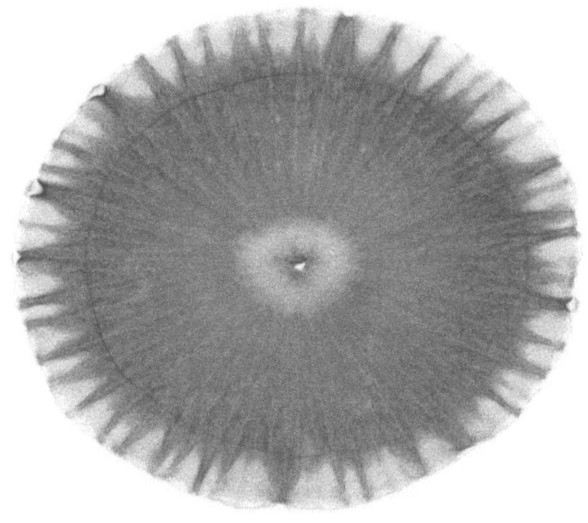

Muestra 75

La zona nitrogenada luce normalmente desarrollada. La coloración del cromatograma es moderadamente aceptable así como su interacción, a pesar de la presencia de una linea café oscura que se ubica en la zona proteica, externamente se observa una especie de rayos delimitados por un color cremoso; estas características están generalmente asociadas a buenas condiciones de fertilidad, lo anterior indica que este suelo puede responder positivamente a procesos de mejora. El análisis químico del suelo muestra textura franco arenosa, el nivel de materia orgánica es alto (4.86%) y el pH es ligeramente ácido (6.2), adecuado para la mayoría de cultivos.

El cromatograma muestra un contraste de colores e interacción que pueden ser mejorados por lo que es necesario implementar acciones tendientes a reducir los niveles de degradación de este suelo, como el establecimiento de abonos verdes para la fijación de nitrógeno atmosférico y mantener buenos niveles de materia orgánica, de igual forma promover la incorporación de abonos naturales como composta, bocashi, gallinaza u otro de una forma controlada. En general potenciar las condiciones de fertilidad, realizando aplicaciones de harina de rocas u otras que favorezcan los procesos naturales; realizar obras de conservación especialmente cuando los suelos presentan pendientes que favorecen los procesos de erosión y establecer un programa de rotación de cultivos para evitar favorecer desbalances nutricionales.

CENTRO NACIONAL DE TECNOLOGIA
AGROPECUARIA Y FORESTAL
LABORATORIO DE SUELOS
e-mail centa_labsuelos@yahoo.com
Tel. 23020200 Ext.248

CANTON: EL VOLCAN
MUNICIPIO: YOLOAIQUIN
DEPARTAMENTO: MORAZAN

No. Laboratorio	Muestra No.75
Profundidad de la muestra	30 cm.
Utilizará riego SI o No	SI
Área representada/muestra(Mz)	1 Mz
Cultivo que desea fertilizar	TOMATE, CHILE, PEPINO Y EJOTE

RESULTADO DEL ANALISIS

Textura	FRANCO ARENOSO	
Ph en agua	6.2	LIGERAMENTE ACIDO
Fósforo (ppm)	66	MUY ALTO
Potasio (ppm)	201	MUY ALTO
Zinc (ppm)	4.48	ALTO
Manganeso (ppm)	48.99	MUY ALTO
Hierro (ppm)	8.76	BAJO
Cobre (ppm)	0.28	BAJO
Materia Orgánica (%)	4.86	ALTO
Calcio (Meq/100g)	12.20	ALTO
Magnesio (Meq/100g)	3.45	ALTO
Potasio (Meq/100g)	0.51	
Sodio (Meq/100g)	0.19	NO SODICO
Suma de Bases (Meq/100g)	16.35	MEDIO
Acidez Intercambiable (Meq/100g)	0.0	BAJO
CICE (Meq/100g)	16.35	MEDIO
Saturación de Bases (%)	100.0	
Relación Calcio/Magnesio	3.54	MEDIO
Relación Magnesio/Potasio	6.76	MEDIO
Relación Calcio + Magnesio/Potasio	30.65	MEDIO
Relación Calcio/Potasio	23.92	MEDIO

UN MES ANTES DE ESTABLECER EL CULTIVO, APLICAR SOBRE CAMAS DE SIEMBRA: 300 LIBRAS DE HIDROXIDO DE CALCIO-MAGNESIO/Mz

RECOMENDACIONES DE FERTILIZACION POR MANZANA

APLICAR A PARTIR DEL ESTABLECIMIENTO DEL CULTIVO DE TOMATE:

TRASPLANTE: 220 libras de Nitrato de amonio + 15 libras de Sulfato de hierro + 10 libras de Sulfato de cobre
CUATRO SEMANAS: 330 libras de Nitrato de amonio + 25 libras de Sulfato de hierro + 15 libras de Sulfato de cobre   + 330 libras de Sulpomag
SIETE SEMANAS: 200 libras de Urea

APLICAR A PARTIR DEL ESTABLECIMIENTO DEL CULTIVO DE CHILE DULCE:

TRASPLANTE: 220 libras de Nitrato de amonio + 15 libras de Sulfato de hierro + 10 libras de Sulfato de cobre
CUATRO SEMANAS: 250 libras de Nitrato de amonio + 25 libras de Sulfato de hierro + 15 libras de Sulfato de cobre   + 330 libras de Sulpomag

SIETE SEMANAS: 220 libras de Nitrato de amonio
DIEZ SEMANAS: 110 libras de Urea

APLICAR A PARTIR DEL ESTABLECIMIENTO DEL CULTIVO DE PEPINO:

UNA SEMANA: 330 libras de Sulfato de amonio + 15 libras de Sulfato de hierro + 10 libras de Sulfato de cobre

TRES SEMANAS: 220 libras de Nitrato de amonio + 20 libras de Sulfato de hierro + 15 libras de Sulfato de cobre
SEIS SEMANAS: 125 libras de Urea

APLICAR A PARTIR DEL ESTABLECIMIENTO DEL CULTIVO DE EJOTE:

UNA SEMANA: 300 libras de Sulfato de amonio + 15 libras de Sulfato de hierro + 10 libras de Sulfato de cobre
CINCO SEMANAS: 220 libras de Urea

NOTA: A partir de un mes después de establecer cada cultivo, aplicar al follaje a intervalo de 15 días: Fertilizante foliar a base de hierro y cobre

**Ing. M. Sc. RAÚL QUINTANILLA
TÉCNICO EN FERTILIDAD DE SUELOS**

Muestra 76

La zona nitrogenada luce poco desarrollada. La coloración del cromatograma es ligeramente aceptable y la interacción moderadamente aceptable, ambos generalmente asociado a algunos problemas de fertilidad, observandose una raya de color gris oscuro que separa en parte la zona mineral de la protéica, externamente se observan unas estructuras abiertas que permite interactuar las zonas proteica y enzimática; todo lo anterior muestra que es moderadamente factible que pueda responder a procesos de mejora. El análisis químico del suelo muestra textura franco arcillosa, un nivel medio de materia orgánica (3.34%) y pH fuertemente ácido (4.8), el cual es muy limitante para el crecimiento y desarrollo de la mayoría de cultivos.

El cromatograma muestra un contraste de colores e interacción que pueden mejorase implementando acciones tendientes a reducir los niveles de degradación de este suelo; especialmente el pH, evitando aplicar fertilizantes químicos sintéticos que favorecen la acidéz así como la implementación de un plan de enmiendas; debe procurarse el establecimiento de abonos verdes para la fijación de nitrógeno atmosférico y mantener o mejorar los niveles de materia orgánica, de igual forma promover la incorporación de abonos naturales como composta, bocashi, gallinaza u otro de una forma controlada. En general potenciar las condiciones de fertilidad, realizando aplicaciones de harina de rocas u otras que favorezcan los procesos naturales; realizar obras de conservación especialmente cuando los suelos presentan pendientes que favorecen los procesos de erosión y establecer un programa de rotación de cultivos para evitar que se puedan favorecer los desbalances nutricionales.

**CANTON: SAN JOSE
MUNICIPIO: AHUACHAPAN
DEPARTAMENTO: AHUACHAPAN**

No. Laboratorio	Muestra 76
Cultivo que desea fertilizar	CAÑA DE AZUCAR

RESULTADO DEL ANALISIS

Textura	FRANCO ARCILLOSO
pH en agua	4.8 MUY FUERTEMENTE ACIDO
Fósforo (ppm)	1 MUY BAJO
Potasio (ppm)	59 BAJO
Zinc (ppm)	3.38 ALTO
Manganeso (ppm)	45.18 MUY ALTO
Hierro (ppm)	18.73 ALTO
Cobre (ppm)	7.96 MUY ALTO
Materia Orgánica (%)	3.34 MEDIO
Calcio (Meq/100g)	8.59 ALTO
Magnesio (Meq/100g)	2.94 ALTO
Potasio (Meq/100g)	0.15
Sodio (Meq/100g)	0.28 NO SODICO
Suma de Bases (Meq/100g)	11.96 MEDIO
Acidez Intercambiable (Meq/100g)	0.66 MEDIO
CICE (Meq/100g)	12.62 MEDIO
Saturación de Bases (%)	94.77
Relación Calcio/Magnesio	2.92 MEDIO
Relación Magnesio/Potasio	19.6 ALTO
Relación Calcio + Magnesio/Potasio	76.87 ALTO
Relación Calcio/Potasio	57.27 ALTO

RECOMENDACIONES DE FERTILIZACION

CAÑA DE AZUCAR:

1ª. Fertilización. A la siembra:
500 lb/mz de Fórmula 15-15-15 +
300 lb/mz de Fórmula 0-0-60

2ª. Fertilización. Inicio de lluvias:
500 lb/mz de Fórmula 15-15-15 +
200 lb/mz de Fórmula 0-0-60

3ª. Fertilización. 6 semanas después:
225 lb/mz de Urea.

<u>ENCALADO</u>

Aplicar 15 qq/mz de Cal dolomítica, al 20% de Calcio y 10% de Magnesio, distribuido por surco después de la siembra.

IMPORTANTE: Después de aplicar Cal Dolomítica, debe de realizarse análisis de suelo, antes de hacer nuevas aplicaciones, es importante hacerlo para conocer como aumentó el pH y si los contenidos de Calcio y Magnesio están balanceados con las cantidades de Cal Dolomítica que se han agregado y evitar sobreencalar.

ING. QUIRINO ARGUETA
TECNICO EN FERTILIDAD DE SUELOS

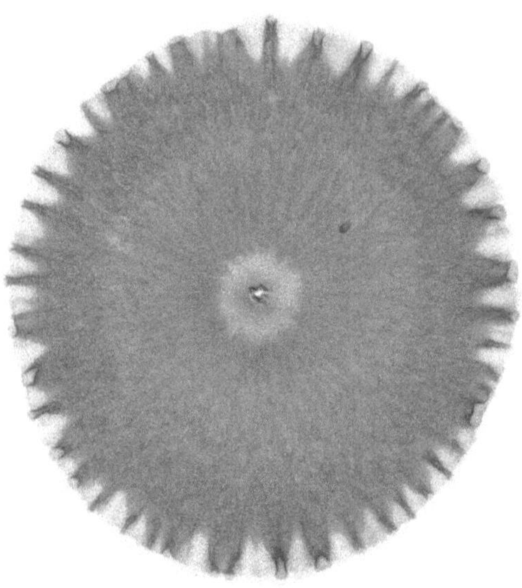

La zona nitrogenada luce normalmente desarrollada; la coloración es ligeramente aceptable con predominancia de colores gris verdoso en el área mineral y café oscuro en la zona proteica próxima a la enzimática y la interacción es moderadamente aceptable entre las zonas mineral y proteica, existen algunas prolongaciones como especie de rayos solares que se proyectan desde el área proteica hasta entrar en contacto con la enzimática y en dicho contacto existe un predomino de coloraciones café y entre ellas color cremoso; en general estas características son ligadas a suelos ligeramente buenos en cuanto al nivel de fertilidad, por lo que, es posible que estos respondan a procesos de mejora con moderada factibilidad. Al respecto del análisis químico de suelo presenta textura franco arcillosa, un contenido alto de materia orgánica (4.28%) y pH moderadamente ácido (5.8).

Debido a que los colores y la interacción, no son del todo satisfactorio, es necesario implementar acciones tendientes a reducir los niveles de degradación de este suelo, evitando el uso de productos químicos sintéticos que incentivan la acidez, debe procurarse el establecimiento de abonos verdes para la fijación de nitrógeno atmosférico y mantener buenos niveles de materia orgánica, de igual forma promover la incorporación de abonos naturales como composta, bocashi, gallinaza u otro de una forma controlada. Mejorar las condiciones de fertilidad, realizando aplicaciones de harina de rocas u otras que favorezcan los procesos naturales; realizar obras de conservación especialmente cuando los suelos presentan pendientes que favorecen los procesos de erosión y establecer un programa de rotación de cultivos para evitar que se puedan producir mayores desbalances nutricionales.

**CENTRO NACIONAL DE TECNOLOGIA
AGROPECUARIA Y FORESTAL**
ING. ENRIQUE ALVAREZ CORDOVA

LABORATORIO DE SUELOS
e-mail centa_labsuelos@yahoo.com
Tel. 23020200 Ext.248

San Andrés, 10 de junio de 2010

CARTA No. 20114

NOMBRE DEL AGRICULTOR: MANUEL DE JESUS ZABALA
CANTON: EL RINCON
MUNICIPIO: SAN ESTEBAN CATARINA
DEPARTAMENTO: SAN VICENTE

No. Laboratorio	Muestra No. 77
Identificación de la muestra	1
Cultivo que desea fertilizar	MAIZ-FRIJOL

RESULTADO DEL ANÁLISIS

Identificación	1	
Textura		FRANCO ARCILLOSO
pH en agua 1:25	5.8	MODERADAMENTE ACIDO
Fósforo (ppm P)	6	MUY BAJO
Potasio (ppm K)	252,45	MUY ALTO
Zinc (ppm)	2,24	BAJO
Manganeso(ppm)	53,52	MUY ALTO
Hierro (ppm)	10,05	BAJO
Cobre (ppm)	1,10	ALTO
Materia Orgánica (%)	4,28	ALTO
Calcio Intercambiable (Meq/100g)	9,69	ALTO
Magnesio Intercam. (Meq/100g)	4,38	ALTO
Potasio Intercambiable(Meq/100g)	0,65	
Sodio Intercambiable (Meq/100g)	0,35	NO SODICO
Suma de Bases Inter.(Meq/100g)	15,06	MEDIO
Acidez Intercambiable (H+Al) meq/100g	0,00	BAJO
CICE	15,06	MEDIO
Saturación de Bases %	100,00	
Ca / Mg	2,21	MEDIO
Mg/K	6,77	MEDIO
Ca+Mg/k	21,73	MEDIO
Ca/K	14,97	MEDIO

RECOMENDACIONES DE FERTILIZACION

<u>**CULTIVO: MAIZ**</u>

1ª Fertilización		2ª Fertilización	
A la siembra	200 kg ha^{-1} de Fórmula 18-46-0 +	**30 días después de la siembra**	97.40 kg ha^{-1} de Urea +
	20.13 kg ha-1 de Zn S04.7 H$_2$O+		156.49 kg ha^{-1} de Sulfato de Amonio
	57.14 kg ha^{-1} de Fe S0$_4$.7 H$_2$O		

<u>**CULTIVO: FRIJOL**</u>

1ª Fertilización		2ª Fertilización	
A la siembra	170.78 kg ha^{-1} de Fórmula 18-46-0 +	**30 días después de la siembra**	109.74 kg ha^{-1} de Urea
	20.13 kg ha^{-1} de Zn S0$_4$.7 H$_2$O +		
	57.14 kg ha^{-1} de Fe S04.7 H2O		

ING. QUIRINO ARGUETA PORTILLO
TECNICO EN FERTILIDAD DE SUELOS

Muestra 78

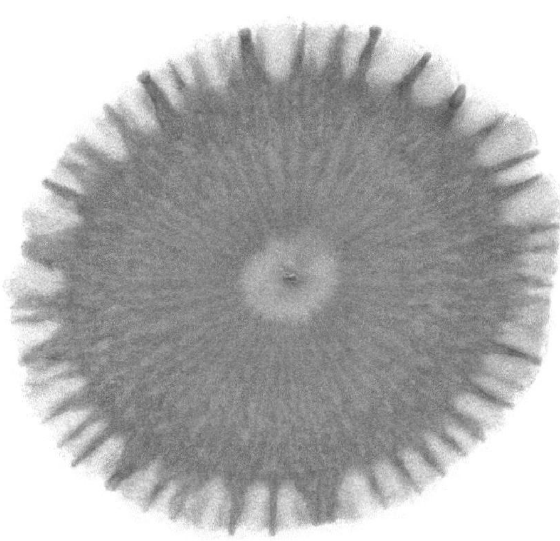

La zona nitrogenada luce normalmente desarrollada; la coloración es moderadamente aceptable y la interacción es bastante aceptable entre las zonas mineral y proteica. Estas condiciones son generalmente asociadas a suelos en proceso de recuperación, existen algunas prolongaciones engrosadas que dan lugar a estructuras parecidas a "dientes de caballo" que se proyectan desde el área proteica hasta entrar en contacto con la enzimática; en general estas características son ligadas a suelos con ligeramente buen nivel de fertilidad, por lo que, es posible que estos respondan a procesos de mejora con moderada factibilidad. Al respecto del análisis químico de suelo presenta textura franco arcillosa, un contenido alto de materia orgánica (4.14%) y pH moderadamente ácido (5.6).

Debido a que los colores y la interacción, no son del todo satisfactorio, es necesario implementar acciones tendientes a reducir los niveles de degradación de este suelo, evitando el uso de productos químicos sintéticos que incentivan la acidez, debe procurarse el establecimiento de abonos verdes para la fijación de nitrógeno atmosférico y mantener buenos niveles de materia orgánica, de igual forma promover la incorporación de abonos naturales como composta, bocashi, gallinaza u otro de una forma controlada. Mejorar las condiciones de fertilidad, realizando aplicaciones de harina de rocas u otras que favorezcan los procesos naturales; realizar obras de conservación especialmente cuando los suelos presentan pendientes que favorecen los procesos de erosión y establecer un programa de rotación de cultivos para evitar que se puedan producir mayores desbalances nutricionales.

**CENTRO NACIONAL DE TECNOLOGIA
AGROPECUARIA Y FORESTAL**
ING. ENRIQUE ALVAREZ CORDOVA

LABORATORIO DE SUELOS
e-mail centa_labsuelos@yahoo.com
Tel. 23020200 Ext.248

San Andrés, 10 de junio de 2010.

CARTA No. 20115

NOMBRE DEL AGRICULTOR: GUADALUPE AREVALO
CANTON: EL TORTUGUERO
MUNICIPIO: SANTA CLARA
DEPARTAMENTO: SAN VICENTE

No. Laboratorio	Muestra No. 78
Identificación de la muestra	1
Cultivo que desea fertilizar	MAIZ-FRIJOL

RESULTADO DEL ANÁLISIS

Identificación	1	
Textura		FRANCO ARCILLOSO
pH en agua 1:25	5.6	MODERADAMENTE ACIDO
Fósforo (ppm P)	7	MUY BAJO
Potasio (ppm K)	220,2	MUY ALTO
Zinc (ppm)	0,905	BAJO
Manganeso(ppm)	41,88	MUY ALTO
Hierro (ppm)	8,88	BAJO
Cobre (ppm)	1,68	ALTO
Materia Orgánica (%)	4,14	ALTO
Calcio Intercambiable (Meq/100g)	6,93	ALTO
Magnesio Intercam. (Meq/100g)	2,60	ALTO
Potasio Intercambiable(Meq/100g)	0,56	
Sodio Intercambiable (Meq/100g)	0,21	NO SODICO
Suma de Bases Inter.(Meq/100g)	10,31	MEDIO
Acidez Intercambiable (H+Al) meq/100g	0,00	BAJO
CICE	10,31	MEDIO
Saturación de Bases %	100,00	
Ca / Mg	2,67	MEDIO
Mg/K	4,60	MEDIO
Ca+Mg/k	16,88	MEDIO
Ca/K	12,28	MEDIO

248

RECOMENDACIONES DE FERTILIZACION

CULTIVO: MAIZ

1ª Fertilización		2ª Fertilización	
A la siembra	194.81 kg ha⁻ de Fórmula 18-46-0	**30 días después de la siembra**	97.40 kg ha^{-1} de Urea +
	31.82 kg ha-1 de Zn S04.7 H_2O+		161.04 kg ha^{-1} de Sulfato de Amonio
	69.48 kg ha^{-1} de Fe S0$_4$.7 H_2O		

CULTIVO: FRIJOL

1ª Fertilización		2ª Fertilización	
A la siembra	162.34 kg ha^{-1} de Fórmula 18-46-0 +	**25 días después de la siembra**	112.99 kg ha^{-1} de Urea
	31.82 kg ha^{-1} de Zn S0$_4$.7 H_2O +		
	69.48 kg ha^{-1} de Fe S04.7 H_2O		

ING. QUIRINO ARGUETA PORTILLO
TECNICO EN FERTILIDAD DE SUELOS

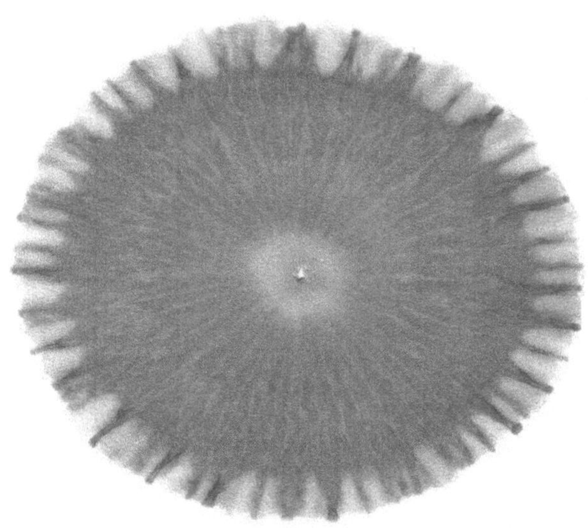

La zona nitrogenada luce normalmente desarrollada; la coloración y la interacción son bastante aceptables entre las zonas mineral y proteica aunque dicha tendencia se reduce un poco con la zona enzimática. Existen algunas prolongaciones en forma de rayos solares que se proyectan desde el área proteica hasta entrar en contacto con la enzimática; en general estas características son ligadas a suelos con nivel de fertilidad ligeramente buenos, por lo que, es posible que estos respondan a procesos de mejora con moderada factibilidad. Al respecto del análisis químico de suelo presenta textura franco arcillosa, un contenido medio de materia orgánica (3.04%) y pH fuertemente ácido (5.4).

Debido a que los colores y la interacción, no son del todo satisfactorio, es necesario implementar acciones tendientes a reducir los niveles de degradación de este suelo, evitando el uso de productos químicos sintéticos que incentivan la acidez, debe procurarse el establecimiento de abonos verdes para la fijación de nitrógeno atmosférico y mantener los niveles de materia orgánica, de igual forma promover la incorporación de abonos naturales como composta, bocashi, gallinaza u otro de una forma controlada. Mejorar las condiciones de fertilidad, realizando aplicaciones de harina de rocas u otras que favorezcan los procesos naturales; realizar obras de conservación especialmente cuando los suelos presentan pendientes que favorecen los procesos de erosión y establecer un programa de rotación de cultivos para evitar que se puedan producir mayores desbalances nutricionales.

CENTRO NACIONAL DE TECNOLOGIA
AGROPECUARIA Y FORESTAL
ING. ENRIQUE ALVAREZ CORDOVA

LABORATORIO DE SUELOS
e-mail centa_labsuelos@yahoo.com
Tel. 23020200 Ext.248

San Andrés, 10 de junio de 2010.

CARTA No. 20116

NOMBRE DEL AGRICULTOR: JOSE MELENDEZ
CANTON: GUACHIPILIN
MUNICIPIO: SAN ILDEFONSO
DEPARTAMENTO: SAN VICENTE

No. Laboratorio	Muestra No. 79
Identificación de la muestra	1
Cultivo que desea fertilizar	MAIZ-FRIJOL

RESULTADO DEL ANÁLISIS

Identificación	1	
Textura		FRANCO ARCILLOSO
pH en agua 1:25	5.4	FUERTEMENTE ACIDO
Fósforo (ppm P)	6	MUY BAJO
Potasio (ppm K)	209,04	MUY ALTO
Zinc (ppm)	3,335	ALTO
Manganeso(ppm)	97,08	MUY ALTO
Hierro (ppm)	22,61	MUY ALTO
Cobre (ppm)	4,34	ALTO
Materia Orgánico (%)	3,04	MEDIO
Calcio Intercambiable (Meq/100g)	6,27	ALTO
Magnesio Intercam. (Meq/100g)	3,18	ALTO
Potasio Intercambiable(Meq/100g)	0,54	
Sodio Intercambiable (Meq/100g)	0,38	NO SODICO
Suma de Bases Inter.(Meq/100g)	10,37	MEDIO
Acidez Intercambiable (H+Al) meq/100g	0,12	BAJO
CICE	10,49	MEDIO
Saturación de Bases %	98,86	
Ca / Mg	1,97	BAJO
Mg/K	5,93	MEDIO
Ca+Mg/k	17,64	MEDIO
Ca/K	11,71	MEDIO

RECOMENDACIONES DE FERTILIZACION

CULTIVO: MAIZ

1ª Fertilización		2ª Fertilización	
A la siembra	200 kg ha $^{-1}$ de Fórmula 18-46-0	30 días después de la siembra	97.40 kg ha $^{-1}$ de Urea + 156.49 kg ha $^{-1}$ de Sulfato de Amonio

CULTIVO: FRIJOL

1ª Fertilización		2ª Fertilización	
A la siembra	170.78 kg ha $^{-1}$ de Fórmula 18-46-0	25 días después de la siembra	109.74 kg ha $^{-1}$ de Urea

ING. QUIRINO ARGUETA PORTILLO
TECNICO EN FERTILIDAD DE SUELOS

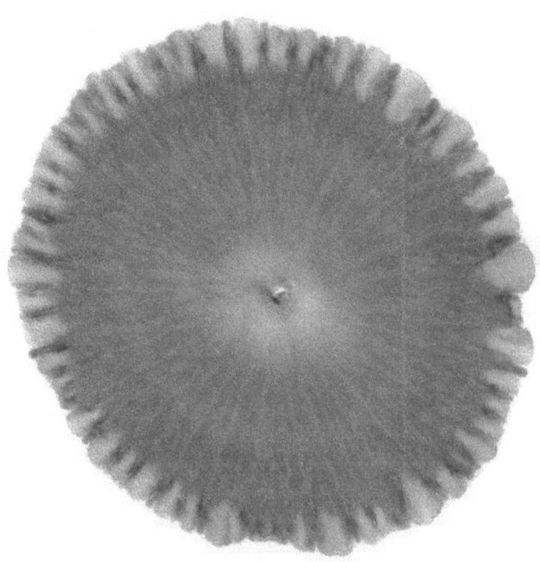

Muestra 80

La zona nitrogenada luce normalmente desarrollada; la coloración es moderadamente aceptable con presencia de un círculo gris oscuro en la zona proteica próxima a la enzimática, y la interacción es moderadamente aceptable entre las zonas mineral y proteica aunque en menor proporción con la enzimática. Estas condiciones son generalmente asociadas a suelos con cierto proceso de recuperación, muestra además ciertas conformaciones en la zona enzimática parecidas a "dientes de caballo" que son delimitadas por un color cremoso; en general estas características son ligadas a suelos con buena fertilidad, por lo que es posible que estos respondan a procesos de mejora con bastante factibilidad. Al respecto del análisis químico de suelo presenta textura franco arcillosa, un contenido medio de materia orgánica (3.73%) y pH fuertemente ácido (5.2).

Debido a que los colores y la interacción, no son del todo satisfactorio, es necesario implementar acciones tendientes a reducir los niveles de degradación de este suelo, evitando el uso de productos químicos sintéticos que incentivan la acidez, debe procurarse el establecimiento de abonos verdes para la fijación de nitrógeno atmosférico y mantener los niveles de materia orgánica, de igual forma promover la incorporación de abonos naturales como composta, bocashi, gallinaza u otro de una forma controlada. Mejorar las condiciones de fertilidad, realizando aplicaciones de harina de rocas u otras que favorezcan los procesos naturales; realizar obras de conservación especialmente cuando los suelos presentan pendientes que favorecen los procesos de erosión y establecer un programa de rotación de cultivos para evitar que se puedan producir mayores desbalances nutricionales.

LABORATORIO DE SUELOS

e-mail centa_labsuelos@yahoo.com

Tel. 23020200 Ext.248

San Andrés, 10 de junio de 2010.

CARTA No. 20117

NOMBRE DEL AGRICULTOR: MEDARDO NOVOA MARIN
CANTON: EL SAITE
MUNICIPIO: APASTEPEQUE
DEPARTAMENTO: SAN VICENTE

No. Laboratorio	Muestra No. 80
Identificación de la muestra	1
Cultivo que desea fertilizar	MAIZ-FRIJOL

RESULTADO DEL ANÁLISIS

Identificación		
Textura		FRANCO ARCILLOSO
pH en agua 1:25	5.2	FUERTEMENTE ACIDO
Fósforo (ppm P)	6	MUY BAJO
Potasio (ppm K)	141,75	ALTO
Zinc (ppm)	0,485	BAJO
Manganeso(ppm)	60	MUY ALTO
Hierro (ppm)	11,24	ALTO
Cobre (ppm)	2,45	ALTO
Materia Orgánica (%)	3,73	MEDIO
Calcio Intercambiable (Meq/100g)	6,39	ALTO
Magnesio Intercam. (Meq/100g)	2,01	BAJO
Potasio Intercambiable(Meq/100g)	0,36	
Sodio Intercambiable (Meq/100g)	0,20	NO SODICO
Suma de Bases Inter.(Meq/100g)	8,96	MEDIO
Acidez Intercambiable (H+Al) meq/100g	0,07	BAJO
CICE	9,03	MEDIO
Saturación de Bases %	99,23	
Ca / Mg	3,17	MEDIO
Mg/K	5,54	MEDIO
Ca+Mg/k	23,11	MEDIO
Ca/K	17,58	MEDIO

RECOMENDACIONES DE FERTILIZACION

<u>CULTIVO: MAIZ</u>

1ª Fertilización		2ª Fertilización	
A la siembra	200 kg ha^{-1} de Fórmula 18-46-0 +	**30 días después de la siembra**	97.40 kg ha^{-1} de Urea +
	35.06 kg ha-1 de Zn S04.7 H2O		156.49 kg ha^{-1} de Sulfato de Amonio

<u>CULTIVO: FRIJOL</u>

1ª Fertilización		2ª Fertilización	
A la siembra	170.78 kg ha^{-1} de Fórmula 18-46-0+	**30 días después de la siembra**	109.74 kg ha^{-1} de Urea
	35.06 kg ha^{-1} de Zn S0$_4$.7 H$_2$O		

<u>ENCALADO:</u>

Aplicar 14.28 qq/ha de cal dolomítica, al 20% de calcio y 10% de magnesio, distribuido uniformemente sobre la superficie del terreno, 15 días antes de la siembra.

ING. QUIRINO ARGUETA PORTILLO
TECNICO EN FERTILIDAD DE SUELOS

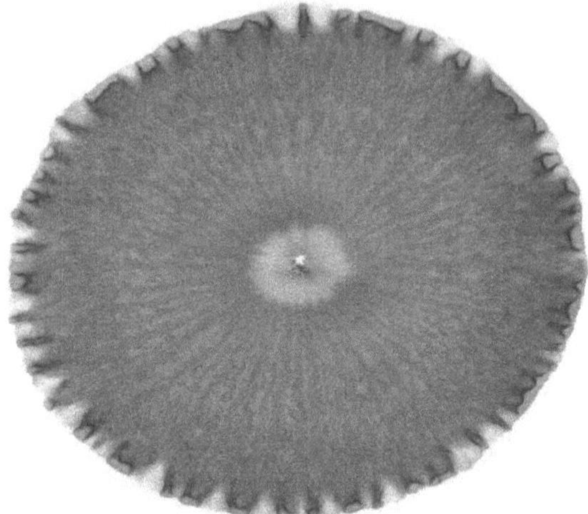

Muestra 81

La zona nitrogenada luce poco desarrollada; la coloración y la interacción son ligeramente aceptables, con predominancia de colores gris verdoso en el área mineral y café oscuro en la zona proteica próxima a la enzimática y la interacción se manifiesta mas que todo entre las zonas mineral y proteica. Estas condiciones son generalmente asociadas a suelos con ciertas dificultades normalmente generadas por el laboreo, existen algunas prolongaciones engrosadas que se proyectan desde el área proteica hasta entrar en contacto con la enzimática y en dicho contacto existe un predomino de coloraciones café; en general estas características son ligadas a suelos con cierto nivel de deterioro en cuanto al nivel de fertilidad, por lo que, es posible que estos respondan a procesos de mejora con moderada factibilidad. Al respecto del análisis químico de suelo presenta textura franco arcilloso arenosa, un contenido medio de materia orgánica (2.62%) y pH ligeramente ácido (6.2).

Debido a que los colores y la interacción, no son del todo satisfactorio, es necesario implementar acciones tendientes a reducir los niveles de degradación de este suelo, evitando el uso de productos químicos sintéticos que incentivan la acidez, debe procurarse el establecimiento de abonos verdes para la fijación de nitrógeno atmosférico y mantener los niveles de materia orgánica, de igual forma promover la incorporación de abonos naturales como composta, bocashi, gallinaza u otro de una forma controlada. Mejorar las condiciones de fertilidad, realizando aplicaciones de harina de rocas u otras que favorezcan los procesos naturales; realizar obras de conservación especialmente cuando los suelos presentan pendientes que favorecen los procesos de erosión y establecer un programa de rotación de cultivos para evitar que se puedan producir mayores desbalances nutricionales.

San Andrés, 14 de junio de 2010.

CARTA No. 20118

NOMBRE DEL AGRICULTOR: PEDRO ANTONIO RIVAS
CANTON: LA LOMA
MUNICIPIO: APASTEPEQUE
DEPARTAMENTO: SAN VICENTE

No. Laboratorio	Muestra No. 81
Identificación de la muestra	1
Cultivo que desea fertilizar	MAIZ-HORTALIZAS

RESULTADO DEL ANÁLISIS

Identificación	1	
Textura	FRANCO ARCILLO ARENOSO	
pH en agua 1:25	6.2	LIGERAMENTE ACIDO
Fósforo (ppm P)	14	ALTO
Potasio (ppm K)	248,7	MUY ALTO
Zinc (ppm)	0,87	BAJO
Manganeso(ppm)	24,6	MUY ALTO
Hierro (ppm)	21,32	MUY ALTO
Cobre (ppm)	2,43	ALTO
Materia Orgánico (%)	2,62	MEDIO
Calcio Intercambiable (Meq/100g)	8,03	ALTO
Magnesio Intercam. (Meq/100g)	4,05	ALTO
Potasio Intercambiable(Meq/100g)	0,64	
Sodio Intercambiable (Meq/100g)	0,22	NO SODICO
Suma de Bases Inter.(Meq/100g)	12,93	MEDIO
Acidez Intercambiable (H+Al) meq/100g	0,00	BAJO
CICE	12,93	MEDIO
Saturación de Bases %	100,00	
Ca / Mg	1,98	BAJO
Mg/K	6,36	MEDIO
Ca+Mg/k	18,94	MEDIO
Ca/K	12,58	MEDIO

RECOMENDACIONES DE FERTILIZACION

CULTIVO: MAIZ

1ª Fertilización	A la siembra	284.42 kg ha^{-1} de Fórmula 16-20-0+

2ª Fertilización	30 días después	31.82 kg ha⁻¹ de Zn S0₄.7 H₂O
	de la siembra	97. kg ha⁻¹ 40 de Urea +
		111 kg ha⁻¹ de Sulfato de Amonio

CULTIVO: TOMATE

1ª Fertilización	Al trasplante	281 kg ha⁻¹ de fórmula 16-20-0 +
		31.82 kg ha⁻¹ de Zn S0₄.7 H₂O
2ª Fertilización	A la floración	250 kg ha⁻¹ de sulfato de amonio
3ª Fertilización	Durante el desarrollo del fruto	114.29 kg ha⁻¹ de urea

CULTIVO: CHILE

1ª Fertilización	Al trasplante	243.51 kg ha⁻¹ de Fórmula 16-20-0 +
		31.82 kg ha⁻¹ de Zn S04.7 H20
2ª Fertilización	A la floración	278.57 kg ha⁻¹ de sulfato de amonio
3ª Fertilización	Durante el desarrollo del fruto	127.27 kg ha⁻¹ de urea
4ª Fertilización	Después del primer corte	84.42 kg ha⁻¹ de urea

CULTIVO: PEPINO

	1ª fertilización		2ª fertilización	
A la siembra	324.68 kg ha⁻¹ de de fórmula 16-20-0 +		30 días después de la siembra	97.40 kg ha⁻¹ de Urea +
	31.82 kg ha⁻¹ de Zn S0₄.7 H₂O			157.79 kg ha⁻¹ de sulfato de Amonio

CORRECCIÓN DE LA RELACIÓN Ca/mg

Aplicar 5.19qq/ha de sulfato de calcio y magnesio (nutrical, distribuido sobre el terreno al momento de preparar el terreno.

ING. QUIRINO ARGUETA PORTILLO
TÈCNICO EN FERTILIDAD DE SUELOS
Muestra 82

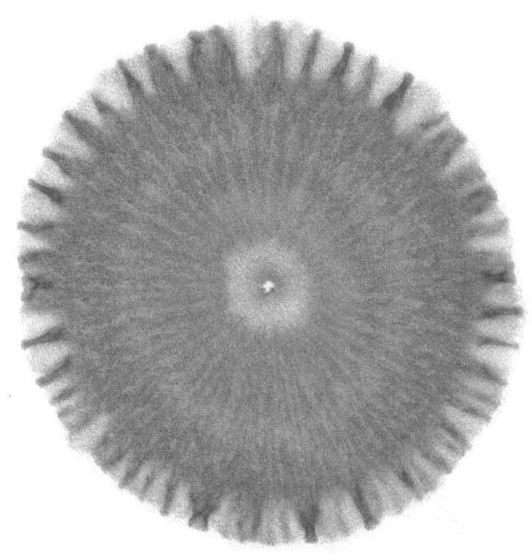

La zona nitrogenada luce normalmente desarrollada; la coloración es moderadamente aceptable y la interacción es bastante aceptable entre las zonas mineral y proteica. Estas condiciones son generalmente asociadas a suelos en proceso de recuperación, existen algunas prolongaciones engrosadas que dan lugar a estructuras parecidas a "dientes de caballo" que se proyectan desde el área proteica hasta entrar en contacto con la enzimática; en general estas características son ligadas a suelos con ligeramente buen nivel de fertilidad, por lo que, es posible que estos respondan a procesos de mejora con moderada factibilidad. Al respecto del análisis químico de suelo presenta textura franco arcillo arenosa, un contenido medio de materia orgánica (3.45%) y pH moderadamente ácido (5.9).

Debido a que los colores y la interacción, no son del todo satisfactorio, es necesario implementar acciones tendientes a reducir los niveles de degradación de este suelo, evitando el uso de productos químicos sintéticos que incentivan la acidez, debe procurarse el establecimiento de abonos verdes para la fijación de nitrógeno atmosférico y mantener buenos niveles de materia orgánica, de igual forma promover la incorporación de abonos naturales como composta, bocashi, gallinaza u otro de una forma controlada. Mejorar las condiciones de fertilidad, realizando aplicaciones de harina de rocas u otras que favorezcan los procesos naturales; realizar obras de conservación especialmente cuando los suelos presentan pendientes que favorecen los procesos de erosión y establecer un programa de rotación de cultivos para evitar que se puedan producir mayores desbalances nutricionales.

**CENTRO NACIONAL DE TECNOLOGIA
AGROPECUARIA Y FORESTAL**
ING. ENRIQUE ALVAREZ CORDOVA

LABORATORIO DE SUELOS
e-mail centa_labsuelos@yahoo.com
Tel. 23020200 Ext.248

San Andrés, 14 de junio de 2010.

CARTA No. 20119

NOMBRE DEL AGRICULTOR: PEDRO RAMIRO CARRILLLO
CANTON: LA LOMA
MUNICIPIO: APASTEPEQUE
DEPARTAMENTO: SAN VICENTE

No. Laboratorio	Muestra No.82
Identificación de la muestra	1
Cultivo que desea fertilizar	MAIZ-HORTALIZAS

RESULTADO DEL ANÁLISIS

Identificación	1	
Textura		FRANCO ARCILLO ARENOSO
pH en agua 1:25	5.9	MODERADAMENTE ACIDO
Fósforo (ppm P)	5	MUY BAJO
Potasio (ppm K)	157,56	ALTO
Zinc (ppm)	0,335	MUY BAJO
Manganeso(ppm)	17,04	MUY ALTO
Hierro (ppm)	19,28	ALTO
Cobre (ppm)	2,03	ALTO
Materia Orgánica (%)	3,45	MEDIO
Calcio Intercambiable (Meq/100g)	8,74	ALTO
Magnesio Intercam. (Meq/100g)	4,75	ALTO
Potasio Intercambiable(Meq/100g)	0,40	
Sodio Intercambiable (Meq/100g)	0,34	NO SODICO
Suma de Bases Inter.(Meq/100g)	14,23	MEDIO
Acidez Intercambiable (H+Al) meq/100g	0,00	BAJO
CICE	14,23	MEDIO
Saturación de Bases %	100,00	
Ca / Mg	1,84	BAJO
Mg/K	11,75	MEDIO
Ca+Mg/k	33,38	MEDIO
Ca/K	21,64	MEDIO

RECOMENDACIONES DE FERTILIZACION

CULTIVO: MAIZ

1ª Fertilización	A la siembra	212.34 kg ha^{-1} de Fórmula 18-46-0+
		36.36 kg ha^{-1} de Zn S0$_4$.7 H$_2$O
2ª Fertilización	30 días después de la siembra	97.40 kg ha^{-1} de Urea +
		145.45 kg ha^{-1} de Sulfato de Amonio

CULTIVO: TOMATE

1ª Fertilización	Al trasplante	259.74 kg ha^{-1} de fórmula 18-46-0 +
		36.36 kg ha^{-1} de Zn S0$_4$.7 H$_2$O
2ª Fertilización	A la floración	246.10 kg ha^{-1} de sulfato de amonio
3ª Fertilización	Durante el desarrollo del fruto	112.34 kg ha^{-1} de urea

CULTIVO: CHILE

1ª Fertilización	Al trasplante	259.74 kg ha^{-1} de Formula 18-46-0+
		36.36 kg ha^{-1} de Zn S0$_4$.7 H$_2$O
2ª Fertilización	A la floración	259.74 kg ha^{-1} de sulfato de amonio
3ª Fertilización	Durante el desarrollo del fruto	118.83 kg ha^{-1} de urea
4ª Fertilización	Después del primer corte	84.42 kg ha^{-1} de urea

CULTIVO: PEPINO

1ª Fertilización	A la siembra	240.26 kg ha^{-1} de de fórmula 16-20-0+
		36.36 kg ha^{-1} de Zn S0$_4$.7 H$_2$O
2ª Fertilización	30 días después de la siembra	97.40 kg ha^{-1} de urea+
		199.35 kg ha^{-1} de sulfato de Amonio

CORRECCIÒN DE LA RELACIÒN Ca/mz

Aplicar 2.27 qq/ha de sulfato de calcio y magnesio, distribuido por surco, 15 días después de la siembra ó el trasplante.

ING. QUIRINO ARGUETA PORTILLO
TÈCNICO EN FERTILIDAD DE SUELOS

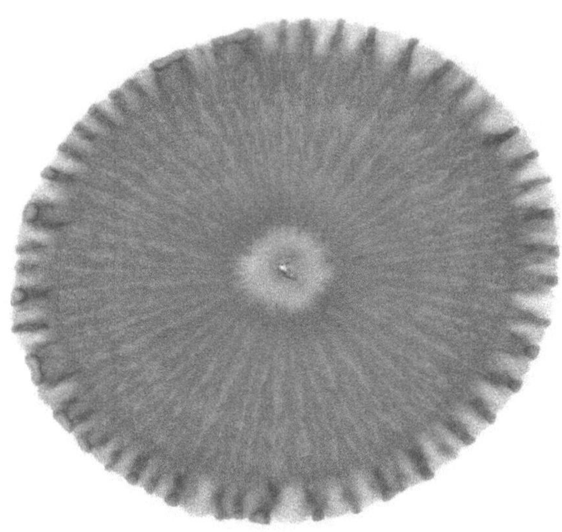

La zona nitrogenada luce poco desarrollada; la coloración y la interacción son moderadamente aceptables y la interacción se ve ligeramente interrumpida por un circulo gris oscuro que se localiza dentro del área proteica; generalmente asociado a suelos con ciertas dificultades, es notable la formación de prolongaciones parecidas a rayos solares (radiación) algunas veces engrosadas que se proyectan desde el área proteica hasta entrar en contacto con la enzimática, es de hacer notar que entre estas estructura presentan color café marrón; en general estas características son ligadas a suelos buenos en cuanto al nivel de fertilidad, por lo que, es posible que estos respondan a procesos de mejora con bastante factibilidad. Al respecto del análisis químico de suelo, presenta textura franco arcilloso arenosa, un contenido medio de materia orgánica (3.59%) y pH muy fuertemente ácido (4.9).

Debido a que los colores y la interacción, no son del todo satisfactorio, es necesario implementar acciones tendientes a reducir los niveles de degradación de este suelo, evitando el uso de productos químicos sintéticos que incentivan la acidez, debe procurarse el establecimiento de abonos verdes para la fijación de nitrógeno atmosférico y mantener los niveles de materia orgánica, de igual forma promover la incorporación de abonos naturales como composta, bocashi, gallinaza u otro de una forma controlada. Mejorar las condiciones de fertilidad, realizando aplicaciones de harina de rocas u otras que favorezcan los procesos naturales; realizar obras de conservación especialmente cuando los suelos presentan pendientes que favorecen los procesos de erosión y establecer un programa de rotación de cultivos para evitar que se puedan producir mayores desbalances nutricionales.

CENTRO NACIONAL DE TECNOLOGIA
AGROPECUARIA Y FORESTAL
ING. ENRIQUE ALVAREZ CORDOVA

LABORATORIO DE SUELOS
e-mail centa_labsuelos@yahoo.com
Tel. 23020200 Ext.248

San Andrés, 11 de junio de 2010.

CARTA No. 20120

NOMBRE DEL AGRICULTOR: ALBA ROXANA DURAN SORIANO
CANTON: LA BURRERA
MUNICIPIO: SAN ESTEBAN CATARINA
DEPARTAMENTO: SAN VICENTE

No. Laboratorio	Muestra No. 83
Identificación de la muestra	1
Cultivo que desea fertilizar	MAIZ-FRIJOL

RESULTADO DEL ANÁLISIS

Identificación	1	
Textura		FRANCO ARCILLO ARENOSO
pH en agua 1:25	4.9	MUY FUERTEMENTE ACIDO
Fósforo (ppm P)	14	ALTO
Potasio (ppm K)	177,87	ALTO
Zinc (ppm)	3,355	ALTO
Manganeso(ppm)	52,41	MUY ALTO
Hierro (ppm)	14,65	ALTO
Cobre (ppm)	2,64	ALTO
Materia Orgánica (%)	3,59	MEDIO
Calcio Intercambiable (Meq/100g)	5,22	ALTO
Magnesio Intercam. (Meq/100g)	1,81	BAJO
Potasio Intercambiable(Meq/100g)	0,46	
Sodio Intercambiable (Meq/100g)	0,20	NO SODICO
Suma de Bases Inter.(Meq/100g)	7,69	MEDIO
Acidez Intercambiable (H+Al) meq/100g	0,60	MEDIO
CICE	8,29	MEDIO
Saturación de Bases %	92,76	
Ca / Mg	2,89	MEDIO
Mg/K	3,96	MEDIO
Ca+Mg/k	15,41	MEDIO
Ca/K	11,45	MEDIO

RECOMENDACIONES DE FERTILIZACION

CULTIVO: MAIZ

1ª Fertilización	A la siembra	259.74 kg ha^{-1}de Fórmula 16-20-0
2ª Fertilización	30 días después de la siembra	97.40 kg ha^{-1} de Urea +
		129.87 kg ha^{-1}de Sulfato de Amonio

CULTIVO: FRIJOL

1ª Fertilización	A la siembra	194.71 kg ha-1de Fórmula 16-20-0
2ª Fertilización	25 días después de la siembra	108.44 kg ha^{-1}de Sulfato de Amonio

ENCALADO:

Aplicar 11 qq/ha de cal dolomítica, al 20% de calcio y   10% de magnesio, distribuido uniformemente sobre la superficie del terreno, 15 días antes de la siembra.

ING. QUIRINO ARGUETA PORTILLO
TECNICO EN FERTILIDAD DE SUELOS

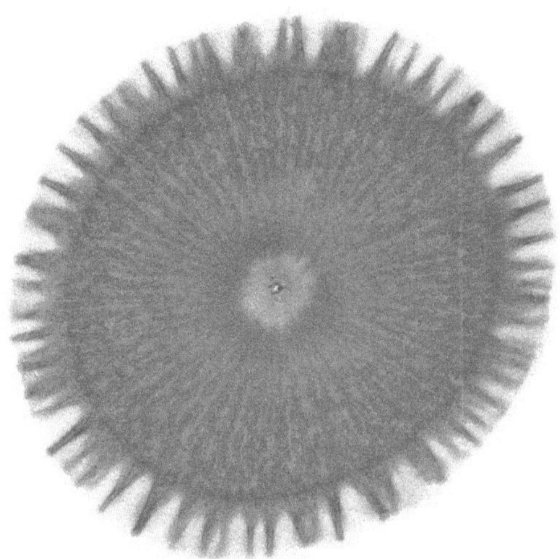

Muestra 84

La zona nitrogenada poco desarrollada; la coloración e interacción entre las zonas mineral y proteica es ligeramente aceptable debido a que se ve interrumpida por fuertes tonalidades café oscuro cuando se aproxima a la enzimática, de igual forma en la zona proteica próximo a la enzimática aparece un circulo gris oscuro, generalmente asociado a suelos con ciertas dificultades normalmente generadas por el laboreo, es notable la formación de ciertas prolongaciones parecidas a rayos solares (radiación) que se proyectan desde el área proteica hasta entrar en contacto con la enzimática; en general estas características ligadas a suelos con cierto nivel de deterioro en cuanto al nivel de fertilidad, por lo que, es posible que estos respondan a procesos de mejora con ligera factibilidad. Al respecto del análisis químico de suelo, presenta textura franco arenosa, un contenido bajo de materia orgánica (1.24%) y pH muy fuertemente ácido (5.0).

Debido a que los colores y la interacción, no son del todo satisfactorio, es necesario implementar acciones tendientes a reducir los niveles de degradación de este suelo, evitando el uso de productos químicos sintéticos que incentivan la acidez, debe procurarse el establecimiento de abonos verdes para la fijación de nitrógeno atmosférico y mantener los niveles de materia orgánica, de igual forma promover la incorporación de abonos naturales como composta, bocashi, gallinaza u otro de una forma controlada. Mejorar las condiciones de fertilidad, realizando aplicaciones de harina de rocas u otras que favorezcan los procesos naturales; realizar obras de conservación especialmente cuando los suelos presentan pendientes que favorecen los procesos de erosión y establecer un programa de rotación de cultivos para evitar que se puedan producir mayores desbalances nutricionales.

**CENTRO NACIONAL DE TECNOLOGIA
AGROPECUARIA Y FORESTAL
ING. ENRIQUE ALVAREZ CORDOVA**

LABORATORIO DE SUELOS
e-mail centa_labsuelos@yahoo.com
Tel. 23020200 Ext.248

San Andrés, 11 de junio de 2010.

CARTA No. 20121

NOMBRE DEL AGRICULTOR: JOSE RICARDO URIAS
CANTON: LA BURRERA
MUNICIPIO: SAN ESTEBAN CATARINA
DEPARTAMENTO: SAN VICENTE

No. Laboratorio	Muestra No. 84
Identificación de la muestra	1
Cultivo que desea fertilizar	MAIZ-HORTALIZAS

RESULTADO DEL ANÁLISIS

Identificación	1	
Textura		FRANCO ARENOSO
pH en agua 1:25	5.0	MUY FUERTEMENTE ACIDO
Fósforo (ppm P)	9	BAJO
Potasio (ppm K)	138,06	ALTO
Zinc (ppm)	1,065	BAJO
Manganeso(ppm)	31,32	MUY ALTO
Hierro (ppm)	33,38	MUY ALTO
Cobre (ppm)	1,73	ALTO
Materia Orgánica (%)	1,24	BAJO
Calcio Intercambiable (Meq/100g)	3,97	BAJO
Magnesio Intercam. (Meq/100g)	1,99	BAJO
Potasio Intercambiable(Meq/100g)	0,35	
Sodio Intercambiable (Meq/100g)	0,28	NO SODICO
Suma de Bases Inter.(Meq/100g)	6,59	MEDIO
Acidez Intercambiable (H+Al) meq/100g	0,30	BAJO
CICE	6,89	MEDIO
Saturación de Bases %	95,64	
Ca / Mg	2,00	BAJO
Mg/K	5,61	MEDIO
Ca+Mg/k	16,83	MEDIO
Ca/K	11,22	MEDIO

RECOMENDACIONES DE FERTILIZACION

<u>CULTIVO: MAIZ</u>

1ª Fertilización	A la siembra	324.68 kg ha^{-1} de fórmula 16-20-0+
		30.52 kg ha^{-1} de Zn S0$_4$.7 H$_2$O
2ª Fertilización	30 días despúes de la siembra	97.40 kg ha^{-1} de Urea +
		129.87 kg ha^{-1} de Sulfato de Amonio

<u>CULTIVO: TOMATE</u>

1ª Fertilización	Al trasplante	227.27 kg ha^{-1} de formula 18-46-0
		30.52 kg ha^{-1} de Zn S0$_4$.7 H$_2$O
2ª Fertilización	A la floración	259.74 kg ha^{-1} de sulfato de amonio
3ª Fertilización	Durante el desarrollo del fruto	118.83 kg ha^{-1} de urea

<u>CULTIVO: PEPINO</u>

1ª Fertilización	A la siembra	324.68 kg ha^{-1} de formula 16-20-0
		30.52 kg ha^{-1} de Zn S0$_4$.7 H$_2$O
2ª Fertilización	30 días después de la siembra	97.40 kg ha^{-1} de urea +
		157.79 kg ha^{-1} de sulfato de Amonio

<u>CULTIVO: CHILE</u>

1ª Fertilización	A la siembra	227.27 kg ha^{-1} de formula 18-46-0
		30.52 kg ha^{-1} de Zn S0$_4$.7 H$_2$O
2ª Fertilización	30 días después de la siembra	273.38 kg ha^{-1} de sulfato de amonio
3ª Fertilización	Durante el desarrollo del fruto	124.68 kg ha^{-1} de urea
4ª Fertilización	Despúes del primer corte	84.42 kg ha^{-1} de urea

<u>ENCALADO</u>

Aplicar 10.38 qq/ha de cal dolomítica al 20% de calcio y 10% de Magnesio, distribuido uniformemente en terreno, 15 días antes de la siembra.

ING. QUIRINO ARGUETA PORTILLO
TECNICO EN FERTILIDAD DE SUELO

Muestra 85

La zona nitrogenada luce normalmente desarrollada; la coloración es ligeramente aceptable con tonalidades grises no deseables en la zona proteica y la interacción entre las diferentes zonas es moderadamente aceptable. Estas condiciones generalmente asociadas a suelos en proceso de recuperación, es notable la formación de algunas prolongaciones radiales (como rayos solares) que se proyectan desde el área proteica hasta entrar en contacto con la enzimática, en general estas características ligadas a suelos ligeramente buenos en cuanto al nivel de fertilidad, por lo que, es posible que estos respondan a procesos de mejora con moderada factibilidad. Al respecto del análisis químico de suelo, presenta textura franco arcillo arenosa, un contenido medio de materia orgánica (3.31%) y pH fuertemente ácido (5.4).

Debido a que los colores y la interacción, no son del todo satisfactorio, es necesario implementar acciones tendientes a reducir los niveles de degradación de este suelo, evitando el uso de productos químicos sintéticos que incentivan la acidez, debe procurarse el establecimiento de abonos verdes para la fijación de nitrógeno atmosférico y mantener los niveles de materia orgánica, de igual forma promover la incorporación de abonos naturales como composta, bocashi, gallinaza u otro de una forma controlada. Mejorar las condiciones de fertilidad, realizando aplicaciones de harina de rocas u otras que favorezcan los procesos naturales; realizar obras de conservación especialmente cuando los suelos presentan pendientes que favorecen los procesos de erosión y establecer un programa de rotación de cultivos para evitar que se puedan producir mayores desbalances nutricionales.

268

CENTRO NACIONAL DE TECNOLOGIA
AGROPECUARIA Y FORESTAL
ING. ENRIQUE ALVAREZ CORDOVA

LABORATORIO DE SUELOS
e-mail centa_labsuelos@yahoo.com
Tel. 23020200 Ext.248

San Andrés, 10 de junio de 2010.

CARTA No.20122

NOMBRE DEL AGRICULTOR: OSMIN ROSA
CANTON: AMATITAN ARRIBA
MUNICIPIO: SAN ESTEBAN CATARINA
DEPARTAMENTO: SAN VICENTE

No. Laboratorio	Muestra No. 85
Identificación de la muestra	1
Cultivo que desea fertilizar	MAIZ-FRIJOL

RESULTADO DEL ANÁLISIS

Identificación	1	
Textura		FRANCO ARCILLO ARENOSO
pH en agua 1:25	5.4	FUERTEMENTE ACIDO
Fósforo (ppm P)	4	MUY BAJO
Potasio (ppm K)	141,3	ALTO
Zinc (ppm)	0,915	BAJO
Manganeso(ppm)	48,48	MUY ALTO
Hierro (ppm)	10,39	BAJO
Cobre (ppm)	1,20	ALTO
Materia Orgánica (%)	3,31	MEDIO
Calcio Intercambiable (Meq/100g)	6,79	ALTO
Magnesio Intercam. (Meq/100g)	2,01	BAJO
Potasio Intercambiable(Meq/100g)	0,36	
Sodio Intercambiable (Meq/100g)	0,28	NO SODICO
Suma de Bases Inter.(Meq/100g)	9,44	MEDIO
Acidez Intercambiable (H+Al) meq/100g	0,07	BAJO
CICE	9,51	MEDIO
Saturación de Bases %	99,26	
Ca / Mg	3,37	MEDIO
Mg/K	5,56	MEDIO
Ca+Mg/k	24,29	MEDIO
Ca/K	18,74	MEDIO

RECOMENDACIONES DE FERTILIZACION

CULTIVO: MAIZ

1ª Fertilización	A la siembra	227.27 kg ha^{-1} de Fórmula 18-46-0
		31.82 kg ha^{-1} de Zn S0$_4$.7 H$_2$O
		53.89 kg ha^{-1} de Fe S0$_4$.7 H$_2$O
2ª Fertilización	30 días después de la siembra	97.40 kg ha^{-1} de Urea +
		133.12 kg ha^{-1} de Sulfato de Amonio

CULTIVO: FRIJOL

1ª Fertilización	A la siembra	194.81 kg ha^{-1} de Fórmula 18-46-0
		31.82 kg ha^{-1} de Zn S0$_4$.7 H$_2$O
		53.89 kg ha^{-1} de Fe S0$_4$.7 H$_2$O
2ª Fertilización	25 días después de la siembra	100 kg ha^{-1} de Urea

ENCALADO:

Aplicar 7.79 qq/ha de cal dolomítica, al 20% de calcio y 10% de magnesio, distribuido, uniformemente en el terreno 15 días antes de la siembra.

ING. QUIRINO ARGUETA PORTILLO
TÉCNICO EN FERTILIDAD DE SUELOS

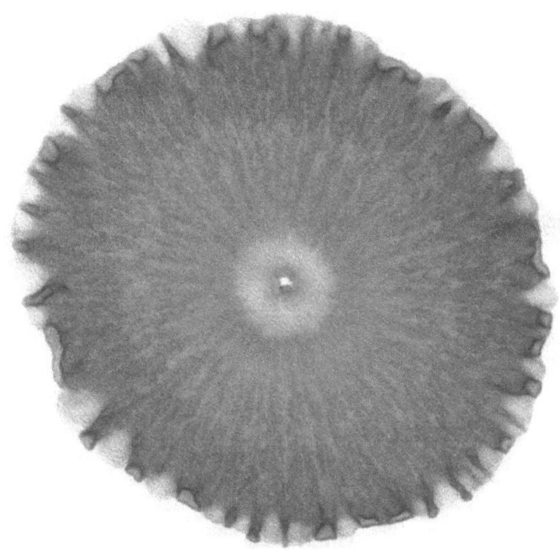

La zona nitrogenada luce normalmente desarrollada; la coloración es ligeramente aceptable con tonalidades grises no deseables en la zona proteica y la interacción entre las diferentes zonas es moderadamente aceptable. Estas condiciones generalmente asociadas a suelos afectados por el pisoteo de ganado, es notable la formación de algunas prolongaciones engrosadas que se proyectan desde el área proteica hasta entrar en contacto con la enzimática, en general estas características están ligadas a suelos con cierto nivel de deterioro en cuanto al nivel de fertilidad, por lo que, es posible que estos respondan a procesos de mejora con moderada factibilidad. Al respecto del análisis químico de suelo, presenta textura franco arcillo arenosa, un contenido medio de materia orgánica (3.90%) y pH fuertemente ácido (5.1).

Debido a que los colores y la interacción, no son del todo satisfactorio, es necesario implementar acciones tendientes a reducir los niveles de degradación de este suelo, evitando el uso de productos químicos sintéticos que incentivan la acidez, debe procurarse el establecimiento de abonos verdes para la fijación de nitrógeno atmosférico y mantener los niveles de materia orgánica, de igual forma promover la incorporación de abonos naturales como composta, bocashi, gallinaza u otro de una forma controlada. Mejorar las condiciones de fertilidad, realizando aplicaciones de harina de rocas u otras que favorezcan los procesos naturales; realizar obras de conservación especialmente cuando los suelos presentan pendientes que favorecen los procesos de erosión y establecer un programa de rotación de cultivos para evitar que se puedan producir mayores desbalances nutricionales.

CENTRO NACIONAL DE TECNOLOGIA
AGROPECUARIA Y FORESTAL
ING. ENRIQUE ALVAREZ CORDOVA

LABORATORIO DE SUELOS
e-mail centa_labsuelos@yahoo.com
Tel. 23020200 Ext.248

San Andrés, 11de junio de 2010.

CARTA No. 20123

NOMBRE DEL AGRICULTOR: EDWIN DE JESUS BONILLA	
CANTON: AMATITAN ARRIBA	
MUNICIPIO: SAN ESTEBAN CATARINA	
DEPARTAMENTO: SAN VICENTE	

No. Laboratorio	Muestra No.86
Identificación de la muestra	1
Cultivo que desea fertilizar	MAIZ-FRIJOL

RESULTADO DEL ANÁLISIS

Identificación	1	
Textura		FRANCO ARCILLO ARENOSO
pH en agua 1:25	5.1	FUERTEMENTE ACIDO
Fósforo (ppm P)	8	MUY BAJO
Potasio (ppm K)	153,09	ALTO
Zinc (ppm)	1,345	BAJO
Manganeso(ppm)	48,84	MUY ALTO
Hierro (ppm)	24,22	MUY ALTO
Cobre (ppm)	1,95	ALTO
Materia Orgánica (%)	2,90	MEDIO
Calcio Intercambiable (Meq/100g)	6,79	ALTO
Magnesio Intercam. (Meq/100g)	2,01	BAJO
Potasio Intercambiable(Meq/100g)	0,39	
Sodio Intercambiable (Meq/100g)	0,28	NO SODICO
Suma de Bases Inter.(Meq/100g)	9,47	MEDIO
Acidez Intercambiable (H+Al) meq/100g	0,00	BAJO
CICE	9,47	MEDIO
Saturación de Bases %	100,00	
Ca / Mg	3,37	MEDIO
Mg/K	5,13	MEDIO
Ca+Mg/k	22,42	MEDIO
Ca/K	17,29	MEDIO

RECOMENDACIONES DE FERTILIZACION

CULTIVO: MAIZ

	1ª Fertilización		2ª Fertilización
A la siembra	194.81 kg ha⁻ de Fórmula 18-46-0	**30 días después de la siembra**	97.40 kg ha^{-1} de Urea +
	27.92 kg ha-1 de Zn S04.7 H$_2$O+		161.04 kg ha^{-1} de Sulfato de Amonio

CULTIVO: FRIJOL

	1ª Fertilización		2ª Fertilización
A la siembra	162.34 kg ha^{-1} de Fórmula 18-46-0 +	**25 días después de la siembra**	112.99 kg ha^{-1} de Urea
	27.92 kg ha^{-1} de Zn S04.7 H$_2$O+		

ENCALADO:

Aplicar 9.74 qq/ha de cal dolomítica, al 20% de calcio y 10% de magnesio, distribuido, uniformemente en el terreno 15 días antes de la siembra.

ING. QUIRINO ARGUETA PORTILLO
TÉCNICO EN FERTILIDAD DE SUELOS

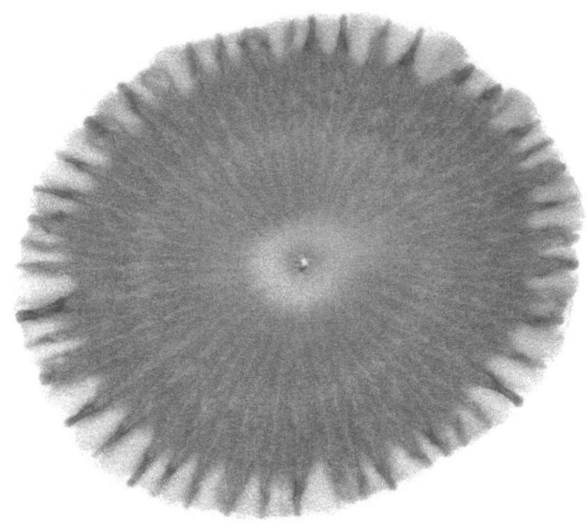

La zona nitrogenada luce normalmente desarrollada; la coloración y la interacción son moderadamente aceptables aunque con tonalidades grises no deseables en la zona proteica. Estas condiciones generalmente asociadas a suelos en proceso de recuperación, es notable la formación de algunas prolongaciones radiales (como rayos solares) que se proyectan desde el área proteica hasta entrar en contacto con la enzimática, en general estas características ligadas a suelos ligeramente buenos en cuanto al nivel de fertilidad, por lo que, es posible que estos respondan a procesos de mejora con moderada factibilidad. Al respecto del análisis químico de suelo, presenta textura franco arcillosa, un contenido medio de materia orgánica (3.45%) y pH muy fuertemente ácido (4.8).

Debido a que los colores y la interacción, no son del todo satisfactorio, es necesario implementar acciones tendientes a reducir los niveles de degradación de este suelo, evitando el uso de productos químicos sintéticos que incentivan la acidez y establecer un plan de enmiendas controlado; debe procurarse el establecimiento de abonos verdes para la fijación de nitrógeno atmosférico y mantener los niveles de materia orgánica, de igual forma promover la incorporación de abonos naturales como composta, bocashi, gallinaza u otro de una forma controlada. Mejorar las condiciones de fertilidad, realizando aplicaciones de harina de rocas u otras que favorezcan los procesos naturales; realizar obras de conservación especialmente cuando los suelos presentan pendientes que favorecen los procesos de erosión y establecer un programa de rotación de cultivos para evitar que se puedan producir mayores desbalances nutricionales.

CENTRO NACIONAL DE TECNOLOGIA
AGROPECUARIA Y FORESTAL
ING. ENRIQUE ALVAREZ CORDOVA

LABORATORIO DE SUELOS
e-mail centa_labsuelos@yahoo.com
Tel. 23020200 Ext.248

San Andrés, 11 de junio de 2010.

CARTA No. 20124

NOMBRE DEL AGRICULTOR: SANTOS TITO VIGIL
CANTON: AMATITAN ABAJO
MUNICIPIO: SAN ESTEBAN CATARINA
DEPARTAMENTO: SAN VICENTE

No. Laboratorio	Muestra No. 87
Identificación de la muestra	1
Cultivo que desea fertilizar	MAIZ-FRIJOL

RESULTADO DEL ANÁLISIS

Identificación	1	
Textura		FRANCO ARCILLOSO
pH en agua 1:25	4.8	MUY FUERTEMENTE ACIDO
Fósforo (ppm P)	6	MUY BAJO
Potasio (ppm K)	72,84	ALTO
Zinc (ppm)	0,265	MUY BAJO
Manganeso(ppm)	52,05	MUY ALTO
Hierro (ppm)	17,92	ALTO
Cobre (ppm)	2,26	ALTO
Materia Orgánica (%)	3,45	MEDIO
Calcio Intercambiable (Meq/100g)	9,17	ALTO
Magnesio Intercam. (Meq/100g)	3,08	ALTO
Potasio Intercambiable(Meq/100g)	0,19	
Sodio Intercambiable (Meq/100g)	0,21	NO SODICO
Suma de Bases Inter.(Meq/100g)	12,65	MEDIO
Acidez Intercambiable (H+Al) meq/100g	0,99	MEDIO
CICE	13,64	MEDIO
Saturación de Bases %	92,74	
Ca / Mg	2,98	MEDIO
Mg/K	16,49	ALTO
Ca+Mg/k	65,58	ALTO
Ca/K	49,10	ALTO

RECOMENDACIONES DE FERTILIZACION (CANTÓN AMATITAN ABAJO)

CULTIVO: MAIZ

1ª Fertilización	A la siembra	324.68 kg ha^{-1} de Fórmula 15-15-15
		37 kg ha^{-1} de Zn S0$_4$.7 H$_2$O
2ª Fertilización	30 días después de la siembra	97.40 kg ha^{-1} de Urea +
		96.10 kg ha^{-1} de Sulfato de Amonio

CULTIVO: FRIJOL

1ª Fertilización	A la siembra	227.27 kg ha^{-1} de Fórmula 15-15-15
		57 lb/mz de Zn S0$_4$.7 H$_2$O
2ª Fertilización	25 días después de la siembra	102.60 kg ha^{-1} de Urea

ENCALADO:

Aplicar 11.68 qq/ha de cal dolomítica, al 20% de calcio y 10% de magnesio, distribuido, uniformemente en el terreno 15 días antes de la siembra.

ING. QUIRINO ARGUETA PORTILLO
TÉCNICO EN FERTILIDAD DE SUELOS

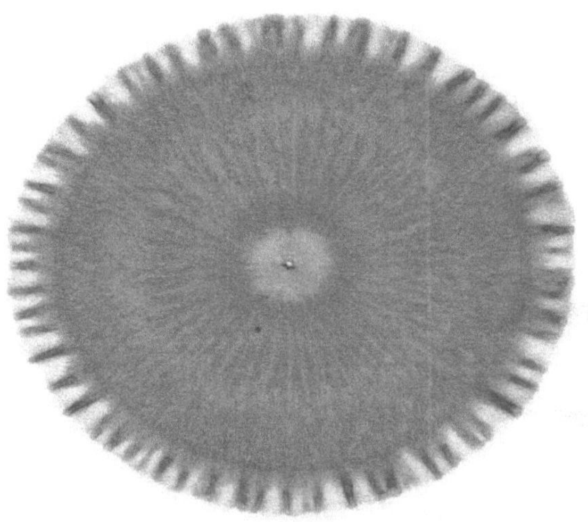

Muestra 88

La zona nitrogenada luce poco desarrollada; la coloración e interacción entre las diferentes zonas son ligeramente aceptables. Estas condiciones generalmente asociadas a suelos con ciertas dificultades generadas por el pisoteo, es notable la formación de algunas prolongaciones radiales (como rayos solares) algunas un poco ensanchadas que se proyectan desde el área proteica hasta entrar en contacto con la enzimática, además de un circulo gris oscuro que se localiza en el área proteica próximo a la enzimática, en general estas características ligadas a suelos con cierto nivel de deterioro en cuanto al nivel de fertilidad, por lo que, es posible que estos respondan a procesos de mejora con moderada factibilidad. Al respecto del análisis químico de suelo, presenta textura franco arenoso, un contenido medio de materia orgánica (2.48%) y pH moderadamente ácido (6.0).

Debido a que los colores y la interacción, no son del todo satisfactorio, es necesario implementar acciones tendientes a reducir los niveles de degradación de este suelo, evitando el uso de productos químicos sintéticos que incentivan la acidez, debe procurarse el establecimiento de abonos verdes para la fijación de nitrógeno atmosférico y mantener los niveles de materia orgánica, de igual forma promover la incorporación de abonos naturales como composta, bocashi, gallinaza u otro de una forma controlada. Mejorar las condiciones de fertilidad, realizando aplicaciones de harina de rocas u otras que favorezcan los procesos naturales; realizar obras de conservación especialmente cuando los suelos presentan pendientes que favorecen los procesos de erosión y establecer un programa de rotación de cultivos para evitar que se puedan producir mayores desbalances nutricionales.

277

**CENTRO NACIONAL DE TECNOLOGIA
AGROPECUARIA Y FORESTAL
ING. ENRIQUE ALVAREZ CORDOVA**

LABORATORIO DE SUELOS
e-mail centa_labsuelos@yahoo.com
Tel. 23020200 Ext.248

San Andrés, 11 de junio de 2010.

CARTA No. 20125

NOMBRE DEL AGRICULTOR: JOSE ERIBERTO MORENO
CANTON: AMATITAN ABAJO
MUNICIPIO: SAN ESTEBAN CATARINA
DEPARTAMENTO: SAN VICENTE

No. Laboratorio	Muestra No. 88
Identificación de la muestra	1
Cultivo que desea fertilizar	MAIZ-FRIJOL

RESULTADO DEL ANÁLISIS

Identificación	1	
Textura		FRANCO ARENOSO
pH en agua 1:25	6.0	MODERADAMENTE ACIDO
Fósforo (ppm P)	47	MUY ALTO
Potasio (ppm K)	226,23	MUY ALTO
Zinc (ppm)	3,47	ALTO
Manganeso(ppm)	32,61	MUY ALTO
Hierro (ppm)	18,20	ALTO
Cobre (ppm)	0,81	BAJO
Materia Orgánica (%)	2,48	MEDIO
Calcio Intercambiable (Meq/100g)	4,69	ALTO
Magnesio Intercam. (Meq/100g)	1,46	BAJO
Potasio Intercambiable(Meq/100g)	0,58	
Sodio Intercambiable (Meq/100g)	0,25	NO SODICO
Suma de Bases Inter.(Meq/100g)	6,98	MEDIO
Acidez Intercambiable (H+Al) meq/100g	0,00	BAJO
CICE	6,98	MEDIO
Saturación de Bases %	100,00	
Ca / Mg	3,22	MEDIO
Mg/K	2,52	MEDIO
Ca+Mg/k	10,61	MEDIO
Ca/K	8,09	MEDIO

RECOMENDACIONES DE FERTILIZACION

CULTIVO: MAÍZ

1ª Fertilización	8 días después de la siembra	214.29 kg ha^{-1} de Sulfato de amonio
		9.74 kg ha^{-1} de Cu SO$_4$.5 H$_2$O
2ª Fertilización	30 días después de la siembra	97.40 kg ha^{-1} de Urea +
		113.64 kg ha^{-1} de Sulfato de Amonio

CULTIVO: FRIJOL

1ª Fertilización	8 días después de la siembra	162.34 kg ha^{-1} de sulfato de amonio
		9.74 kg ha^{-1} de Cu SO$_4$.5 H$_2$O
2ª Fertilización	25 días después de la siembra	102.60 kg ha^{-1} de Urea

CORRECCIÓN DE MAGNESIO:

Aplicar 2.27qq/ha de magnesita al 3% de calcio y 21% de magnesio, distribuido por surco después de sembrado.

ING. QUIRINO ARGUETA PORTILLO
TÉCNICO EN FERTILIDAD DE SUELOS

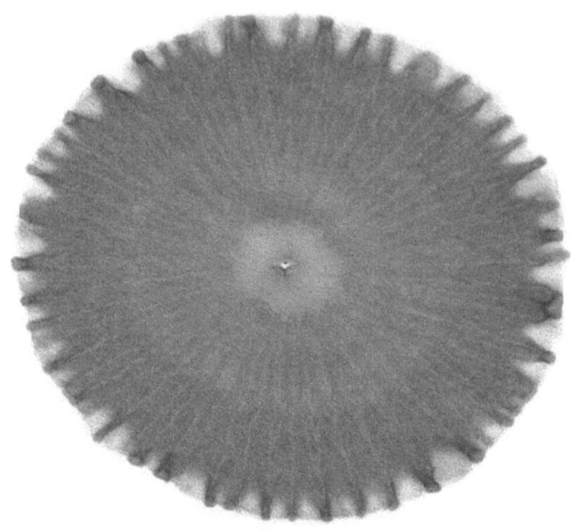

Muestra 89

La zona nitrogenada luce normalmente desarrollada; la coloración moderadamente aceptable y la interacción entre las diferentes zonas es de moderadamente aceptable a aceptable. Estas condiciones generalmente asociadas a suelos con ciertas dificultades normalmente generadas por el laboreo; aunque la interacción muestra buenos síntomas de recuperación; es notable la formación de algunas prolongaciones radiales (como rayos solares) algunas un poco ensanchadas que se proyectan desde el área proteica hasta entrar en contacto con la enzimática; en general estas características ligadas a suelos ligeramente buenos en cuanto al nivel de fertilidad, por lo que, es posible que estos respondan a procesos de mejora con bastante factibilidad. Al respecto del análisis químico de suelo, presenta textura franco arcillo arenoso, un contenido medio de materia orgánica (2.62%) y pH muy fuertemente ácido (4.8).

Debido a que los colores y la interacción, no son del todo satisfactorio, es necesario implementar acciones tendientes a reducir los niveles de degradación de este suelo, evitando el uso de productos químicos sintéticos que incentivan la acidez así como un programa de enmiendas controladas; debe procurarse el establecimiento de abonos verdes para la fijación de nitrógeno atmosférico y mejorar los niveles de materia orgánica, de igual forma promover la incorporación de abonos naturales como composta, bocashi, gallinaza u otro de una forma controlada. Mejorar las condiciones de fertilidad, realizando aplicaciones de harina de rocas u otras que favorezcan los procesos naturales; realizar obras de conservación especialmente cuando los suelos presentan pendientes que favorecen los procesos de erosión y establecer un programa de rotación de cultivos para evitar que se puedan producir mayores desbalances nutricionales.

CENTRO NACIONAL DE TECNOLOGIA
AGROPECUARIA Y FORESTAL
ING. ENRIQUE ALVAREZ CORDOVA

LABORATORIO DE SUELOS
e-mail centa_labsuelos@yahoo.com
Tel. 23020200 Ext.248

San Andrés, 11 de junio de 2010.

CARTA No. 20126

NOMBRE DEL AGRICULTOR: SANTOS PABLO RIVERA
CANTON: SAN PEDRO
MUNICIPIO: APASTEPEQUE
DEPARTAMENTO: SAN VICENTE

No. Laboratorio	Muestra No. 89
Identificación de la muestra	1
Cultivo que desea fertilizar	MAIZ-FRIJOL

RESULTADO DEL ANÁLISIS

Identificación	1	
Textura		FRANCO ARCILLO ARENOSO
pH en agua 1:25	4.8	MUY FUERTEMENTE ACIDO
Fósforo (ppm P)	7	MUY BAJO
Potasio (ppm K)	106,38	ALTO
Zinc (ppm)	0,515	BAJO
Manganeso(ppm)	94,98	MUY ALTO
Hierro (ppm)	23,56	MUY ALTO
Cobre (ppm)	3,77	MUY ALTO
Materia Orgánica (%)	2,62	MEDIO
Calcio Intercambiable (Meq/100g)	3,92	BAJO
Magnesio Intercam. (Meq/100g)	1,15	BAJO
Potasio Intercambiable(Meq/100g)	0,27	
Sodio Intercambiable (Meq/100g)	0,22	NO SODICO
Suma de Bases Inter.(Meq/100g)	5,57	MEDIO
Acidez Intercambiable (H+Al) meq/100g	0,59	MEDIO
CICE	6,16	MEDIO
Saturación de Bases %	90,42	
Ca / Mg	3,40	MEDIO
Mg/K	4,23	MEDIO
Ca+Mg/k	18,61	MEDIO
Ca/K	14,38	MEDIO

281

RECOMENDACIONES DE FERTILIZACION

<u>**CULTIVO: MAIZ**</u>

1ª Fertilización	A la siembra	194.81 kg ha^{-1} de Fórmula 18-46-0
		35.06 kg ha^{-1} de Zn S0$_4$.7 H$_2$O
2ª Fertilización	30 días después de la siembra	97.40 kg ha^{-1} de Urea +
		161.04 kg ha^{-1} de Sulfato de Amonio

<u>**CULTIVO: FRIJOL**</u>

1ª Fertilización	A la siembra	162.34 kg ha^{-1} de fórmula 18-46-0
2ª Fertilización	25 días después de la siembra	112.99 kg ha^{-1} de Urea

<u>**ENCALADO:**</u>

Aplicar 11.69 qq/ha de cal dolomítica al 20% de calcio y 10% de magnesio, distribuido uniformemente en el terreno, 15 días antes de la siembra.

ING. QUIRINO ARGUETA PORTILLO
TÈCNICO EN FERTILIDAD DE SUELOS

Muestra 90

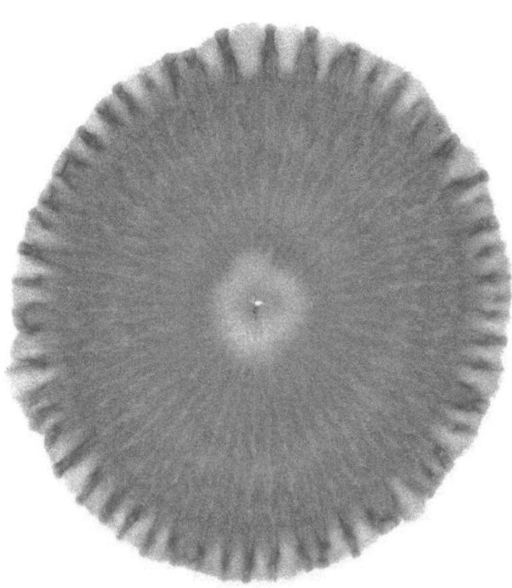

La zona nitrogenada luce normalmente desarrollada; la coloración y la interacción entre las diferentes zonas son moderadamente aceptables. Se ve además un circulo gris oscuro que se localiza dentro del área proteica; generalmente asociado a suelos con ciertas dificultades; es notable la formación de algunas prolongaciones radiales (como rayos solares) que se proyectan desde el área proteica hasta entrar en contacto con la enzimática; en general estas características ligadas a suelos ligeramente buenos en cuanto al nivel de fertilidad, por lo que, es posible que estos respondan a procesos de mejora con bastante factibilidad. Al respecto del análisis químico de suelo, presenta textura franco arcillosa, un contenido medio de materia orgánica (3.17%) y pH muy fuertemente ácido (4.7).

Debido a que los colores y la interacción, no son del todo satisfactorio, es necesario implementar acciones tendientes a reducir los niveles de degradación de este suelo, evitando el uso de productos químicos sintéticos que incentivan la acidez así como el desarrollo de un plan controlado de enmiendas; debe procurarse el establecimiento de abonos verdes para la fijación de nitrógeno atmosférico y mantener los niveles de materia orgánica, de igual forma promover la incorporación de abonos naturales como composta, bocashi, gallinaza u otro de una forma controlada. Mejorar las condiciones de fertilidad, realizando aplicaciones de harina de rocas u otras que favorezcan los procesos naturales; realizar obras de conservación especialmente cuando los suelos presentan pendientes que favorecen los procesos de erosión y establecer un programa de rotación de cultivos para evitar que se puedan producir mayores desbalances nutricionales.

CENTRO NACIONAL DE TECNOLOGIA
AGROPECUARIA Y FORESTAL
ING. ENRIQUE ALVAREZ CORDOVA

LABORATORIO DE SUELOS
e-mail centa_labsuelos@yahoo.com
Tel. 23020200 Ext.248

San Andrés, 11 de junio de 2010.

CARTA No. 20127

NOMBRE DEL AGRICULTOR: JUAN PABLO UMAÑA
CANTON: SAN PEDRO
MUNICIPIO: APASTEPEQUE
DEPARTAMENTO: SAN VICENTE

No. Laboratorio	Muestra No. 90
Identificación de la muestra	1
Cultivo que desea fertilizar	MAIZ-FRIJOL

RESULTADO DEL ANÁLISIS

Identificación	1	
Textura		FRANCO ARCILLOSO
pH en agua 1:25	4.7 ACIDO	MUY FUERTEMENTE
Fósforo (ppm P)	9	BAJO
Potasio (ppm K)	253,32	MUY ALTO
Zinc (ppm)	0,9	BAJO
Manganeso(ppm)	162,9	MUY ALTO
Hierro (ppm)	26,62	MUY ALTO
Cobre (ppm)	2,89	ALTO
Materia Orgánica (%)	3,17	MEDIO
Calcio Intercambiable (Meq/100g)	3,06	BAJO
Magnesio Intercam. (Meq/100g)	1,55	BAJO
Potasio Intercambiable(Meq/100g)	0,65	
Sodio Intercambiable (Meq/100g)	0,25	NO SODICO
Suma de Bases Inter.(Meq/100g)	5,51	MEDIO
Acidez Intercambiable (H+Al) meq/100g	0,96	MEDIO
CICE	6,47	MEDIO
Saturación de Bases %	85,16	
Ca / Mg	1,98	BAJO
Mg/K	2,38	BAJO
Ca+Mg/k	7,09	BAJO
Ca/K	4,71	BAJO

RECOMENDACIONES DE FERTILIZACION

CULTIVO: MAIZ

1ª Fertilización	A la siembra	324.68 kg ha^{-1} de Fórmula 16- 20-0+
		31.82 kg ha^{-1} de Zn S0$_4$.7 H$_2$O
2ª Fertilización	30 días después de la siembra	97.40 kg ha^{-1} de Urea +
		80.52 kg ha^{-1} de Sulfato de Amonio

CULTIVO: FRIJOL

1ª Fertilización	A la siembra	227.27 kg ha^{-1} de fórmula 16-20-0
		31.82 kg ha^{-1} de Zn S0$_4$.7 H$_2$O
2ª Fertilización	30 días después de la siembra	97.40 kg ha^{-1} de Urea

ENCALADO:

Aplicar 12.38 qq/ha de cal dolomítica al 20% de calcio y 10% de magnesio, distribuido uniformemente en el terreno, 15 días antes de la siembra.

ING. QUIRINO ARGUETA PORTILLO
TÈCNICO EN FERTILIDAD DE SUELOS

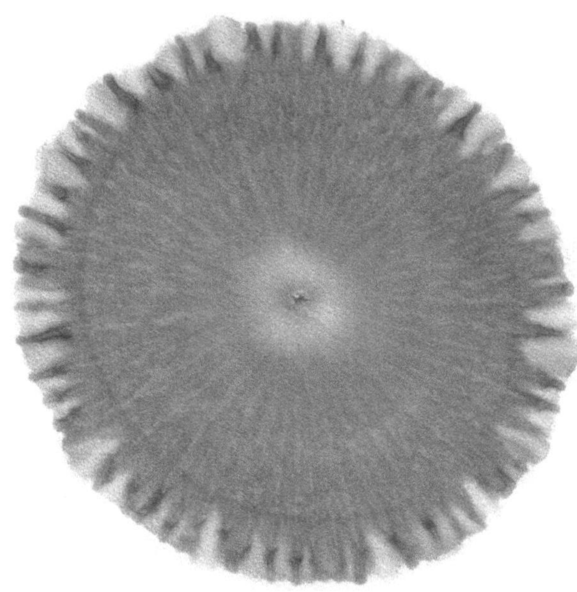

La zona nitrogenada luce normalmente desarrollada; la coloración es bastante aceptable y la interacción entre las diferentes zonas es bastante aceptable. Se ve además un circulo gris oscuro que se localiza dentro del área proteica; generalmente asociado a suelos con ciertas dificultades, es notable la formación de algunas prolongaciones radiales (como rayos solares) que se proyectan desde el área proteica hasta entrar en contacto con la enzimática; en general estas características ligadas a suelos ligeramente buenos en cuanto al nivel de fertilidad, por lo que, es posible que estos respondan a procesos de mejora con bastante factibilidad. Al respecto del análisis químico de suelo, presenta textura franco arcillosa, un contenido medio de materia orgánica (3.73%) y pH fuertemente ácido (5.5).

Debido a que los colores y la interacción, no son del todo satisfactorio, es necesario implementar acciones tendientes a reducir los niveles de degradación de este suelo, evitando el uso de productos químicos sintéticos que incentivan la acidez, debe procurarse el establecimiento de abonos verdes para la fijación de nitrógeno atmosférico y mantener los niveles de materia orgánica, de igual forma promover la incorporación de abonos naturales como composta, bocashi, gallinaza u otro de una forma controlada. Mejorar las condiciones de fertilidad, realizando aplicaciones de harina de rocas u otras que favorezcan los procesos naturales; realizar obras de conservación especialmente cuando los suelos presentan pendientes que favorecen los procesos de erosión y establecer un programa de rotación de cultivos para evitar que se puedan producir mayores desbalances nutricionales.

LABORATORIO DE SUELOS
e-mail centa_labsuelos@yahoo.com
Tel. 23020200 Ext.248

San Andrés, 11 de junio de 2010.

CARTA No.20128

NOMBRE DEL AGRICULTOR: ELMER WILLIAN UMAÑA
CANTON: SAN PEDRO
MUNICIPIO: APASTEPEQUE
DEPARTAMENTO: SAN VICENTE

No. Laboratorio	Muestra No. 91
Identificación de la muestra	1
Cultivo que desea fertilizar	MAIZ-FRIJOL

RESULTADO DEL ANÁLISIS

Identificación	1	
Textura		FRANCO ARCILLOSO
pH en agua 1:25	5.5	FUERTEMENTE ACIDO
Fósforo (ppm P)	4	MUY BAJO
Potasio (ppm K)	127,53	ALTO
Zinc (ppm)	1,205	BAJO
Manganeso(ppm)	96,12	MUY ALTO
Hierro (ppm)	19,14	ALTO
Cobre (ppm)	2,84	ALTO
Materia Orgánica (%)	3,73	MEDIO
Calcio Intercambiable (Meq/100g)	6,46	ALTO
Magnesio Intercam. (Meq/100g)	2,59	ALTO
Potasio Intercambiable(Meq/100g)	0,33	
Sodio Intercambiable (Meq/100g)	0,19	NO SODICO
Suma de Bases Inter.(Meq/100g)	9,57	MEDIO
Acidez Intercambiable (H+Al) meq/100g	0,05	BAJO
CICE	9,62	MEDIO
Saturación de Bases %	99,48	
Ca / Mg	2,50	MEDIO
Mg/K	7,91	MEDIO
Ca+Mg/k	27,68	MEDIO
Ca/K	19,77	MEDIO

RECOMENDACIONES DE FERTILIZACION

CULTIVO: MAIZ

1ª Fertilización	A la siembra	227.27 kg ha^{-1} de Fórmula 18-46-0+
		29.22 kg ha^{-1} de Zn S0$_4$.7 H$_2$O
2ª Fertilización	30 días después de la siembra	97.40 kg ha^{-1} de Urea +
		133.12 kg ha^{-1} de Sulfato de Amonio

CULTIVO: FRIJOL

1ª Fertilización	A la siembra	194.81 kg ha^{-1} de fórmula 18-46-0+
		29.22 kg ha^{-1} de Zn S0$_4$.7 H$_2$O
2ª Fertilización	25 días después de la siembra	100 kg ha^{-1} de Urea

ING. QUIRINO ARGUETA PORTILLO
TÈCNICO EN FERTILIDAD DE SUELOS

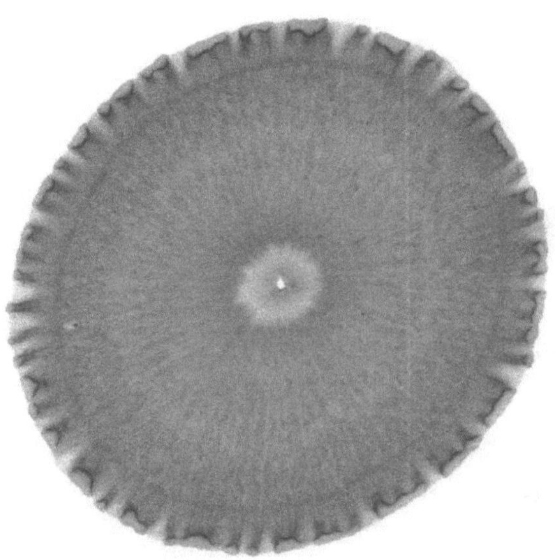

La zona nitrogenada luce poco desarrollada; la coloración es moderadamente aceptable aunque con destellos gris oscuro dentro de la zona mineral; la interacción ligeramente aceptable entre las zonas mineral y proteica. Se ve además un circulo gris oscuro que se localiza dentro del área proteica; generalmente asociado a suelos con ciertas dificultades generadas por el laboreo, es notable la formación de algunas prolongaciones engrosadas que se proyectan desde el área proteica hasta entrar en contacto con la enzimática; en general estas características ligadas a suelos con cierto nivel de deterioro en cuanto al nivel de fertilidad, por lo que, es posible que estos respondan a procesos de mejora con moderada factibilidad. Al respecto del análisis químico de suelo, presenta textura franco arcillo arenosa, un contenido medio de materia orgánica (2.90%) y pH moderadamente ácido (5.9).

Debido a que los colores y la interacción, no son del todo satisfactorio, es necesario implementar acciones tendientes a reducir los niveles de degradación de este suelo, evitando el uso de productos químicos sintéticos que incentivan la acidez, debe procurarse el establecimiento de abonos verdes para la fijación de nitrógeno atmosférico y mantener los niveles de materia orgánica, de igual forma promover la incorporación de abonos naturales como composta, bocashi, gallinaza u otro de una forma controlada. Mejorar las condiciones de fertilidad, realizando aplicaciones de harina de rocas u otras que favorezcan los procesos naturales; realizar obras de conservación especialmente cuando los suelos presentan pendientes que favorecen los procesos de erosión y establecer un programa de rotación de cultivos para evitar que se puedan producir mayores desbalances nutricionales.

**CENTRO NACIONAL DE TECNOLOGIA
AGROPECUARIA Y FORESTAL
ING. ENRIQUE ALVAREZ CORDOVA**

LABORATORIO DE SUELOS
e-mail centa_labsuelos@yahoo.com
Tel. 23020200 Ext.248

San Andrés, 14 de junio de 2010.

CARTA No. 20129

NOMBRE DEL AGRICULTOR: ANTONIO LANDAVERDE
CANTON: CALDERITAS
MUNICIPIO: SAN ESTEBAN CATARINA
DEPARTAMENTO: SAN VICENTE

No. Laboratorio	Muestra No. 92
Identificación de la muestra	1
Cultivo que desea fertilizar	MAIZ-HORTALIZAS

RESULTADO DEL ANÁLISIS

Identificación	1	
Textura		FRANCO ARCILLO ARENOSO
pH en agua 1:25	5.9	MODERADAMENTE ACIDO
Fósforo (ppm P)	9	BAJO
Potasio (ppm K)	236,43	MUY ALTO
Zinc (ppm)	0,9	BAJO
Manganeso(ppm)	19,38	MUY ALTO
Hierro (ppm)	23,67	MUY ALTO
Cobre (ppm)	2,26	ALTO
Materia Orgánica (%)	2,90	MEDIO
Calcio Intercambiable (Meq/100g)	7,68	ALTO
Magnesio Intercam. (Meq/100g)	5,01	ALTO
Potasio Intercambiable(Meq/100g)	0,61	
Sodio Intercambiable (Meq/100g)	0,25	NO SODICO
Suma de Bases Inter.(Meq/100g)	13,55	MEDIO
Acidez Intercambiable (H+Al) meq/100g	0,00	BAJO
CICE	13,55	MEDIO
Saturación de Bases %	100,00	
Ca / Mg	1,53	BAJO
Mg/K	8,27	MEDIO
Ca+Mg/k	20,93	MEDIO
Ca/K	12,66	MEDIO

290

RECOMENDACIONES DE FERTILIZACION

<u>CULTIVO: MAIZ</u>

1ª Fertilización	A la siembra	324.68 kg ha^{-1} de Fórmula 16-20-0+
		31.82 kg ha^{-1} de Zn S0$_4$.7 H$_2$O
2ª Fertilización	30 días después de la siembra	97.40 kg ha^{-1} de Urea +
		80.52 kg ha^{-1} de Sulfato de Amonio

<u>CULTIVO: TOMATE</u>

1ª Fertilización	Al trasplante	227.27 kg ha^{-1} de fórmula 18-46-0 +
		31.82 kg ha^{-1} de Zn S0$_4$.7 H$_2$O
2ª Fertilización	A la floración	259.74 kg ha^{-1} de sulfato de amonio
3ª Fertilización	Durante el desarrollo del fruto	118.83 kg ha^{-1} de urea

<u>CULTIVO: CHILE</u>

1ª Fertilización	Al trasplante	227.27 kg ha^{-1} de Fórmula 18-46-0
		31.82 kg ha^{-1} de Zn S0$_4$.7 H$_2$O
2ª Fertilización	A la floración	273.38 kg ha^{-1} de sulfato de amonio
3ª Fertilización	Durante el desarrollo del fruto	124.68 kg ha^{-1} de urea
4ª Fertilización	Después del primer corte	84.42 kg ha^{-1} de urea

<u>CULTIVO: PEPINO</u>

1ª Fertilización	A la siembra	324.68 kg ha^{-1} de de fórmula 16-20-0
		31.82 kg ha^{-1} de Zn S0$_4$.7 H$_2$O
2ª Fertilización	30 días después de la siembra	97.40 kg ha^{-1} de urea+
		157.79 kg ha^{-1} de sulfato de Amonio

<u>**CORRECCIÓN DE LA RELACIÓN Ca/mg**</u>

Aplicar 2.27 qq/ha de sulfato de calcio y magnesio, distribuido por surco, 15 días después de la siembra ò el trasplante.

ING. QUIRINO ARGUETA PORTILLO
TÈCNICO EN FERTILIDAD DE SUELOS

Muestra 93

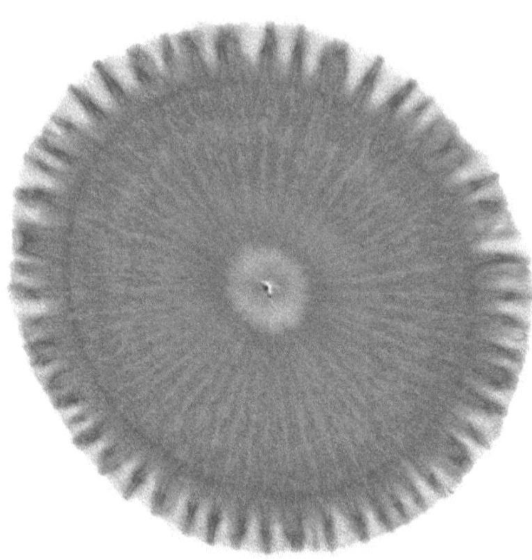

La zona nitrogenada luce poco desarrollada; la coloración es ligeramente aceptable y la interacción entre las zonas mineral, proteica y enzimática es moderadamente aceptable, debido a que se ve ligeramente interrumpida por un circulo gris oscuro que se localiza dentro del área proteica; generalmente asociado a suelos con ciertas dificultades generadas por el laboreo, es notable la formación de prolongaciones parecidas a rayos solares (radiación) algunas veces engrosadas que se proyectan desde el área proteica hasta entrar en contacto con la enzimática; en general estas características ligadas a suelos con cierto nivel de deterioro en cuanto al nivel de fertilidad, por lo que, es posible que estos respondan a procesos de mejora con moderada factibilidad. Al respecto del análisis químico de suelo, presenta textura franco arenosa, un contenido bajo de materia orgánica (1.79%) y pH fuertemente ácido (5.1).

Debido a que los colores y la interacción, no son del todo satisfactorio, es necesario implementar acciones tendientes a reducir los niveles de degradación de este suelo, evitando el uso de productos químicos sintéticos que incentivan la acidez así como implementar un plan de enmiendas controladas; debe procurarse el establecimiento de abonos verdes para la fijación de nitrógeno atmosférico y mantener los niveles de materia orgánica, de igual forma promover la incorporación de abonos naturales como composta, bocashi, gallinaza u otro de una forma controlada. Mejorar las condiciones de fertilidad, realizando aplicaciones de harina de rocas u otras que favorezcan los procesos naturales; realizar obras de conservación especialmente cuando los suelos presentan pendientes que favorecen los procesos de erosión y establecer un programa de rotación de cultivos para evitar que se puedan producir mayores desbalances nutricionales.

**CENTRO NACIONAL DE TECNOLOGIA
AGROPECUARIA Y FORESTAL
ING. ENRIQUE ALVAREZ CORDOVA**

LABORATORIO DE SUELOS
e-mail centa_labsuelos@yahoo.com
Tel. 23020200 Ext.248

San Andrés, 14 de junio de 2010.

CARTA No. 20130

NOMBRE DEL AGRICULTOR: OMAR UBALDO MARTINEZ	
CANTON: CALDERITAS	
MUNICIPIO: SAN ESTEBAN CATARINA	
DEPARTAMENTO: SAN VICENTE	

No. Laboratorio	Muestra No. 94
Identificación de la muestra	1
Cultivo que desea fertilizar	MAIZ-ARROZ

RESULTADO DEL ANÁLISIS

Identificación	1	
Textura		FRANCO ARENOSO
pH en agua 1:25	5.1	FUERTEMENTE ACIDO
Fósforo (ppm P)	12	BAJO
Potasio (ppm K)	168,12	ALTO
Zinc (ppm)	1,08	BAJO
Manganeso(ppm)	26,76	MUY ALTO
Hierro (ppm)	30,47	MUY ALTO
Cobre (ppm)	1,55	ALTO
Materia Orgánica (%)	1,79	BAJO
Calcio Intercambiable (Meq/100g)	3,59	BAJO
Magnesio Intercam. (Meq/100g)	1,69	BAJO
Potasio Intercambiable(Meq/100g)	0,43	
Sodio Intercambiable (Meq/100g)	0,31	NO SODICO
Suma de Bases Inter.(Meq/100g)	6,01	MEDIO
Acidez Intercambiable (H+Al) meq/100g	0,95	MEDIO
CICE	6,96	MEDIO
Saturación de Bases %	86,36	
Ca / Mg	2,13	MEDIO
Mg/K	3,91	MEDIO
Ca+Mg/k	12,24	MEDIO
Ca/K	8,33	MEDIO

293

RECOMENDACIONES DE FERTILIZACION

<u>CULTIVO: MAIZ</u>

1ª Fertilización	A la siembra	292.21 kg ha^{-1} de Fórmula 16-20-0
		29.87 kg ha^{-1} de Zn S0$_4$.7 H$_2$O
2ª Fertilización	30 días después de la siembra	97.40 kg ha^{-1} de Urea +
		105.19 kg ha^{-1} de Sulfato de Amonio

<u>CULTIVO: ARROZ</u>

1ª Fertilización	A la siembra	285.71 kg ha^{-1} de Formula 16-20-0+
		29.87 kg ha^{-1} de Zn S0$_4$.7 H$_2$O
2ª Fertilización	30 días después de la siembra	248 kg ha^{-1} de Sulfato de Amonio
3ª Fertilización	60 días después de la siembra	113.64 kg ha^{-1} de Urea

<u>ENCALADO:</u>

Aplicar 9.74 qq/ha de cal dolomítica, al 20% de calcio y 10% de magnesio, distribuido uniformemente en el terreno 15 días antes de la siembra.

ING.QUIRINO ARGUETA PORTILLO
TÈCNICO EN FERTILIDAD DE SUELOS

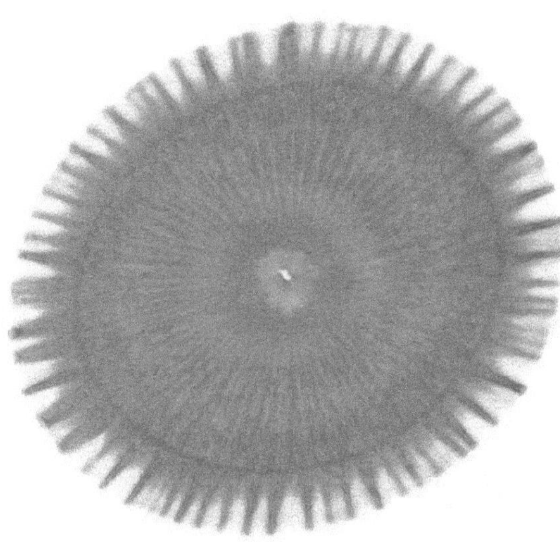

La zona nitrogenada poco desarrollada; la coloración e interacción entre las zonas mineral y proteica es ligeramente aceptable debido a que se ve interrumpida por fuertes tonalidades café oscuro cuando se aproxima a la enzimática, así como un circulo gris oscuro, generalmente asociado a suelos con ciertas dificultades normalmente generadas por el laboreo; es notable la formación de ciertas prolongaciones parecidas a rayos solares (radiación) que se proyectan desde el área proteica hasta entrar en contacto con la enzimática; en general estas características ligadas a suelos con cierto nivel de deterioro, en cuanto al nivel de fertilidad, por lo que, es posible que estos respondan a procesos de mejora con ligera factibilidad. Al respecto del análisis químico de suelo, presenta textura franco arcillo arenosa, un contenido bajo de materia orgánica (1.66%) y pH ligeramente ácido (6.3).

Debido a que los colores y la interacción, no son del todo satisfactorio, es necesario implementar acciones tendientes a reducir los niveles de degradación de este suelo, evitando el uso de productos químicos sintéticos que incentivan la acidez, debe procurarse el establecimiento de abonos verdes para la fijación de nitrógeno atmosférico y mantener los niveles de materia orgánica, de igual forma promover la incorporación de abonos naturales como composta, bocashi, gallinaza u otro de una forma controlada. Mejorar las condiciones de fertilidad, realizando aplicaciones de harina de rocas u otras que favorezcan los procesos naturales; realizar obras de conservación especialmente cuando los suelos presentan pendientes que favorecen los procesos de erosión y establecer un programa de rotación de cultivos para evitar que se puedan producir mayores desbalances nutricionales.

**CENTRO NACIONAL DE TECNOLOGIA
AGROPECUARIA Y FORESTAL
ING. ENRIQUE ALVAREZ CORDOVA**

LABORATORIO DE SUELOS
e-mail centa_labsuelos@yahoo.com
Tel. 23020200 Ext.248

San Andrés, 10 de junio de 2010.

CARTA No. 20131

NOMBRE DEL AGRICULTOR: PILAR BAUTISTA CAÑAS
CANTON: CALDERITAS
MUNICIPIO: SAN ESTEBAN CATARINA
DEPARTAMENTO: SAN VICENTE

No. Laboratorio	Muestra No. 94
Identificación de la muestra	1
Cultivo que desea fertilizar	MAIZ-FRIJOL

RESULTADO DEL ANÁLISIS

Identificación	1	
Textura	FRANCO ARCILLO ARENOSO	
pH en agua 1:25	6.3	LIGERAMENTE ACIDO
Fósforo (ppm P)	16	ALTO
Potasio (ppm K)	98,19	ALTO
Zinc (ppm)	0,8	BAJO
Manganeso(ppm)	22,92	MUY ALTO
Hierro (ppm)	33,75	MUY ALTO
Cobre (ppm)	3,00	ALTO
Materia Orgánica (%)	1,66	BAJO
Calcio Intercambiable (Meq/100g)	7,76	ALTO
Magnesio Intercam. (Meq/100g)	4,89	ALTO
Potasio Intercambiable(Meq/100g)	0,25	
Sodio Intercambiable (Meq/100g)	0,23	NO SODICO
Suma de Bases Inter.(Meq/100g)	13,13	MEDIO
Acidez Intercambiable (H+Al) meq/100g	0,00	BAJO
CICE	13,13	MEDIO
Saturación de Bases %	100,00	
Ca / Mg	1,59	BAJO
Mg/K	19,41	ALTO
Ca+Mg/k	50,22	ALTO

Ca/K	30,82	ALTO

RECOMENDACIONES DE FERTILIZACION

CULTIVO: MAIZ

1ª Fertilización	A la siembra	324.68 kg ha^{-1} de Fórmula 16-20-0+
		32.47 kg ha^{-1} de Zn S0$_4$.7 H$_2$O
2ª Fertilización	30 días después de la siembra	97.40 kg ha^{-1} de Urea +
		80.52 kg ha^{-1} de Sulfato de Amonio

CULTIVO: FRIJOL

1ª Fertilización	A la siembra	227.27 kg ha^{-1} de fórmula 16-20-0 +
		32.47 kg ha^{-1} de Zn S0$_4$.7 H$_2$O
2ª Fertilización	25 días después de la siembra	97.40 kg ha^{-1} de Urea

CORRECCIÓN DE LA RELACIÓN Ca/mg.

Aplicar 22.73 qq/ha de sulfato de amonio, calcio y magnesio, distribuido por surco, 15 días después de sembrado.

ING. QUIRINO ARGUETA PORTILLO
TÉCNICO EN FERTILIDAD DE SUELOS

Muestra 95

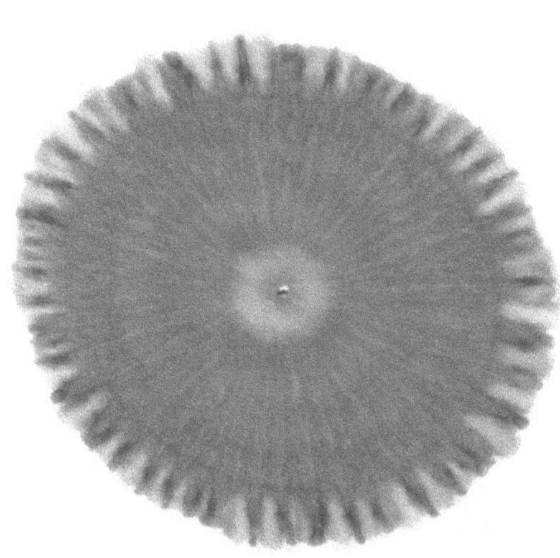

La zona nitrogenada luce normalmente desarrollada; la coloración y la interacción entre las diferentes zonas son moderadamente aceptables. Se ve además un circulo gris oscuro que se localiza dentro del área proteica; generalmente asociado a suelos con ciertas dificultades normalmente generadas por el laboreo; es notable la formación de algunas prolongaciones radiales (como rayos solares) que se proyectan desde el área proteica hasta entrar en contacto con la enzimática; en general estas características ligadas a suelos ligeramente buenos en cuanto al nivel de fertilidad, por lo que, es posible que estos respondan a procesos de mejora con bastante factibilidad. Al respecto del análisis químico de suelo, presenta textura franco arcillosa, un contenido medio de materia orgánica (3.31%) y pH muy fuertemente ácido (4.7).

Debido a que los colores y la interacción, no son del todo satisfactorio, es necesario implementar acciones tendientes a reducir los niveles de degradación de este suelo, evitando el uso de productos químicos sintéticos que incentivan la acidez así como el desarrollo de un plan controlado de enmiendas; debe procurarse el establecimiento de abonos verdes para la fijación de nitrógeno atmosférico y mantener los niveles de materia orgánica, de igual forma promover la incorporación de abonos naturales como composta, bocashi, gallinaza u otro de una forma controlada. Mejorar las condiciones de fertilidad, realizando aplicaciones de harina de rocas u otras que favorezcan los procesos naturales; realizar obras de conservación especialmente cuando los suelos presentan pendientes que favorecen los procesos de erosión y establecer un programa de rotación de cultivos para evitar que se puedan producir mayores desbalances nutricional.

CENTRO NACIONAL DE TECNOLOGIA
AGROPECUARIA Y FORESTAL
ING. ENRIQUE ALVAREZ CORDOVA

LABORATORIO DE SUELOS
e-mail centa_labsuelos@yahoo.com
Tel. 23020200 Ext.248

San Andrés, 14 de junio de 2010.

CARTA No. 20132

NOMBRE DEL AGRICULTOR: JOSUE UMAÑA	
CANTON: SAN JACINTO	
MUNICIPIO: APASTEPEQUE	
DEPARTAMENTO: SAN VICENTE	

No. Laboratorio	Muestra No.95
Identificación de la muestra	1
Cultivo que desea fertilizar	MAIZ-FRIJOL

RESULTADO DEL ANÁLISIS

Identificación	1	
Textura		FRANCO ARCILLOSO
pH en agua 1:25	4.7	MUY FUERTEMENTE ACIDO
Fósforo (ppm P)	20	ALTO
Potasio (ppm K)	119,7	ALTO
Zinc (ppm)	0,9	BAJO
Manganeso(ppm)	47,07	MUY ALTO
Hierro (ppm)	26,26	MUY ALTO
Cobre (ppm)	2,76	ALTO
Materia Orgánica (%)	3,31	MEDIO
Calcio Intercambiable (Meq/100g)	4,39	ALTO
Magnesio Intercam. (Meq/100g)	2,21	ALTO
Potasio Intercambiable(Meq/100g)	0,31	
Sodio Intercambiable (Meq/100g)	0,22	NO SODICO
Suma de Bases Inter.(Meq/100g)	7,13	MEDIO
Acidez Intercambiable (H+Al) meq/100g	1,85	ALTO
CICE	8,98	MEDIO
Saturación de Bases %	79,40	
Ca / Mg	1,99	BAJO
Mg/K	7,21	MEDIO

Ca+Mg/k	21,53	MEDIO
Ca/K	14,32	MEDIO

RECOMENDACIONES DE FERTILIZACION

CULTIVO: MAIZ

1ª Fertilización	A la siembra	259.74 kg ha^{-1} de Fórmula 16-20-0+
		31.82 kg ha^{-1} de Zn S0$_4$.7 H$_2$O
2ª Fertilización	30 días después de la siembra	97.40 kg ha^{-1} de Urea +
		129.87 kg ha^{-1} de Sulfato de Amonio

CULTIVO: FRIJOL

1ª Fertilización	A la siembra	227.27 kg ha^{-1} de fórmula 16-20-0 +
		31.82 kg ha^{-1} de Zn S0$_4$.7 H$_2$O
2ª Fertilización	25 días después de la siembra	97.40 kg ha^{-1} de Urea

ENCALADO:

Aplicar 12.34qq/ha de cal dolomítica, al 20% de calcio y 10% de magnesio, distribuido uniformemente en el terreno, 15 días antes de la siembra.

ING. QUIRINO ARGUETA PORTILLO
TECNICO EN FERTILIDAD DE SUELOS

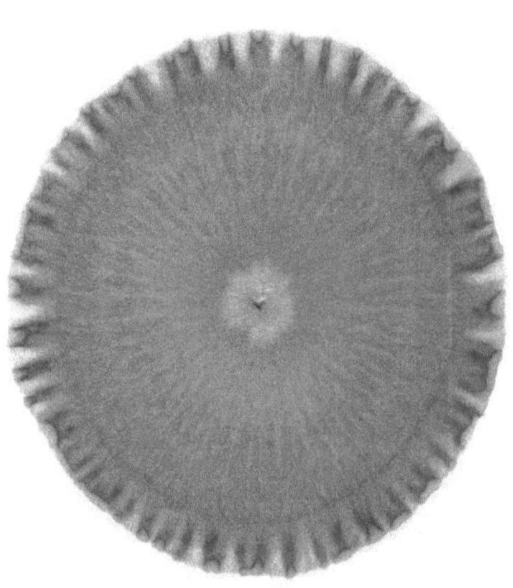

La zona nitrogenada normalmente desarrollada; la coloración e interacción entre las zonas mineral y proteica es ligeramente aceptable debido a que esta última se ve interrumpida cuando se aproxima a la enzimática; de igual forma en la zona proteica próximo a la enzimática aparece una concentración de tonalidades café oscuro así como un circulo gris oscuro, generalmente asociado a suelos con ciertas dificultades normalmente generadas por el laboreo, es notable la formación de ciertas prolongaciones ligeramente engrosadas que se proyectan desde el área proteica hasta entrar en contacto con la enzimática; en general estas características ligadas a suelos con cierto nivel de deterioro, en cuanto al nivel de fertilidad, por lo que es posible que estos suelos respondan a procesos de mejora con moderada factibilidad. Al respecto del análisis químico de suelo, presenta textura franco arcillo arenosa, un contenido medio de materia orgánica (2.62%) y pH moderadamente ácido (5.8).

Debido a que los colores y la interacción, no son del todo satisfactorio, es necesario implementar acciones tendientes a reducir los niveles de degradación de este suelo, evitando el uso de productos químicos sintéticos que incentivan la acidez, debe procurarse el establecimiento de abonos verdes para la fijación de nitrógeno atmosférico y mantener los niveles de materia orgánica, de igual forma promover la incorporación de abonos naturales como composta, bocashi, gallinaza u otro de una forma controlada. Mejorar las condiciones de fertilidad, realizando aplicaciones de harina de rocas u otras que favorezcan los procesos naturales; realizar obras de conservación especialmente cuando los suelos presentan pendientes que favorecen los procesos de erosión y establecer un programa de rotación de cultivos para evitar que se puedan producir mayores desbalances nutricionales.

LABORATORIO DE SUELOS
e-mail centa_labsuelos@yahoo.com
Tel. 23020200 Ext.248

San Andrés, 14 de junio de 2010.

CARTA No. 20133

NOMBRE DEL AGRICULTOR: ARCENIO MERINO
CANTON: SAN JACINTO
MUNICIPIO: APASTEPEQUE
DEPARTAMENTO: SAN VICENTE

No. Laboratorio	Muestra No. 96
Identificación de la muestra	1
Cultivo que desea fertilizar	MAIZ-FRIJOL

RESULTADO DEL ANÁLISIS

Identificación	1	
Textura		FRANCO ARCILLO ARENOSO
pH en agua 1:25	5.8	MODERADAMENTE ACIDO
Fósforo (ppm P)	188	MUY ALTO
Potasio (ppm K)	138,84	ALTO
Zinc (ppm)	7,21	MUY ALTO
Manganeso(ppm)	43,02	MUY ALTO
Hierro (ppm)	16,53	ALTO
Cobre (ppm)	1,50	ALTO
Materia Orgánica (%)	2,62	MEDIO
Calcio Intercambiable (Meq/100g)	7,78	ALTO
Magnesio Intercam. (Meq/100g)	1,79	BAJO
Potasio Intercambiable(Meq/100g)	0,36	
Sodio Intercambiable (Meq/100g)	0,23	NO SODICO
Suma de Bases Inter.(Meq/100g)	10,16	MEDIO
Acidez Intercambiable (H+Al) meq/100g	0,00	BAJO
CICE	10,16	MEDIO
Saturación de Bases %	100,00	
Ca / Mg	4,34	MEDIO
Mg/K	5,04	MEDIO
Ca+Mg/k	26,90	MEDIO
Ca/K	21,86	MEDIO

RECOMENDACIONES DE FERTILIZACION

CULTIVO: MAIZ

1ª Fertilización	8 días después de la siembra	214.29 kg ha^{-1} de sulfato de amonio
2ª Fertilización	30 días después de la siembra	97.40 kg ha^{-1} de Urea + 113.64 kg ha^{-1} de Sulfato de Amonio

CULTIVO: FRIJOL

1ª Fertilización	8 días de la siembra	262.34 kg ha^{-1} de sulfato de amonio
2ª Fertilización	25 días después de la siembra	102.60 kg ha^{-1} de Urea

CORRECCIÒN DE MAGNESIO

Aplicar 2.27qq/ha de sulfato de calcio y magnesio, distribuido por surco, 15 días después de sembrado.

ING. QUIRINO ARGUETA PORTILLO
TECNICO EN FERTILIDAD DE SUELOS

Muestra 97

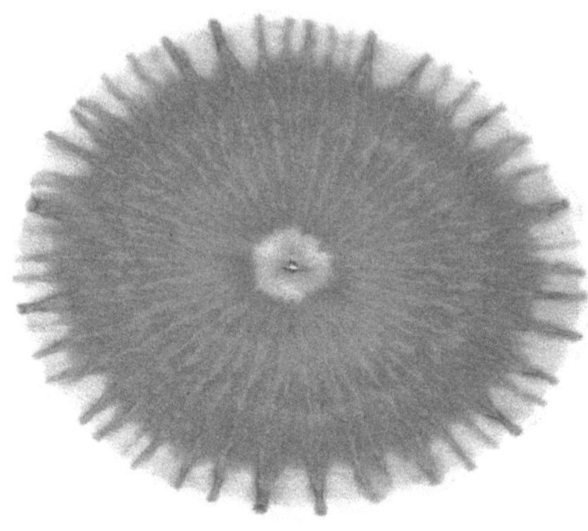

La zona nitrogenada normalmente desarrollada; la coloración es moderadamente aceptable y la interacción entre las zonas mineral, proteica y la enzimática es bastante aceptable; en la parte mineral se muestran ciertos destellos gris oscuros, de igual forma en la zona proteica próximo a la enzimática aparece una concentración de tonalidades café oscuro salpicado por tonos grises, generalmente asociado a suelos con ciertas dificultades, normalmente generadas por el laboreo; es notable la formación de una especie de rayos solares que se conjugan en una prolongación del área mineral hasta entrar en contacto con la enzimática; en general estas características ligadas a suelos ligeramente buenos en cuanto al nivel de fertilidad, por lo que, es posible que estos respondan a procesos de mejora con moderada factibilidad. Al respecto del análisis químico del suelo, presenta textura arcillosa, un contenido alto de materia orgánica (4.47%) y pH fuertemente ácido (5.1).

Debido a que los colores y la interacción, no son del todo satisfactorio, es necesario implementar acciones tendientes a reducir los niveles de degradación de este suelo, evitando el uso de productos químicos sintéticos que incentivan la acidez, debe procurarse el establecimiento de abonos verdes para la fijación de nitrógeno atmosférico y mantener los niveles de materia orgánica, de igual forma promover la incorporación de abonos naturales como composta, bocashi, gallinaza u otro de una forma controlada. Mejorar las condiciones de fertilidad, realizando aplicaciones de harina de rocas u otras que favorezcan los procesos naturales; realizar obras de conservación especialmente cuando los suelos presentan pendientes que favorecen los procesos de erosión y establecer un programa de rotación de cultivos para evitar que se puedan producir mayores desbalances nutricionales.

304

LABORATORIO DE SUELOS
e-mail centa_labsuelos@yahoo.com
Tel. 23020200 Ext.248

San Andrés, 14 de junio de 2010.

CARTA No. 20134

NOMBRE DEL AGRICULTOR: EUGENIO RUIZ
CANTON: SAN JACINTO
MUNICIPIO: APASTEPEQUE
DEPARTAMENTO: SAN VICENTE

No. Laboratorio	Muestra No. 97
Identificación de la muestra	1
Cultivo que desea fertilizar	MAIZ-FRIJOL

RESULTADO DEL ANÁLISIS

Identificación	1	
Textura		ARCILLOSO
pH en agua 1:25	5.1	FUERTEMENTE ACIDO
Fósforo (ppm P)	14	ALTO
Potasio (ppm K)	151,59	ALTO
Zinc (ppm)	2,84	BAJO
Manganeso(ppm)	34,08	MUY ALTO
Hierro (ppm)	18,51	ALTO
Cobre (ppm)	1,78	ALTO
Materia Orgánica (%)	4,47	ALTO
Calcio Intercambiable (Meq/100g)	4,64	ALTO
Magnesio Intercam. (Meq/100g)	2,13	ALTO
Potasio Intercambiable(Meq/100g)	0,39	
Sodio Intercambiable (Meq/100g)	0,26	NO SODICO
Suma de Bases Inter.(Meq/100g)	7,43	MEDIO
Acidez Intercambiable (H+Al) meq/100g	1,25	MEDIO
CICE	8,68	MEDIO
Saturación de Bases %	85,59	
Ca / Mg	2,18	MEDIO
Mg/K	5,49	MEDIO
Ca+Mg/k	17,43	MEDIO
Ca/K	11,94	MEDIO

RECOMENDACIONES DE FERTILIZACION

CULTIVO: MAIZ

1ª Fertilización	A la siembra	324.68 kg ha^{-1} de fórmula 16-20-0+ 14.94 kg ha^{-1} de Zn S0$_4$.7 H$_2$O
2ª Fertilización	30 días después de la siembra	97.40 kg ha^{-1} de Urea + 80.52 kg ha^{-1} de Sulfato de Amonio

CULTIVO: FRIJOL

1ª Fertilización	A la siembra	227.27 kg ha^{-1} de fórmula 16-20-0 + 14.94 kg ha^{-1} de Zn S0$_4$.7 H$_2$O
2ª Fertilización	25 días después de la siembra	97.40 kg ha^{-1} de Urea

ENCALADO:

Aplicar 9.74 qq/ha de cal dolomítica, al 20% de calcio y 10% de magnesio, distribuido uniformemente en el terreno 15 días antes de la siembra.

ING. QUIRINO ARGUETA PORTILLO
TÈCNICO EN FERTILIDAD DE SUELOS

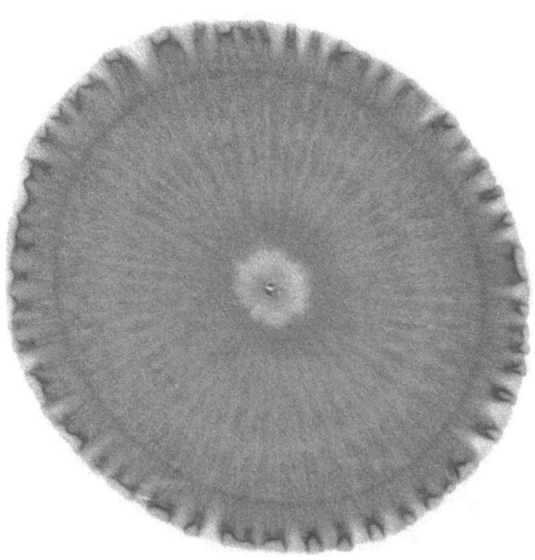

Muestra 98

La zona nitrogenada luce poco desarrollada; la coloración e interacción entre las zonas mineral y proteica son moderadamente aceptables; en la parte mineral se muestra un círculo levemente oscuro de igual forma en la zona proteica aparece un circulo oscuro casi negro, generalmente asociado a suelos con ciertas dificultades, normalmente generadas por el manejo, pero en general ligeramente buenos en cuanto al nivel de fertilidad, por lo que, es posible que estos suelos respondan a procesos de mejora con bastante factibilidad. Al respecto del análisis químico de suelo, presenta textura franco arcillosa, un contenido alto de materia orgánica (4.47%) y pH medianamente alcalino (7.5).

Debido a que los colores y la interacción, no son del todo satisfactorio, es necesario implementar acciones tendientes a reducir los niveles de degradación de este suelo, evitando el uso de productos químicos sintéticos que incentivan la acidez, debe procurarse el establecimiento de abonos verdes para la fijación de nitrógeno atmosférico y mantener los niveles de materia orgánica, de igual forma promover la incorporación de abonos naturales como composta, bocashi, gallinaza u otro de una forma controlada. Mejorar las condiciones de fertilidad, realizando aplicaciones de harina de rocas u otras que favorezcan los procesos naturales; realizar obras de conservación especialmente cuando los suelos presentan pendientes que favorecen los procesos de erosión y establecer un programa de rotación de cultivos para evitar que se puedan producir mayores desbalances nutricionales.

**CENTRO NACIONAL DE TECNOLOGIA
AGROPECUARIA Y FORESTAL
ING. ENRIQUE ALVAREZ CORDOVA**

LABORATORIO DE SUELOS
e-mail centa_labsuelos@yahoo.com
Tel. 23020200 Ext.248

San Andrés, 16 de junio de 2010.

CARTA No. 20135

NOMBRE DEL AGRICULTOR: RODRIGO ANTONIO CORTEZ
CANTON: SAN FRANCISCO LA CRUZ
MUNICIPIO: SAN ILDEFONSO
DEPARTAMENTO: SAN VICENTE

No. Laboratorio	Muestra No. 98
Identificación de la muestra	1
Cultivo que desea fertilizar	MAIZ-FRIJOL

RESULTADO DEL ANÁLISIS

Identificación	1	
Textura		FRANCO ARCILLOSO
pH en agua 1:25	7.5	MEDIANAMENTE ALCALINO
Fósforo (ppm P)	9	BAJO
Potasio (ppm K)	122,55	ALTO
Zinc (ppm)	0,05	MUY BAJO
Manganeso(ppm)	7,35	ALTO
Hierro (ppm)	2,03	BAJO
Cobre (ppm)	0,16	BAJO
Materia Orgánica (%)	4,47	ALTO
Calcio Intercambiable (Meq/100g)	14,22	ALTO
Magnesio Intercam. (Meq/100g)	2,29	ALTO
Potasio Intercambiable(Meq/100g)	0,31	
Sodio Intercambiable (Meq/100g)	0,21	NO SODICO
Suma de Bases Inter.(Meq/100g)	17,04	MEDIO
Acidez Intercambiable (H+Al) meq/100g	0,00	BAJO
CICE	17,04	MEDIO
Saturación de Bases %	100,00	
Ca / Mg	6,20	ALTO
Mg/K	7,30	MEDIO
Ca+Mg/k	52,56	ALTO
Ca/K	45,26	ALTO

RECOMENDACIONES DE FERTILIZACION

CULTIVO: MAIZ

1ª Fertilización	A la siembra	324.68 kg ha^{-1} de fórmula 16-20-0 +
		38.96 kg ha^{-1} de Zn S0$_4$.7 H$_2$O
		141.56 kg ha^{-1} de Fe S0$_4$.7 H$_2$O
		14.94 kg ha^{-1} de Cu S0$_4$.5 H$_2$O
2ª Fertilización	30 días después de la siembra	97.40 kg ha^{-1} de Urea +
		80.52 kg ha^{-1} de Sulfato de Amonio

CULTIVO: FRIJOL

1ª Fertilización	A la siembra	227.27 kg ha^{-1} de fórmula 16-20-0+
		38.96 kg ha^{-1} de Zn S0$_4$.7 H$_2$O
		141.56 kg ha^{-1} de Zn S0$_4$.7 H$_2$O
		14.94 kg ha^{-1} de Cu S0$_4$.5 H$_2$O
2ª Fertilización	25 días después de la siembra	97.40 kg ha^{-1} de urea

ING. QUIRINO ARGUETA PORTILLO
TÈCNICO EN FERTILIDAD DE SUELOS

**

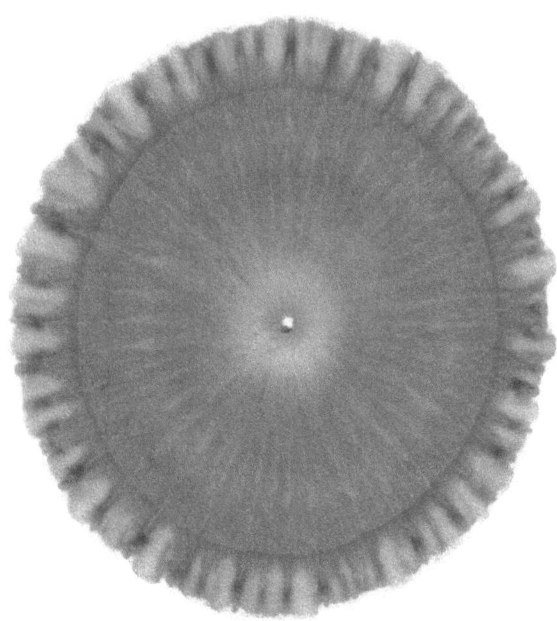

La zona nitrogenada luce normalmente desarrollada y de color claro; la coloración e interacción entre las zonas mineral y proteica es aceptable; en la parte mineral presenta destellos claros, así como un circulo oscuro en la zona próxima a la enzimática, generalmente asociado a suelos con ciertas dificultades, normalmente generadas por el manejo, por lo que se puede considerar como ligeramente bueno en cuanto al nivel de fertilidad, lo que implica que es posible que estos suelos respondan a procesos de mejora con cierta factibilidad. Al respecto del análisis químico de suelo, presenta textura franco arcillosa, un contenido alto de materia orgánica (5.65%) y pH muy fuertemente ácido (4.6).

Debido a que los colores y la interacción, no son del todo satisfactorio, es necesario implementar acciones tendientes a reducir los niveles de degradación de este suelo, evitando el uso de productos químicos sintéticos que incentivan la acidez, debe procurarse el establecimiento de abonos verdes para la fijación de nitrógeno atmosférico y mantener los niveles de materia orgánica, de igual forma promover la incorporación de abonos naturales como composta, bocashi, gallinaza u otro de una forma controlada. Debe procurarse mejorar las condiciones de fertilidad, realizando aplicaciones de harina de rocas u otras que favorezcan los procesos naturales; realizar obras de conservación especialmente cuando los suelos presentan pendientes que favorecen los procesos de erosión y establecer un programa de rotación de cultivos para evitar que se puedan producir mayores desbalances nutricionales.

LABORATORIO DE SUELOS
e-mail centa_labsuelos@yahoo.com
Tel. 23020200 Ext.248

San Andrés, 16 de julio de 2010.

CARTA No. 20136

NOMBRE DEL AGRICULTOR: ANDRES RIVAS
CANTON: SAN FRANCISCO LA CRUZ
MUNICIPIO: SAN ILDEFONSO
DEPARTAMENTO: SAN VICENTE

No. Laboratorio	Muestra No. 99
Identificación de la muestra	1
Cultivo que desea fertilizar	MAIZ-PIÑA-FRIJOL

RESULTADO DEL ANÁLISIS

Identificación	1	
Textura		FRANCO ARCILLOSO
pH en agua 1:25	4.6	MUY FUERTEMENTE ACIDO
Fósforo (ppm P)	4	MUY BAJO
Potasio (ppm K)	117,63	ALTO
Zinc (ppm)	0,52	BAJO
Manganeso(ppm)	51,78	MUY ALTO
Hierro (ppm)	14,43	ALTO
Cobre (ppm)	3,14	MUY ALTO
Materia Orgánica (%)	5,65	ALTO
Calcio Intercambiable (Meq/100g)	4,89	ALTO
Magnesio Intercam. (Meq/100g)	1,69	BAJO
Potasio Intercambiable(Meq/100g)	0,30	
Sodio Intercambiable (Meq/100g)	0,20	NO SODICO
Suma de Bases Inter.(Meq/100g)	7,07	MEDIO
Acidez Intercambiable (H+Al) meq/100g	1,40	MEDIO
CICE	8,47	MEDIO
Saturación de Bases %	83,48	
Ca / Mg	2,90	MEDIO
Mg/K	5,59	MEDIO
Ca+Mg/k	21,80	MEDIO
Ca/K	16,21	MEDIO

RECOMENDACIONES DE FERTILIZACION

CULTIVO: MAIZ

1ª Fertilización	A la siembra	227.27 kg ha^{-1} de fórmula 18-46-0 +
		35.06 kg ha^{-1} de Zn S0$_4$.7 H$_2$O
2ª Fertilización	30 días después de la siembra	97.40 kg ha^{-1} de Urea +
		133.12 kg ha^{-1} de Sulfato de Amonio

CULTIVO: FRIJOL

1ª Fertilización	A la siembra	194.81 kg ha^{-1} de fórmula 18-46-0+
		35.06 kg ha^{-1} de Zn S0$_4$.7 H$_2$O
2ª Fertilización	25 días después de la siembra	100 kg ha^{-1} de urea

CULTIVO: PIÑA

EDAD MESES	VIA DE APLIC.	PRODUCTO	DOSIS
1	Suelo	10-30-10	10g/planta
2.5	Suelo	18-5-15-6.2	12g/planta
3.5	Suelo	15-3-31	12g/planta
4.5		Mezcla de:	
5.0	Foliar	Urea	60 Kg.
5.5		Nitrato de	
6.0		potasio	1.0 Kg.
6.5		Sulfato de zinc	0.5 Kg.
7.0		Agua	200 L

ENCALADO:

Aplicar 12.98 qq/ha de cal dolomítica, al 20% de calcio y 10% de magnesio, distribuido uniformemente en el terreno, 15 días después de la siembra.

ING. QUIRINO ARGUETA PORTILLO
TÈCNICO EN FERTILIDAD DE SUELOS

<h2 style="text-align:center">Muestra 100</h2>

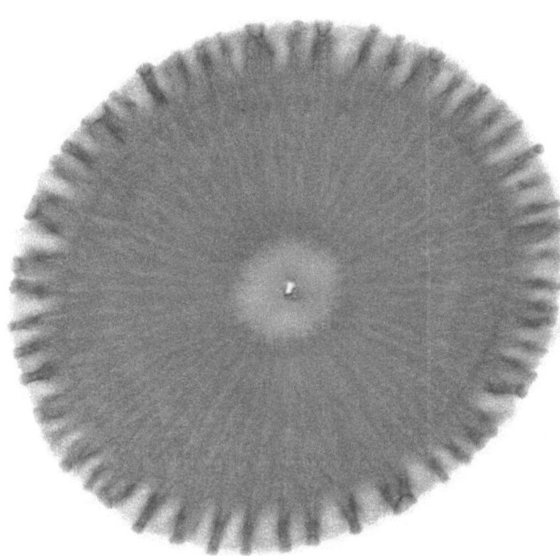

La zona nitrogenada luce normalmente desarrollada; la coloración es ligeramente aceptable y la interacción entre las zonas mineral, proteica y enzimática moderadamente aceptable, sin embargo presenta un circulo oscuro en la zona próxima a la enzimática, generalmente asociado a suelos con ciertas dificultades normalmente generadas por el manejo, considerados ligeramente buenos en cuanto al nivel de fertilidad, por lo que, es posible que estos suelos respondan a procesos de mejora con moderada factibilidad. Al respecto del análisis químico de suelo, presenta textura franco arcillo arenoso, un contenido alto de materia orgánica (4.47%) y pH fuertemente ácido (5.1).

Debido a que los colores y la interacción, no son del todo satisfactorio, es necesario implementar acciones tendientes a reducir los niveles de degradación de este suelo, evitando el uso de productos químicos sintéticos que incentivan la acidez, debe procurarse el establecimiento de abonos verdes para la fijación de nitrógeno atmosférico y mantener buenos niveles de materia orgánica, de igual forma promover la incorporación de abonos naturales como composta, bocashi, gallinaza u otro de una forma controlada. Mejorar las condiciones de fertilidad, realizando aplicaciones de harina de rocas u otras que favorezcan los procesos naturales; realizar obras de conservación especialmente cuando los suelos presentan pendientes que favorecen los procesos de erosión y establecer un programa de rotación de cultivos para evitar que se puedan producir mayores desbalances nutricionales.

**CENTRO NACIONAL DE TECNOLOGIA
AGROPECUARIA Y FORESTAL**
ING. ENRIQUE ALVAREZ CORDOVA

LABORATORIO DE SUELOS
e-mail centa_labsuelos@yahoo.com
Tel. 23020200 Ext.248

San Andrés, 16 de junio de 2010.

CARTA No. 20137

NOMBRE DEL AGRICULTOR: JOSE LUIS PALACIOS	
CANTON: SAN FRANCISCO LA CRUZ	
MUNICIPIO: SAN ILDEFONSO	
DEPARTAMENTO: SAN VICENTE	

No. Laboratorio	Muestra No.100
Identificación de la muestra	1
Cultivo que desea fertilizar	MAIZ-FRIJOL-SORGO

RESULTADO DEL ANÁLISIS

Identificación	1	
Textura		FRANCO ARCILLO ARENOSO
pH en agua 1:25	5.1	FUERTEMENTE ACIDO
Fósforo (ppm P)	2	MUY BAJO
Potasio (ppm K)	135,33	ALTO
Zinc (ppm)	0,755	BAJO
Manganeso(ppm)	57,12	MUY ALTO
Hierro (ppm)	15,14	ALTO
Cobre (ppm)	4,06	MUY ALTO
Materia Orgánica (%)	4,47	ALTO
Calcio Intercambiable (Meq/100g)	4,97	ALTO
Magnesio Intercam. (Meq/100g)	1,58	BAJO
Potasio Intercambiable(Meq/100g)	0,35	
Sodio Intercambiable (Meq/100g)	0,25	NO SODICO
Suma de Bases Inter.(Meq/100g)	7,15	MEDIO
Acidez Intercambiable (H+Al) meq/100g	0,43	BAJO
CICE	7,58	MEDIO
Saturación de Bases %	94,32	
Ca / Mg	3,15	MEDIO
Mg/K	4,55	MEDIO
Ca+Mg/k	18,88	MEDIO
Ca/K	14,33	MEDIO

314

RECOMENDACIONES DE FERTILIZACION

CULTIVO: MAIZ

1ª Fertilización	A la siembra	250 kg ha^{-1} de Fórmula 18-46-0 +
		33.12 kg ha^{-1} de Zn S0$_4$.7 H$_2$O
2ª Fertilización	30 días después de la siembra	97.40 kg ha^{-1} de Urea +
		113.64 kg ha^{-1} de Sulfato de Amonio

CULTIVO: FRIJOL

1ª Fertilización	A la siembra	194.81 kg ha^{-1} de Fórmula 18-46-0
		33.12 kg ha^{-1} de Zn S0$_4$.7 H$_2$O
2ª Fertilización	25 días después de la siembra	100 kg ha^{-1} de Urea

ENCALADO:

Aplicar 9.74 qq/ha de cal dolomítica, al 20% de calcio y 10% de magnesio, distribuido uniformemente en el terreno, 15 días antes de la siembra.

ING. QUIRINO ARGUETA PORTILLO
TECNICO EN FERTILIDAD DE SUELOS

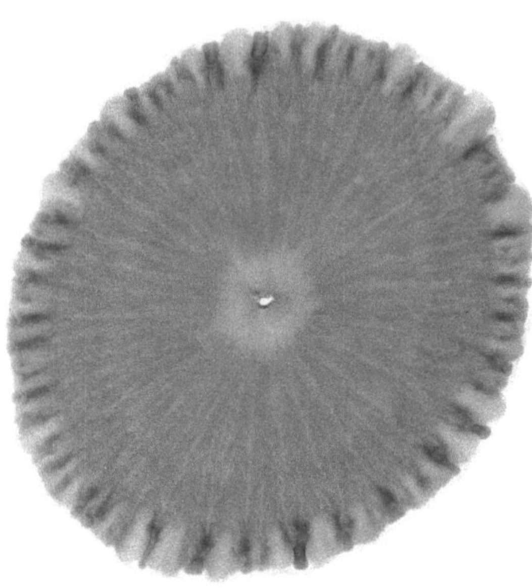

La zona nitrogenada luce normalmente desarrollada; la coloración e interacción entre las zonas mineral y proteica son bastante aceptables, generalmente asociado a suelos buenos en cuanto al nivel de fertilidad, por lo que, es posible que estos suelos respondan a mejoras con moderada factibilidad; sin embargo presenta un circulo levemente oscuro en la zona próxima a la enzimática. Al respecto del análisis químico de suelo, presenta textura franco arcillosa, un contenido alto de materia orgánica (5.39%) y pH fuertemente ácido (5.0).

A pesar que los colores y la interacción, son bastante satisfactorios; es necesario implementar acciones tendientes a reducir los niveles de degradación de este suelo, evitando el uso de productos químicos sintéticos que incentivan la acidez así como establecer un plan de enmiendas controlado; debe procurarse el establecimiento de abonos verdes para la fijación de nitrógeno atmosférico y mantener buenos niveles de materia orgánica, de igual forma promover la incorporación de abonos naturales como composta, bocashi, gallinaza u otro de una forma controlada. Mejorar las condiciones de fertilidad, realizando aplicaciones de harina de rocas u otras que favorezcan los procesos naturales; realizar obras de conservación especialmente cuando los suelos presentan pendientes que favorecen los procesos de erosión y establecer un programa de rotación de cultivos para evitar que se puedan producir mayores desbalances nutricionales.

CENTRO NACIONAL DE TECNOLOGIA
AGROPECUARIA Y FORESTAL
ING. ENRIQUE ALVAREZ CORDOVA

LABORATORIO DE SUELOS
e-mail centa_labsuelos@yahoo.com
Tel. 23020200 Ext.248

San Andrés, 16 de junio de 2010.

CARTA No. 20138

NOMBRE DEL AGRICULTOR: LUIS BARAHONA
CANTON: SAN LAZARO
MUNICIPIO: APASTEPEQUE
DEPARTAMENTO: SAN VICENTE

No. Laboratorio	Muestra No.101
Identificación de la muestra	1
Cultivo que desea fertilizar	MAIZ-FRIJOL

RESULTADO DEL ANÁLISIS

Identificación	1	
Textura		FRANCO ARCILLOSO
pH en agua 1:25	5.0	MUY FUERTEMENTE ACIDO
Fósforo (ppm P)	5	MUY BAJO
Potasio (ppm K)	105,54	ALTO
Zinc (ppm)	0,945	BAJO
Manganeso(ppm)	75,27	MUY ALTO
Hierro (ppm)	15,82	ALTO
Cobre (ppm)	6,49	MUY ALTO
Materia Orgánica (%)	5,39	ALTO
Calcio Intercambiable (Meq/100g)	4,44	ALTO
Magnesio Intercam. (Meq/100g)	1,83	BAJO
Potasio Intercambiable(Meq/100g)	0,27	
Sodio Intercambiable (Meq/100g)	0,22	NO SODICO
Suma de Bases Inter.(Meq/100g)	6,76	MEDIO
Acidez Intercambiable (H+Al) meq/100g	0,46	MEDIO
CICE	7,22	MEDIO
Saturación de Bases %	93,63	
Ca / Mg	2,43	MEDIO
Mg/K	6,75	MEDIO
Ca+Mg/k	23,15	MEDIO
Ca/K	16,40	MEDIO

RECOMENDACIONES DE FERTILIZACION

CULTIVO: MAIZ

1ª Fertilización	A la siembra	227.27 kg ha^{-1} de Fórmula 18-46-0+
		31.17 kg ha^{-1} de Zn S0$_4$.7 H$_2$O
2ª Fertilización	30 días después de la siembra	97.40 kg ha^{-1} de Urea +
		133.12 kg ha^{-1} de Sulfato de Amonio

CULTIVO: FRIJOL

1ª Fertilización	A la siembra	194.81 kg ha^{-1} de Fórmula 18-46-0
		31.17 kg ha^{-1} de Zn S0$_4$.7 H$_2$O
2ª Fertilización	25 días después de la siembra	100 kg ha^{-1} de Urea

ENCALADO:

Aplicar 10.39 qq/ha de cal dolomítica, al 20% de calcio y 10% de magnesio, distribuido uniformemente en el terreno, 15 días antes de la siembra.

ING. QUIRINO ARGUETA PORTILLO
TÉCNICO EN FERTILIDAD DE SUELOS

<h2 style="text-align:center">Muestra 102</h2>

La zona nitrogenada luce normalmente desarrollada; la coloración es ligeramente aceptable y la interacción entre las zonas mineral y proteica es moderadamente aceptable, sin embargo presenta tonalidades oscuras como una radiación (como rayos solares) de color gris en la zona mineral y un circulo oscuro en la zona proteica, en la zona enzimática se observa un buen desarrollo, sin embargo estos suelos son asociados con ciertas dificultades generadas por el laboreo, generalmente son considerados ligeramente buenos en cuanto al nivel de fertilidad; es posible que estos suelos respondan a procesos de mejora con cierta factibilidad.

Al respecto del análisis químico de suelo, presenta textura franco arcillosa, un contenido alto de materia orgánica (6.70%) y pH moderadamente ácido (5.8).

Debido a que los colores y la interacción, no son del todo satisfactorio, es necesario implementar acciones tendientes a reducir los niveles de degradación de este suelo, evitando el uso de productos químicos sintéticos que incentivan la acidez así como establecer un plan controlado de enmiendas; debe procurarse el establecimiento de abonos verdes para la fijación de nitrógeno atmosférico y mejorar el nivel de materia orgánica, de igual forma promover la incorporación de abonos naturales como composta, bocashi, gallinaza u otro de una forma controlada. Mejorar las condiciones de fertilidad, realizando aplicaciones de harina de rocas u otras que favorezcan los procesos naturales; realizar obras de conservación especialmente cuando los suelos presentan pendientes que favorecen los procesos de erosión y establecer un programa de rotación de cultivos para evitar que se puedan producir mayores desbalances nutricionales.

**CENTRO NACIONAL DE TECNOLOGIA
AGROPECUARIA Y FORESTAL**
ING. ENRIQUE ALVAREZ CORDOVA

LABORATORIO DE SUELOS
e-mail centa_labsuelos@yahoo.com
Tel. 23020200 Ext.248

San Andrés, 16 de junio de 2010.

CARTA No. 20139

NOMBRE DEL AGRICULTOR: CIPRIANO BARAHONA
CANTON: SAN LAZARO
MUNICIPIO: APASTEPEQUE
DEPARTAMENTO: SAN VICENTE

No. Laboratorio	Muestra No. 102
Identificación de la muestra	1
Cultivo que desea fertilizar	MAIZ-FRIJOL

RESULTADO DEL ANÁLISIS

Identificación	1	
Textura		FRANCO ARCILLOSO
pH en agua 1:25	5.8	MODERADAMENTE ACIDO
Fósforo (ppm P)	7	MUY BAJO
Potasio (ppm K)	219,99	MUY ALTO
Zinc (ppm)	2,1	BAJO
Manganeso(ppm)	74,94	MUY ALTO
Hierro (ppm)	9,09	BAJO
Cobre (ppm)	2,49	ALTO
Materia Orgánica (%)	6,70	ALTO
Calcio Intercambiable (Meq/100g)	7,94	ALTO
Magnesio Intercam. (Meq/100g)	3,43	ALTO
Potasio Intercambiable(Meq/100g)	0,56	
Sodio Intercambiable (Meq/100g)	0,88	NO SODICO
Suma de Bases Inter.(Meq/100g)	12,81	MEDIO
Acidez Intercambiable (H+Al) meq/100g	0,46	MEDIO
CICE	13,27	MEDIO
Saturación de Bases %	96,53	
Ca / Mg	2,31	MEDIO
Mg/K	6,09	MEDIO
Ca+Mg/k	20,16	MEDIO
Ca/K	14,08	MEDIO

320

RECOMENDACIONES DE FERTILIZACION

CULTIVO: MAIZ

1ª Fertilización	A la siembra	194.81 kg ha^{-1} de Fórmula 18-46-0+
		21.43 kg ha^{-1} de Zn S0$_4$.7 H$_2$O
		67.53 kg ha^{-1} de Fe S0$_4$.7 H2O
2ª Fertilización	30 días después de la siembra	97.40 kg ha^{-1} de Urea +
		162.34 kg ha^{-1} de Sulfato de Amonio

CULTIVO: FRIJOL

1ª Fertilización	A la siembra	162.34 kg ha^{-1} de Fórmula 18-46-0
		21.43 kg ha^{-1} de Zn S0$_4$.7 H$_2$O
		67.53 kg ha^{-1} de Fe S0$_4$.7 H$_2$O
2ª Fertilización	25 días después de la siembra	112.99 kg ha^{-1} de Urea

ING. QUIRINO ARGUETA PORTILLO
TÈCNICO EN FERTILIDAD DE SUELOS

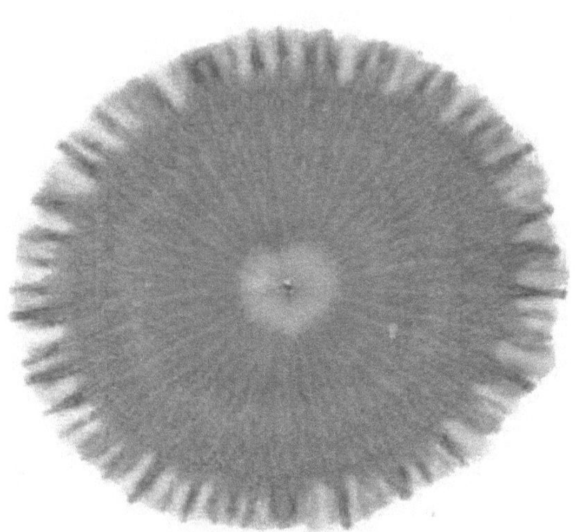

Muestra 103

La zona nitrogenada luce normalmente desarrollada; la coloración es ligeramente aceptable y la interacción entre las zonas mineral y proteica es moderadamente aceptable, sin embargo presenta tonalidades oscuras como una radiación (como rayos solares) de color gris en la zona mineral y un circulo oscuro en la zona proteica muy próximo a la enzimática, estos suelos generalmente son asociados con ciertas dificultades generadas por el pisoteo, sin embargo son considerados ligeramente buenos en cuanto al nivel de fertilidad; es posible que estos suelos respondan a procesos de mejora con cierta factibilidad.

Al respecto del análisis químico de suelo, presenta textura franco arcillosa, un contenido medio de materia orgánica (5.13%) y pH muy fuertemente ácido (5.0).

Debido a que los colores y la interacción, no son del todo satisfactorio, es necesario implementar acciones tendientes a reducir los niveles de degradación de este suelo, evitando el uso de productos químicos sintéticos que incentivan la acidez así como establecer un plan controlado de enmiendas; debe procurarse el establecimiento de abonos verdes para la fijación de nitrógeno atmosférico y mejorar el nivel de materia orgánica, de igual forma promover la incorporación de abonos naturales como composta, bocashi, gallinaza u otro de una forma controlada. Mejorar las condiciones de fertilidad, realizando aplicaciones de harina de rocas u otras que favorezcan los procesos naturales; realizar obras de conservación especialmente cuando los suelos presentan pendientes que favorecen los procesos de erosión y establecer un programa de rotación de cultivos para evitar que se puedan producir mayores desbalances nutricionales.

CENTRO NACIONAL DE TECNOLOGIA
AGROPECUARIA Y FORESTAL
ING. ENRIQUE ALVAREZ CORDOVA

LABORATORIO DE SUELOS
e-mail centa_labsuelos@yahoo.com
Tel. 23020200 Ext.248

San Andrés, 16 de junio de 2010.

CARTA No. 20140

NOMBRE DEL AGRICULTOR: JOSE LUIS MEMBREÑO
CANTON: SAN LAZARO
MUNICIPIO: APASTEPEQUE
DEPARTAMENTO: SAN VICENTE

No. Laboratorio	Muestra No. 103
Identificación de la muestra	1
Cultivo que desea fertilizar	MAIZ-FRIJOL

RESULTADO DEL ANÁLISIS

Identificación	1	
Textura		FRANCO ARCILLOSO
pH en agua 1:25	5.0	MUY FUERTEMENTE ACIDO
Fósforo (ppm P)	5	MUY BAJO
Potasio (ppm K)	261,06	MUY ALTO
Zinc (ppm)	3,995	ALTO
Manganeso(ppm)	89,37	MUY ALTO
Hierro (ppm)	15,76	ALTO
Cobre (ppm)	5,03	MUY ALTO
Materia Orgánica (%)	5,13	ALTO
Calcio Intercambiable (Meq/100g)	4,71	ALTO
Magnesio Intercam. (Meq/100g)	1,96	BAJO
Potasio Intercambiable(Meq/100g)	0,67	
Sodio Intercambiable (Meq/100g)	0,43	NO SODICO
Suma de Bases Inter.(Meq/100g)	7,77	MEDIO
Acidez Intercambiable (H+Al) meq/100g	0,45	MEDIO
CICE	8,22	MEDIO
Saturación de Bases %	94,53	
Ca / Mg	2,41	MEDIO
Mg/K	2,93	MEDIO
Ca+Mg/k	9,97	MEDIO
Ca/K	7,04	MEDIO

RECOMENDACIONES DE FERTILIZACION

CULTIVO: MAIZ

1ª Fertilización	A la siembra	227.27 kg ha^{-1} de Fórmula 18-46-0+
2ª Fertilización	30 días después de la siembra	97.40 kg ha^{-1} de Urea +
		133.12 kg ha^{-1} de Sulfato de Amonio

CULTIVO: FRIJOL

1ª Fertilización	A la siembra	194.81 kg ha^{-1} de Fórmula 18-46-0
		31.17 kg ha^{-1} de Zn S0$_4$.7 H$_2$O
2ª Fertilización	25 días después de la siembra	100 kg ha^{-1} de Urea

ENCALADO:

Aplicar 10.39qq/ha de cal dolomítica, al 20% de calcio y 10% de magnesio, distribuido uniformemente en el Terreno, 15 días antes de la siembra.

ING. QUIRINO ARGUETA PORTILLO
TÈCNICO EN FERTILIDAD DE SUELOS

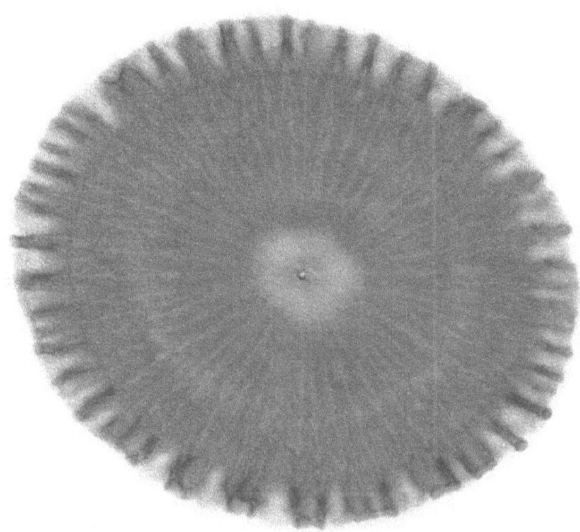

Muestra 104

La zona nitrogenada luce normalmente desarrollada; la coloración es ligeramente aceptable y la interacción entre las zonas mineral y proteica es moderadamente aceptable, sin embargo presenta tonalidades oscuras como una radiación (como rayos solares) de color gris en la zona mineral y un circulo oscuro en la zona proteica muy próximo a la enzimática, estos suelos generalmente son asociados con ciertas dificultades generadas por el laboreo, sin embargo son considerados ligeramente buenos en cuanto al nivel de fertilidad; es posible que estos suelos respondan a procesos de mejora con cierta factibilidad.

Al respecto del análisis químico de suelo, presenta textura franco arcillosa, un contenido medio de materia orgánica (3.68%) y pH muy fuertemente ácido (4.8).

Debido a que los colores y la interacción, no son del todo satisfactorio, es necesario implementar acciones tendientes a reducir los niveles de degradación de este suelo, evitando el uso de productos químicos sintéticos que incentivan la acidez así como establecer un plan controlado de enmiendas; debe procurarse el establecimiento de abonos verdes para la fijación de nitrógeno atmosférico y mejorar el nivel de materia orgánica, de igual forma promover la incorporación de abonos naturales como composta, bocashi, gallinaza u otro de una forma controlada. Mejorar las condiciones de fertilidad, realizando aplicaciones de harina de rocas u otras que favorezcan los procesos naturales; realizar obras de conservación especialmente cuando los suelos presentan pendientes que favorecen los procesos de erosión y establecer un programa de rotación de cultivos para evitar que se puedan producir mayores desbalances nutricionales.

CENTRO NACIONAL DE TECNOLOGIA
AGROPECUARIA Y FORESTAL
ING. ENRIQUE ALVAREZ CORDOVA

LABORATORIO DE SUELOS
e-mail centa_labsuelos@yahoo.com
Tel. 23020200 Ext.248

San Andrés, 16 de junio de 2010.

CARTA No. 20141

NOMBRE DEL AGRICULTOR: ERSIDES MELENDEZ
CANTON: SAN LAZARO
MUNICIPIO: APASTEPEQUE
DEPARTAMENTO: SAN VICENTE

No. Laboratorio	Muestra No. 104
Identificación de la muestra	1
Cultivo que desea fertilizar	MAIZ-FRIJOL

RESULTADO DEL ANÁLISIS

Identificación	1	
Textura		FRANCO ARCILLOSO
pH en agua 1:25	4.8	MUY FUERTEMENTE ACIDO
Fósforo (ppm P)	7	MUY BAJO
Potasio (ppm K)	127,98	ALTO
Zinc (ppm)	1,94	BAJO
Manganeso(ppm)	75,3	MUY ALTO
Hierro (ppm)	24,67	MUY ALTO
Cobre (ppm)	6,05	MUY ALTO
Materia Orgánica (%)	3,68	MEDIO
Calcio Intercambiable (Meq/100g)	3,64	BAJO
Magnesio Intercam. (Meq/100g)	1,27	BAJO
Potasio Intercambiable(Meq/100g)	0,33	
Sodio Intercambiable (Meq/100g)	0,23	NO SODICO
Suma de Bases Inter.(Meq/100g)	5,47	MEDIO
Acidez Intercambiable (H+Al) meq/100g	0,45	MEDIO
CICE	5,92	MEDIO
Saturación de Bases %	92,40	
Ca / Mg	2,86	MEDIO
Mg/K	3,88	MEDIO
Ca+Mg/k	14,98	MEDIO
Ca/K	11,10	MEDIO

RECOMENDACIONES DE FERTILIZACION

CULTIVO: MAIZ

1ª Fertilización	A la siembra	194.81 kg ha^{-1} de Fórmula 18-46-0 +
		22.73 kg ha^{-1} de Zn SO$_4$.7 H$_2$O
2ª Fertilización	30 días después de la siembra	97.40 kg ha^{-1} de Urea +
		162.34 kg ha^{-1} de Sulfato de Amonio

CULTIVO: FRIJOL

1ª Fertilización	A la siembra	162.34 kg ha^{-1} de Fórmula 18-46-0
		22.73 kg ha^{-1} de Zn SO$_4$.7 H$_2$O
2ª Fertilización	25 días después de la siembra	112.99 kg ha^{-1} de Urea

ENCALADO:

Aplicar 11.69 qq/ha de cal dolomítica, al 20% de calcio y 10% de magnesio, distribuido uniformemente en el terreno, 15 días antes de la siembra.

ING. QUIRINO ARGUETA PORTILLO
TÉCNICO EN FERTILIDAD DE SUELOS

Printed by Books on Demand GmbH, Norderstedt / Germany